高职高专计算机类课程改革系列教材

计算机网络应用基础

第2版

主　编　包海山　吴宏波

副主编　田保军　丁雪莲

参　编　张　芹　卜范玉　王素苹

主　审　陈　梅

机械工业出版社

本书内容分8个模块：计算机网络基础知识、计算机网络体系结构、数据通信、局域网、网络互联与传输层协议、网络服务模式与应用层服务、网络应用配置技术、Windows 2008服务器安装与配置，基本涵盖了国家三级网络考试大纲和国家职业技能鉴定标准要求的技能水平和知识范围，具有鲜明的职业特色。

本书适合于高职高专、成人高校、中等职业学校各专业计算机网络基础类课程的教学，也可以作为国家三级网络考试、国家职业技能鉴定培训教材和计算机爱好者学习网络技术的参考书。

为了方便教学，本书配备电子课件等教学资源。凡选用本书作为教材的教师均可登录机械工业出版社教育服务网 www.cmpedu.com 下载，或发送电子邮件至 cmpgaozhi@sina.com 索取。咨询电话：010 - 88379375。

图书在版编目（CIP）数据

计算机网络应用基础／包海山，吴宏波主编 . —2 版.
—北京：机械工业出版社，2015.12（2023.2 重印）
高职高专计算机类课程改革系列教材
ISBN 978 - 7 - 111 - 52347 - 5

Ⅰ.①计… Ⅱ.①包… ②吴… Ⅲ.①计算机网络-
高等职业教育-教材 Ⅳ.①TP393

中国版本图书馆 CIP 数据核字（2015）第 300747 号

机械工业出版社（北京市百万庄大街 22 号 邮政编码 100037）
策划编辑：王玉鑫 责任编辑：叶蔷薇
责任校对：樊钟英 封面设计：马精明
责任印制：常天培
北京机工印刷厂有限公司印刷
2023 年 2 月第 2 版第 5 次印刷
184mm×260mm · 18 印张 ·456 千字
标准书号：ISBN 978 - 7 - 111 - 52347 - 5
定价：45.00 元

电话服务 网络服务
客服电话：010-88361066 机 工 官 网：www.cmpbook.com
010-88379833 机 工 官 博：weibo.com/cmp1952
010-68326294 金 书 网：www.golden-book.com
封底无防伪标均为盗版 机工教育服务网：www.cmpedu.com

高职高专计算机类课程改革系列教材
编委会名单

序

随着信息技术的发展，信息能力和传统的"读、写、算"能力正在一起成为现代社会中每一个人的基本生存能力。作为高等学校的学生，不仅要具备一般的信息能力，更应该具备较高的信息素养。因此，计算机类课程的改革一直是高等学校关注和研究的重点。

由包海山、陈梅策划并组织多所高等院校及高职高专院校编写的"高职高专计算机类课程改革系列教材"，是根据面向 21 世纪培养高技能人才的需求，结合高职高专学生的学习特点，依据职业教育培养目标的要求，严格按照教育部提出的高职高专教育"以应用为目的，以必需、够用为度"的原则而设计、开发的系列教材。这套教材包括了信息技术公共基础课程、计算机专业基础课程和专业主干课程三部分内容，从高职高专的实际需求出发，重新整合了相关理论，突出了应用性和操作性，加强了对学生能力的培养。

教材采用的"模块化设计、任务驱动学习"编写方式，对高等学校教材是一种新的尝试。实现任务驱动学习的关键是"任务"的设计，它必须是社会实际生产、生活中的一个真实问题，而不是为了验证理论而假设的虚拟事件。为了解决这个真实的问题，需要把它分解成一系列的"子任务"；每一个子任务的解决过程就是一个模块的学习过程。每个模块学习一组概念、锻炼一种技能；全部模块加起来，即完成一种知识的学习，形成一种相应的能力。任务驱动学习有利于学生从整体意义上理解每一个工作任务，掌握相关的知识和技能，形成解决实际问题的能力，提高学生的学习兴趣，是信息技术类课程有效的教学方式。

教材中每个模块安排的导读和要点提示了要解决的问题，并用思维导图的形式给出了知识、技能和任务的分类和构成；知识导读部分体现了本模块需要学习的理论知识；子任务的划分安排了完成本模块总任务的各个步骤。利用模块最后的学材小结，学生可以自我检测对"理论知识"和"实训任务"掌握的程度；拓展练习可以为学有余力的学生提供个性化发展的方向。

参加本系列教材编撰工作的人员都是长期从事高职高专计算机教育和教学研究的专家和骨干教师，对高职高专的培养目标、学生的学习特点、计算机类课程的教学规律有着深刻的了解。我相信，本系列教材的出版会对高职高专的计算机类课程的教学改革起到促进作用，对高职高专教学质量的提高将会产生显著的影响。

中国教育技术协会学术委员会委员
内蒙古师范大学现代教育技术研究所所长

教 学 导 论

教材需求与课题立项

以计算机网络作为通信、存储、处理媒体的信息化应用的迅速普及和深入，向计算机网络技术应用的传统观念提出了新的挑战。一方面，计算机网络从单一的知识和技术向社会生产、生活的各个领域渗透，大众化应用，如计算机应用、信息管理、软件开发、企业信息化、电子商务、电子政务以及多媒体应用开发等相关职业都需要计算机网络技术的支撑；另一方面，信息技术应用层次的加深，要求多种职业的从业人员应该了解甚至熟悉以计算机网络为基础的业务系统的基本应用配置和高级应用方法。为适应社会的需求，目前多数高职高专院校除了针对计算机专业开设计算机网络基础专业课程以外，其他各相关专业都开始增设计算机网络应用课程，以便学生掌握较为专业的计算机网络应用技能和必要的网络知识。如何开发适应社会需求的计算机网络系列教材，已成为信息时代高职高专院校计算机类课程教学改革的当务之急。

为了更好地促进高职高专院校计算机类课程的教学改革，高职高专计算机类课程改革系列教材编委会组织多所院校计算机教研、教学第一线的专家和骨干教师，在认真分析和探讨教育部对高职高专各专业学生的培养目标、国家计算机等级考试和职业技能鉴定要求的基础上策划了本系列教材——高职高专计算机类课程改革规划教材。同时，编委会向中国教育技术协会申报了国家社会科学基金"十一五"规划（教育学科）国家级课题"信息技术环境下多元学与教方式有效融入日常教学的研究"的子课题"高职高专计算机类课程改革的研究"。本课题立项研究面向信息技术职业领域不同岗位层次如何有效融合高职高专计算机信息类专业设置、课程体系构建、教学模式改革和教材课件开发等多层次的教学设计基本理论和实现方法。通过系统研究，总结和提炼课题组成员以及有关专家、学者已经取得的相关成果，探索高职高专计算机类专业课程标准建设的新思路，提出系统地进行高职高专计算机类课程改革的新方法，开发建设具有鲜明高职高专特色的系列教材和课件，旨在为我国高职高专计算机信息类专业设置、课程和教学改革、教材课件建设探索出一条新路。

课程体系中的课程、教材定位

"计算机网络基础"课程在高职高专计算机信息类专业的课程体系中属于职业基础能力层面，是学生学习网络工程、管理维护、应用开发以及信息化应用等其他信息类职业方向各种技能课程的基础，同时又是国家计算机等级考试大纲涵盖的必备理论知识和操作技能的主要组成部分。因此，在高职高专计算机信息类各专业课程体系中，"计算机网络基础"课程作为多门岗位能力层面课程（课程群）的前导课程而起着非常重要的作用，如图0-1所示。但在高职高专教育层次中，计算机网络基础课程一直没有一个大家都能够接受的标准，主要原因是计算机网络涵盖的内容不断丰富，网络信息化技术的发展又非常迅速，这些不确定因素给课程标准的制订带来一定的困难。通过立项研究，我们认为以基础知识学习和基本技能实训并举作为课程标准的依据，在制订课程标准、开发教材课件以及课堂教学设计中应充分体现本课程的"通用性""基础性"和"职业性"特色。因此，第2版教材在兼顾国家三级网络技术考试大纲、国家职业技能鉴定标准的同时，将围绕计算机网络的体系结构、通信技术、局域网与网络互联、网络应用与安全配置、服务器知识，以及网络操作系统最新版本服务配置的基本技能等核心内容组织编写。为了更好地学习掌握本课程及教材介绍的知识和技能，需要计算机应用基础以及数字/模拟电路技术、逻辑代数、物理电子学、光学理论等基础课程作为前导课程。

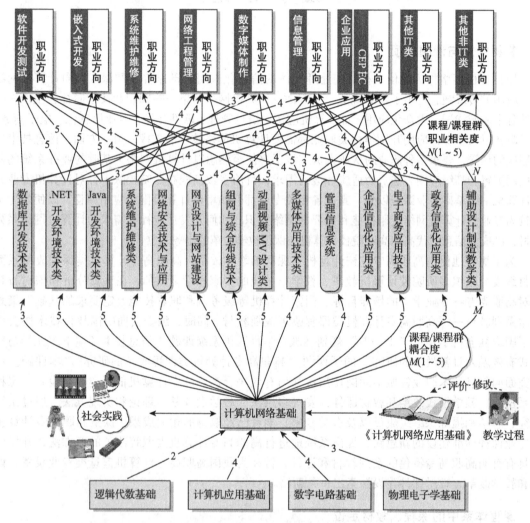

图 0-1　课程体系中本课程、教材的定位

从教学目标到任务分解

教学目标是指学生通过学习后，能够达到的最终结果，包括外显的行为和内部心理的变化。教学目标体系由若干个不同层次的教学目标和学习目标组成：首先根据课程标准制订课程教学目标（总教学目标），然后将其逐层分解为若干个相对独立的单元教学目标（模块）、项目教学目标（任务）、子项目教学目标（子任务）以及操作步骤/知识点教学目标（目），共同组成了该课程的教学目标体系。

作为以学习应用技术为目标的职业基础能力课程教材，本书主要针对现代计算机网络基本配置所需的操作技能和相关知识进行问题分解式介绍，在编写模式上采用目标任务驱动式教学法，让学生带着问题主动学习和进行实训：用认识一个完整的计算机网络体系结构、主流应用与配置、浏览器安全配置、选购服务器硬件、安装网络操作系统以及 Internet 主要应用服务配置作为课程教学内容的引线，并将整个教学过程划分为计算机网络基础理论知识及主流应用配置技能两个方面的 8 个模块，然后根据教学目标将每个模块分解为若干个相对独立的学习/实训任务以及多个子任务，最后对子任务中的每个操作步骤进行逐步介绍，如图 0－2 所示。

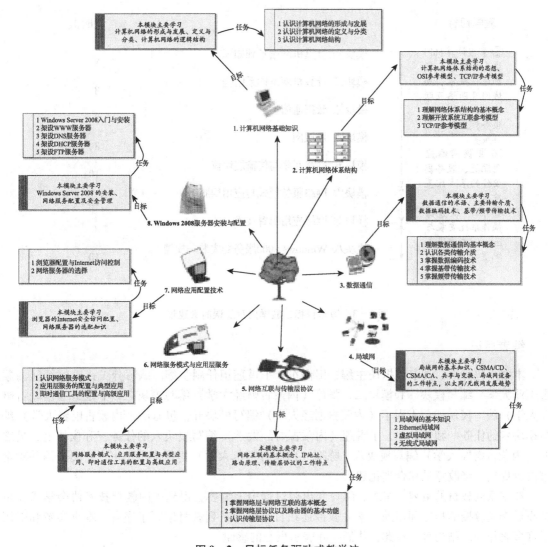

图 0－2　目标任务驱动式教学法

教学内容及课时数建议

鉴于目前信息化应用对 IT 行业应用型人才"技能＋知识"结构的需求，计算机网络技术对于在计算机应用、网络工程、信息管理、软件开发甚至数字媒体技术等计算机信息类各相关职业岗位就业的高职高专毕业生来说都是不可或缺的职业技能和理论基础，但各类职业方向所需的技能和知识侧重面有所不同。因此，在制订计算机网络课程的教学目标、内容和课时数时应充分考虑其基础性、应用性、职业性和工程性的特点。本书作为计算机网络基础课程教材，针对高职高专计算机信息类各职业方向的教学目标、国家三级网络考试大纲和国家高新技术计算机网络技术模块鉴定大纲，在编排教学内容、设计课时数方面遵循"面向教学目标，基于教学大纲并宽于教学大纲"原则，递进式地划分为三段教学目标，并在各段教学内容的模块、任务、子任务设计中，以掌握预备知识和基本技能为主线，以熟悉关键知识和高级应用配置技能为辅线，便于教师在制订教学计划、实施教学过程中灵活把握本课程内涵和外延的尺度，适应各职业方向的教学、鉴定和考试需要，如图0-3所示。

教学目标	教学内容	课时数
① 掌握计算机网络基本概念、数据通信技术、局域网及网络互联技术；熟悉网络服务模式及应用层服务。	模块一 计算机网络基础知识	8
	模块二 计算机网络体系结构	8
	模块三 数据通信	8
	模块四 局域网	8
② 掌握网络应用配置、服务器硬件的基本配置技术。	模块五 网络互联与传输层协议	10
	模块六 网络服务模式与应用层服务	12
③ 熟悉服务器操作系统安装与Internet主要服务配置技术。	模块七 网络应用配置技术	8
	模块八 Windows 2008服务器安装与配置	10

图0-3 教学目标、教学内容及课时数建议

编者后记

本书由包海山、吴宏波担任主编，田保军、丁雪莲担任副主编。编写分工：田保军（内蒙古工业大学）编写模块一和模块二，张芹（内蒙古财经大学）编写模块三，卜范玉（内蒙古财经大学）编写模块四，王素苹（内蒙古财经大学）编写模块五，包海山（内蒙古财经大学）编写模块六的任务一和任务二，丁雪莲（内蒙古财经大学）编写模块六的任务三和模块七，吴宏波（内蒙古财经大学）编写模块八。陈梅（内蒙古师范大学）担任本书主审，审阅全稿并对全书内容提出了修改意见和合理化建议。

在本系列教材的策划、组织、编写和出版过程中，编委会得到中国教育技术协会学术委员会委员李龙教授的指导和帮助。李龙教授还在百忙中为系列教材编写了序言。本书参考和引用了许多著作和网站内容。在此，我们一并表示衷心的感谢。

由于计算机网络应用日新月异，新概念、新技术层出不穷，再加上本书旨在探索全新的教学模式和教材内容组织方法，加大了策划、编写难度。由于编者水平有限，在内容整合、项目衔接方面难免存在不当之处，敬请读者批评指正，以便我们进行修订补充，使本书日臻完善。

编　者

目　录

模块一
计算机网络基础知识

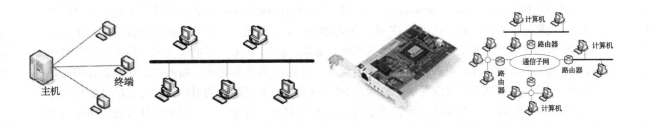

本模块导读

　　计算机网络技术是计算机技术和通信技术紧密结合的产物，涉及计算机与通信两个领域。从技术发展的角度来看，计算机、通信技术的结合使得通信处理由传统模拟信息到数字信息的转变成为现实；从技术应用的角度来看，计算机网络催生了现代信息应用的爆炸式增长，使全球范围内的人们跨越地理限制，实现计算机硬件、软件、数据资源的共享和交流。与此同时，信息应用的需求又在不断地推动计算机网络技术的高速发展。

　　本模块主要介绍了计算机网络的发展阶段划分、形成过程、定义、组成、分类以及结构。通过本模块的学习，学生应掌握计算机网络基本概念、分类方法和网络结构方面的知识。

本模块要点

- 认识计算机网络的形成与发展
- 认识计算机网络的定义与分类
- 认识计算机网络的结构

任务一 认识计算机网络的形成与发展

子任务1 计算机网络的产生与发展

每个世纪都有一种主流技术，18世纪是伟大的机械时代，19世纪是蒸汽机时代，而20世纪与21世纪则是信息时代和网络时代，是计算机网络普及和发展的时代。

计算机网络（Computer Networks）涉及计算机和通信两个领域，是这两种技术密切结合的产物，其发展速度异常迅猛，已成为IT界发展最快的技术领域之一，并且已成为计算机应用中一个必不可少的部分，对整个社会的进步做出了重大贡献。近20年来，以电子技术为基础的通信技术有了迅猛发展，使得计算机和通信设备不断更新、计算机网络的功能不断增强，并且正在朝着数字化、综合化、智能化的方向发展。20世纪90年代是计算机网络化的时代，网络化的计算环境也越来越被人们所接受，并且将成为21世纪发展的必然趋势。目前，一个国家的计算机网络建设水平，已成为衡量这个国家科学技术发展水平、综合国力以及社会信息化程度的重要标志。

回顾计算机网络的发展过程，通常把计算机网络的发展归纳为4个阶段：

第一阶段为面向终端的计算机通信网络；

第二阶段为以共享资源为目标的计算机网络；

第三阶段为标准化网络；

第四阶段为互联网。

1. 面向终端的计算机通信网络

在20世纪50年代中期至60年代末期，计算机技术与通信技术初步结合，形成了计算机网络的雏形。

【案例1-1】在分时系统中，多个用户可以通过终端"同时"使用一台主机，就好像自己独享该计算机一样。面向终端的计算机通信网络就是通过终端与计算机的连接，共享计算机资源，以完成计算机通信功能。

早期的计算机价格昂贵，数量很少。一台计算机只能供一个人使用，而且每次上机用户都必须进入计算机机房，在计算机的控制台上进行操作。这种方式不能充分利用计算机资源，而且用户使用起来也极为不便。为了实现计算机的远程操作，以提高对计算机这个昂贵资源的利用率，科学家们利用通信手段，将终端和计算机进行远程连接，使用户在自己的办公室通过终端就可以使用远程的计算机。此时的计算机网络是指以单台计算机为中心的远程联机系统。

【案例1-2】美国在1963年投入使用的飞机订票系统SABRE-1，就是这类系统的典型代表之一。此系统以一台中心计算机为主机，将全美范围内的2000多个终端通过电话线连接到中心计算机上，用户可在终端上实现并完成订票业务。

【案例1-3】面向终端的计算机通信网络的另一个典型实例是SAGE。SAGE是美国在20世纪50年代中期建立的半自动地面防空系统。该系统共连接了1000多个远程终端，主要用于远程控制导弹。该系统能够将远距离雷达设备收集到的数据，由终端通过通信线路传送给一台中央主计算机进行计算处理，然后将处理结果再通过通信线路回送给远程终端去控制导弹。

　　终端可以处于不同的地理位置，通过传输介质及相应的通信设备与一台计算机相连。用户可以通过本地终端或远程终端登录到远程计算机上，使用该计算机系统，远程用户可以在本地方便地使用计算机，这就产生了通信技术与计算机技术的结合。这种具有通信功能的面向终端的计算机系统，即多个终端用户分时占用主机上的资源，被称为第一代计算机网络——面向终端的计算机通信网络，如图 1-1 所示。

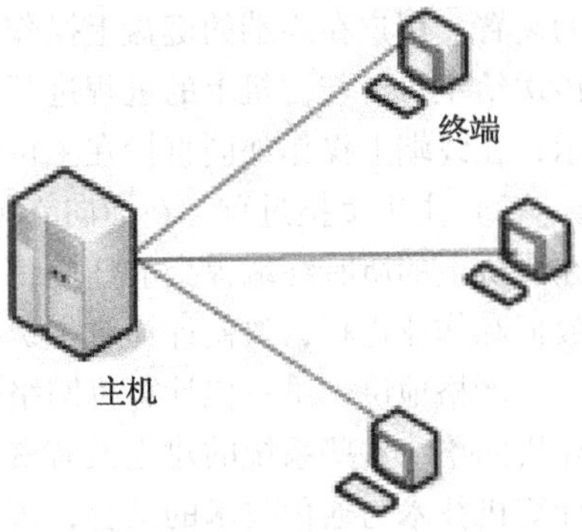

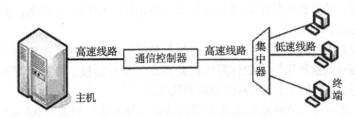

图 1-1　面向终端的计算机通信网络

　　该方式的主要缺点：

　　1）每一个分散的终端都要单独占用一条通信线路，线路利用率低。

　　2）主机既要承担通信工作，又要承担数据处理的工作，因此主机的负荷较重且效率低。

　　为了提高通信线路的利用率并减轻主机的负担，人们使用了多点通信线路、通信控制处理器以及集中器，如图 1-2 所示。

　　通信控制处理器（Communication Control Processor，CCP）亦称为通信控制器或前端处理器（Front End Processor，FEP），完成全部的通信任务，让主机专门进行数据的处理，提高数据处理的效率。

　　终端控制器（Terminal Controller）也称为集中器，负责从终端到主机的数据集中以及从主机到终端的数据分发。

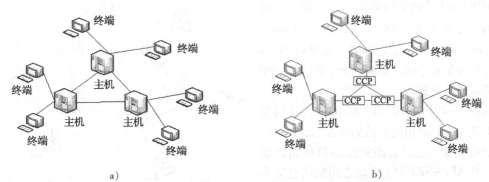

图 1-2　面向终端的计算机通信网络（升级）

　　随着计算机技术和通信技术的进步，将多个单处理器联机终端网络互相连接起来，形成了以多处理器为中心的网络。利用通信线路将多台主机连接起来，其连接形式有两种，分别如图 1-3a 和图 1-3b 所示。

a)　　　　　　　　　　　　　　　　　b)

图 1-3　面向终端的多处理器为中心通信网络

　　面向终端的计算机通信网络的主要特点如下：

1）终端到计算机的连接，不是计算机到计算机的连接。终端是一个连接到一台计算机主机的装置。用户在终端的键盘上操作，将键盘上输入的命令、控制键或启动应用进程的信息直接传送给主机，与主机上的进程进行通信；主机则将执行结果回送给终端，并在终端显示器上显示；在终端上操作如同直接在主机的操作台上操作一样。

2）主机负担过重。在面向终端的计算机通信网络中，多个终端共同使用一台主计算机，连在该机上的所有终端提交的任务都由主计算机处理，而且主计算机既要处理通信功能又要处理数据和作业进程，致使计算机主机的负担过重。

严格地讲，第一代计算机网络——面向终端的计算机通信网络，不能算作现实意义上的计算机网络。这些系统的建立没有资源共享的目的，只是为了能进行远程通信。但是，它实现了计算机技术与通信技术的结合，可以让用户通过终端与远程主机进行通信，使用远程计算机的资源，因此可以说它是计算机网络的初级阶段。

2. 以共享资源为目标的计算机网络

计算机网络发展的第二个阶段是以共享资源为目的的单个计算机网络。20 世纪 60 年代，随着计算机性能的不断提高和价格的下降，许多公司、政府部门和教育机构都购置了具有独立功能的计算机。为了能够在这些计算机之间进行相互通信，充分利用本地和共享远程系统的各种资源，人们提出将多台计算机相互连接起来，希望将分布在不同地点的计算机通过通信线路互相连接以成为计算机—计算机的网络，网络用户可以通过计算机使用本地计算机的软件、硬件与数据资源，也可以使用联网的其他地方的计算机软件、硬件与数据资源，以达到计算机资源共享的目的。此时，计算机的数据处理与通信已不再采用集中模式，而是由分散在不同地理位置的计算机共同完成。

这种以共享资源为目的，将多台计算机通过某种通信手段互相连接而形成的网络，就是第二阶段的计算机网络。这种网络中的计算机彼此独立又相互连接，所有计算机之间没有主从关系。ARPANET 就是第二阶段计算机网络的典型代表。

【案例 1-4】这一阶段的典型代表是美国国防部高级研究计划局（Advance Research Project Agency，ARPA）的 ARPANET。1969 年美国国防部高级研究计划局提出将多个大学、公司和研究所的多台计算机互相连接的课题。在 1969 年，ARPANET 实验网络只有 4 个节点，而到 1983 年已经达到 100 多个节点。ARPANET 通过有线、无线与卫星通信线路，使网络覆盖了从美国本土到欧洲的广阔地域。ARPANET 是计算机网络技术发展的一个重要里程碑。

ARPANET 的网络结构如图 1-4 所示。图中，代表主机，IMP（Interface Message Processor）是接口报文处理器。ARPANET 中运行各种应用程序的计算机称为主机，而 IMP 专门负责通信处理。

从图 1-4 中可以看出，ARPANET 子网是由 IMP 组成，IMP 由通信线路连接起来。IMP 负责通信处理，它具有路径选择和存储转发功能。在 ARPANET 中，主机之间的信息交换需要通过 IMP 完成。

图 1-4 中主机 C2 的某个用户想发送信息

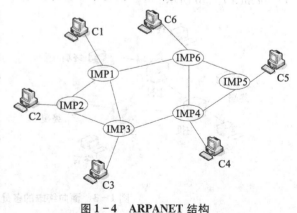

图 1-4 ARPANET 结构

给目的主机 C6。发送的过程是：C2 先将该信息送至 IMP2，中间经 IMP1 转接，最终传送到 IMP6，IMP6 再将信息送入 C6。IMP 间的转接是这样进行的：IMP2 将 C2 传送的信息接收并存储起来，在 IMP2 和 IMP1 之间的通信线路空闲时，将其送至 IMP1，IMP1 也是将该信息接收并存储起来，当 IMP1 和 IMP6 之间的通信线路空闲时，再将它转发到 IMP6。

这种信息的传输方式称为存储转发，其优点是可以极大地提高昂贵通信线路资源的利用率。这是因为在存储转发方式的通信过程中，通信线路不会被某一对节点的通信所独占，而可以为多路通信所用。上述例子中，当 C2 送往 C6 的信息仍在 IMP2 和 IMP1 之间的通信线路上传输时，IMP1 和 IMP6 之间的通信线路就可以被由 C3 经 IMP3、IMP1 和 IMP6 送往 C6 的其他信息传输所使用。当 C2 送往 C6 的信息被 IMP1 接收并存储后，IMP2 和 IMP1 之间的线路又可以为其他信息传输服务。

ARPANET 发展很快，从 1969 年的 4 个节点，很快扩展到 35 个节点。特别是 20 世纪 80 年代，ARPANET 采用了开放式网络互连协议以后，发展得更为迅速。到了 1983 年，ARPANET 已拥有 200 台 IMP 和数百台主机，网络覆盖范围也已延伸到夏威夷和欧洲。事实上，ARPANET 是 Internet 的雏形，是 Internet 初期的主干网。

ARPANET 是计算机网络发展的一个里程碑，它标志着以资源共享为目的的计算机网络的诞生，是第二阶段计算机网络的一个典型范例，它为网络技术的发展做出了突出的贡献。无论在理论方面还是技术方面，对其后网络的发展影响都很大。

其贡献主要表现在它是第一个以资源共享为目的的计算机网络并使用 TCP（Transmission Control Protocol，传输控制协议）/IP（Internet Protocol，互联网协议）作为通信协议，使网络具有很好的开放性，为 Internet 的诞生奠定了基础。此外，它还实现了分组交换的数据交换方式，并提出了计算机网络的逻辑结构由通信子网和资源子网组成的重要基础理论。

ARPANET 的试验成功后，计算机网络的概念发生了根本的变化，图 1-5a 所示的是早期的面向终端的计算机网络，它是以单个主机为中心的星形网，各终端通过通信线路共享昂贵的中心主机的硬件和软件资源。而分组交换网是以网络为中心，主机和终端都处在网络的外围，如图 1-5b 所示。用户通过分组交换网可共享连接在网络上的许多硬件和各种丰富的软件资源。

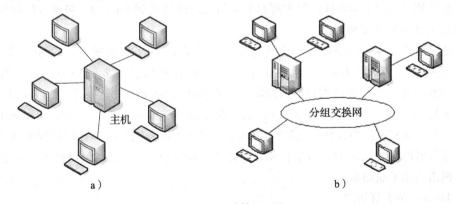

图 1-5　计算机网络

a）以单个主机为中心　b）以分组交换为中心

3. 标准化网络

第二代计算机网络，大多是由计算机公司、科研机构自行开发研制的，没有统一的体系结构和标准。其中著名的有 IBM 公司的 SNA（System Network Architecture）和 DEC 公司的 DNA（Digital Network Architecture）等。各个厂家生产的计算机产品和网络产品无论在技术还是结构上都有很大的差异，从而造成不同厂家生产的计算机及网络产品很难实现互联。这种局面严重阻碍了计算机网络的发展，也给广大用户带来极大的不便。因此，建立开放式的网络，实现网络标准化，已成为历史发展的必然。

20 世纪 70 年代，国际标准化组织（International Organization for Standards，ISO）为适应网络向标准化发展的需要，成立了 TC97（计算机与信息处理标准化委员会）下属的 SC16（开放系统互联分技术委员会），在研究、吸收各计算机制造厂商的网络体系结构标准化经验的基础上，开始着手制定开放系统互联的一系列标准，旨在方便各种计算机互联，该委员会制定了开放系统互联参考模型（Open System Interconnect Reference Model，OSI/RM），简称 OSI。

OSI/RM 已被国际社会广泛认可，成为一个计算机网络体系结构的标准。国际标准化组织和网络产品的生产厂家都按照 OSI/RM 划分的层次结构开发国际标准，并按照国际标准生产网络设备，开发网络应用软件。OSI/RM 极大地推动了网络标准化的进程。

自此，计算机网络进入了标准化网络阶段。网络的标准化又促进了计算机网络的迅速发展，因此标准化网络也是计算机网络发展的重要阶段，人们称其为第三代网络。

4. 互联网

随着计算机网络和通信技术的发展，全球范围内建立了大量的局域网和广域网。人们又提出了将这些网络连接在一起以扩大网络规模来实现更大范围内资源共享的迫切需求，国际互联网（Internet）在这样的背景下产生了。

Internet 的前身是 ARPANET，它由美国国防部的高级研究计划局资助，其核心技术是分组交换技术。1983 年 1 月，TCP/IP 正式成为 ARPANET 的网络协议标准。此后，大量的网络、主机与用户都接入了 ARPANET，使 ARPANET 得到了迅速发展，随着很多地区网络的接入，这个网络逐步扩展到其他国家和地区。很多现存的网络都已经接入到 Internet，包括空间物理网、高能物理网以及 IBM 的大型机网络等。

计算机网络的发展和网络应用的普及与深入促进了 Internet 的发展。自 Internet 诞生以来，就呈快速发展的趋势。而 Internet 上提供丰富资源及各种信息为人们服务，各个国家接入 Internet 的热情非常高涨，纷纷将自己的局域网或互联网与 Internet 相连。于是，接入 Internet 的计算机越来越多，Internet 的规模越来越大，覆盖的地理区域也越来越广。目前，Internet 是全球规模最大，覆盖面积最广的计算机互联网。Internet 的诞生极大地促进了计算机网络的发展，是计算机网络发展的强大推动力。事实证明，自进入 Internet 阶段以来，网络技术的发展极为迅速，新的网络技术不断涌现。

（1）Internet 的发展历史

1）在广域网和局域网迅速发展的年代，互联网已成为人们迫切的需求。1983 年，ARPA 和美国国防部通信局研制成功了用于异构网络的协议，一项是 IP，另一项是 TCP。美国加利福尼亚伯克莱分校把该协议作为其 BSD（Berkeley Software Distribution）UNIX 的一部分，使得该协议得以在社会上流行起来，从而诞生了真正的 Internet。

2）1986 年，ARPANET 正式分成两部分：美国国家基金会资助的 NSFNET（National Science

Foundation Network）和军方支持的 MILNET（Military Network）。由于美国国家基金会的支持，许多地区和 100 多所院校的网络开始使用 TCP/IP 和 NSFNET 连接，ARPANET——网络之父，逐步被 NSFNET 所替代。到 1990 年，ARPANET 已退出了历史舞台。如今，NSFNET 已成为 Internet 的重要骨干网之一。NSFNET 对 Internet 的最大贡献是使 Internet 向全社会开放，而不像以前的那样仅供计算机研究人员和政府机构使用。同时，随着多协议路由器产生，为互联网上异构网的互联提供了条件，为网络产品的开发与发展提供了重要的基础。

3）1989 年，日内瓦欧洲粒子物理实验室开发成功的 HTML 语言和万维网（World Wide Web，WWW），这使得 Internet 得到全球关注并飞速发展的最重要的因素之一。该技术为 Internet 实现广域超媒体信息截取/检索奠定了基础。

4）从 20 世纪 90 年代开始，电子邮件（E-mail）、FTP 等 Internet 信息服务受到人们的欢迎和普遍应用。同时，TCP/IP 在 UNIX 系统中的实现，更进一步推动了 Internet 的发展。

5）1993 年，美国伊利诺依大学国家超级计算中心成功地开发了浏览工具 Mosaic，进而发展成为 Netscape；后来又出现 Microsoft 公司的 IE（Internet Explorer）。这些浏览器与 Web 服务器相结合，非常方便地实现了 Internet 的信息收集、加工、存储、传播和应用。

6）随着 20 世纪 90 年代交换式网络技术、ATM 和千兆以太网技术的产生与广泛应用，更加促进了 Internet 的发展。

7）20 世纪 90 年代以前，Internet 的使用一直仅限于研究与学术领域。Internet 的第二次飞跃归功于 Internet 的商业化，商业机构踏入 Internet 世界，很快发现了它在通信、资料检索、客户服务等方面的巨大潜力。于是，世界各地的很多公司企业纷纷涌入 Internet，带来了 Internet 发展史上的一个新飞跃。

总之，Internet 是全球最大和最具影响力的计算机互联网络，也是世界范围的可共享信息资源库。Internet 是通过路由器实现多个广域网和局域网互相连接的大型网际网，对于广大用户来说，它好像是一个庞大的广域计算机网络，如果用户将自己的计算机接入 Internet，便可以在这个信息资源库中遨游。

（2）Internet 提供的主要服务

1）WWW 服务。WWW（World Wide Web，万维网）是一个基于超文本的信息查询方式。WWW 是由欧洲粒子物理研究中心（CERN）研制的。通过超文本方式将 Internet 上不同地址的信息有机地组织在一起，WWW 提供了一个友好的界面，大大方便了人们的信息浏览。

2）文件传输服务。FTP（File Transfer Protocol，文本传输协议）解决了远程传输文件的问题，无论两台计算机相距多远，只要都接入 Internet 并且都支持 FTP，则这两台计算机之间就可以进行文件的传送，FTP 实质上是一种实时的联机服务，在进行工作时，用户首先要登录到目的服务器上，之后用户可以在服务器目录中寻找所需文件，FTP 几乎可以传送任何类型的文件，如文本文件、二进制文件、图像文件、声音文件等。

3）电子邮件服务。电子邮件（E-mail）是 Internet 上使用最广泛和最受欢迎的服务，是网络用户之间进行快速、简便、可靠且低成本联络的现代通信手段。电子邮件使网络用户能够发送和接收文字、图像和语音等多种形式的信息。

4）远程登录服务。远程登录（Telnet）是 Internet 提供的最基本的信息服务之一，Internet 用户的远程登录是在网络通信 Telnet 的支持下使自己的计算机暂时成为远程计算机仿真终端的过程。目前 Telnet 最广泛的应用就是 BBS（Bulletin Board System，电子公告板），用户可以通过

BBS 进行各种信息交流、讨论。

实际上 Internet 提供的服务远远不止这些，还有 Archie、WAIS、Gopher 等，而且随着 Internet 的飞速发展，每天都在诞生新的服务，如今像网络电话（Internet Phone）、网络会议（Netmeeting）、网络传呼机（ICQ）等都得到极大的应用，虽然 Internet 提供的服务越来越多，但这些服务一般都是基于 TCP/IP。TCP/IP 实际上是一组协议的集合，是 Internet 运行的基础。

（3）Internet 在我国

随着全球信息高速公路的建设，我国政府也开始推进中国信息基础设施（China Information Infrastructure，CII）的建设，连接 Internet 成为最关注的热点之一。到目前为止，Internet 在我国取得了较快的发展。回顾我国 Internet 的发展，它可以分为两个阶段。

第一阶段是与 Internet 的 E-mail 连通，即 1987 年 9 月从中国学术网络（China Academic Network，CANET），向世界发送第一封 E-mail，标志着我国开始进入 Internet。我国数十个教育和研究机构加入了 CANET，1990 年中国研究网络（China Research Network，CRN）建成。

第二阶段是与 Internet 实现全功能的 TCP/IP 连接。1989 年，中国国家计划委员会和世界银行开始支持"国家计算设施"（National Computing Facilities of China，NCFC）的项目，该项目包括 1 个超级计算中心和 3 个院校网络，即中国科学院网络（CASNET）、清华大学校园网（TUNET）、北京大学校园网（PUNET）。1992 年，这 3 个院校网络各自分别建成。1994 年 4 月，接通了 1 条 64KB/s 的国际线路，使这三个网络的用户对 Internet 进行了全方位的访问。与此同时，1993 年，中国高能物理研究所与斯坦福大学建立了直接联系，并在 1994 年建立全方位的 Internet 连接。这些全功能的连接，标志着我国正式加入 Internet。

到 1996 年底，我国的 Internet 已形成了四大主流网络体系。其中，中国科技网（China Science and Technology Network，CSTNET）与中国教育和科研网（China Education and Research Network，CERNET）主要以科研和教育为目的，从事非经营性活动；原邮电部的中国公用计算机网（China Net）和原电子工业部所属吉通公司负责建设的国家公用经济信息通信网，也叫金桥网（Golden Bridge Network，GBNET），属于商业性 Internet，以经营手段接纳用户入网，提供 Internet 服务。

子任务 2　认识计算机网络的功能

计算机技术和通信技术的迅猛发展，不仅使计算机技术进入了网络时代，而且使计算机的作用范围超越了地理位置的限制，也增强了计算机系统本身的功能。具体概括为如下 5 个方面的功能。

1. 数据通信功能

分布在不同区域的计算机系统通过网络进行数据传输是网络最基本的功能。本地计算机要访问网络上另一台计算机的资源就是通过数据传输来实现。

2. 资源共享功能

资源共享是计算机网络另一个重要功能。网络突破了地理位置的局限性，可以使网络资源得到充分利用。这些资源包括硬件资源、软件资源和数据资源。

（1）硬件资源 硬件资源包括特殊功能的计算机、超大容量的存储设备、价格昂贵的其他外部设备，如激光彩色打印机和绘图仪等。

（2）软件资源 软件资源包括系统各种程序设计语言、软件包及应用程序等，如管理信息系统（Management Information System，MIS）中的各个子系统、数据库管理系统等。

（3）数据资源 数据资源包括各种数据文件、数据库等。

3. 信息的集中和综合处理功能

网络系统可以将分散在各地计算机系统中的各种数据进行集中或分级管理，经过综合处理形成各种图表、情报，提供给用户使用。计算机网络向全社会提供各种科技、经济和社会信息及各种咨询服务，在国内外越来越普及。

4. 调节资源负荷的功能

对于许多综合性复杂的问题，用户可以采用适当的算法，利用计算机网络，将任务分散到网络中不同的计算机上进行分布式处理。计算机网络可以合理调节网络中各种资源的负荷，以均衡负载，从而提高设备的利用率。

5. 提高系统可靠性和性价比

在计算机网络中，一台计算机发生故障，并不会影响网络中其他计算机的运行，这样只要将网络中的多台计算机互为备份，就可以提高计算机系统的可靠性。另外，由多台个人计算机组成计算机网络系统，采用适当的算法，运行速度和系统性能可以远超过一般的小型机，又比大型机的价格便宜很多，因此性价比较高。

任务二 认识计算机网络的定义与分类

子任务1 理解计算机网络的定义

计算机和通信技术的结合，对计算机系统的组织方式产生了深远的影响。一间大屋子装备一台大型计算机，用户带着自己的工作去上机处理的"计算机中心"概念现在已过时。单台计算机为机构中所有计算机的需求服务这一模式，很快被大量分散但又互相连接的计算机共同完成的模式所取代，这样的系统被称为计算机网络。

1. 计算机网络的定义

计算机网络的定义在计算机网络技术的发展中不断得到更新并被重新定义。

早期人们把计算机网络定义为以传输信息为目的而连接起来，实现远程信息处理或进一步达到资源共享的系统。第二代网络以通信子网为中心，这个时期的网络概念为以能够相互共享资源为目的互相连接且具有独立功能的计算机集合体"，形成了计算机网络的基本概念。

什么是计算机网络？对于这个问题存在着不同观点和不同角度的定义。

第一种观点从广义上把计算机网络定义为计算机技术和通信技术相结合实现远程信息处理

和进一步达到资源共享的系统。按照这个定义，20 世纪 50 年代出现的用通信线路把一台计算机与若干用户终端相连接的"终端—计算机网"，60 年代后期出现的用通信线路将分散在不同地点的计算机互相联接的"计算机—计算机网"，以及目前正在发展的分布式计算机网均属于计算机网络。

第二种观点是资源共享观点，把计算机网络定义为以能够相互共享资源（硬件、软件和数据）的方式连接起来，并且各自具备独立功能的计算机系统的集合。

第三种观点是用户透明性观点，把计算机网络定义为存在一个能为用户自动管理资源的网络操作系统，从事调用完成用户任务所需的资源，而整个网络像一个大的计算机系统一样对用户是透明的。如果不具备这种透明性，需要用户熟悉资源情况，确定和调用资源，那么就认为这种网络是计算机通信网络而不是计算机网络。

随着这几年计算机网络技术不断发展和完善，下面的定义得到大多数学者和工程技术人员的认可：

将地理位置不同并具有独立功能的多个计算机系统，通过通信设备和线路连接起来，以功能完善的网络软件（网络通信协议、信息交换方式及网络操作系统等）实现网络资源共享的系统，称为计算机网络系统。

计算机网络的定义中包含三方面内容：

1）计算机网络是由两台或两台以上的计算机连接起来的系统。

2）在计算机之间必须有通信设备和线路进行连接。

3）计算机之间的通信与信息交换需要遵循共同的原则——安装统一的通信协议。

计算机网络的基础是计算机技术和通信技术的结合。一方面，通信技术为计算机之间的数据传输和交换提供了手段；另一方面，计算机技术渗透到通信技术中，提高了通信网络的性能。

2. 关于网络的几个重要区别

（1）计算机网络和带有大量终端的大型机的区别 带有大量终端的大型机不能称为网络，这是因为处于网络中的计算机应具有独立性，而不应具有主从关系，如果一台计算机可以强制启动、停止或控制另一台计算机，那么被控制的计算机就不是自主的。

（2）计算机网络和分布式系统的区别 二者的关键区别在于：在分布式系统（Distributed System）中，多台自主计算机的存在对每个用户来说都是透明的。例如，用户可以输入一条命令运行某个程序，分布式系统便会运行该命令，操作系统会选择合适的处理器，寻找所有的输入文件，然后传给该处理器，并把结果放在合适的地方。

在分布式系统中，用户觉察不到多个处理器的存在，用户面对的是一台虚拟的单处理器。为处理器分配任务、为硬盘分配文件、把文件从存储的地方传送到需要的地方以及其他所有的系统功能都必须是自动完成的。而在网络中，用户必须明确地指定在哪一台机器上登录，明确地远程提交任务、指定文件传输的源和目的地，并且要管理整个网络。

子任务2 认识计算机网络

计算机网络在物理结构上是由网络软件和网络硬件组成。图 1-6 是一个计算机网络组成示意。

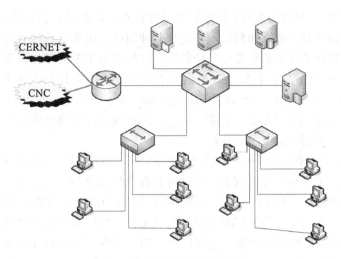

图 1-6　计算机网络组成示意

1. 网络硬件

网络硬件系统是计算机网络系统的物质基础，一个正常的计算机网络系统，最基本的就是通过网络连接设备和通信线路连接处于不同地区的计算机各种硬件，在物理上实现连接。网络硬件主要由可独立工作的计算机、网络设备、传输介质、外部设备等组成。

（1）计算机　可独立工作的计算机是计算机网络中的核心，也是使用者主要的网络资源。根据用途不同，它还可分为网络服务器和网络工作站。

1）网络服务器。网络服务器是网络资源的所在地，为用户提供各种资源。服务器大负荷的机器，主要为整个网络服务，服务器的工作量是普通工作站的几倍甚至几十倍。一旦网络投入运行，服务器就要长时间地运行，所以服务器一般由功能强大的计算机担任，如高档微机或小型机。在服务器上运行的是网络操作系统。服务器与普通计算机的主要区别如下：运算速度快；存储容量大（包括硬盘和内存容量）；较高的可靠性和稳定性。

2）网络工作站。工作站实际上是一台供用户使用网络的本地计算机，一般是用户可以直接接触到的计算机，工作站仅为本地的操作者服务，是网络上的一个节点。用户正是通过操作工作站，经过网络访问网络服务器上的资源。一般对作为工作站的计算机没有特别要求。

（2）网络设备　网络设备是构成网络的一些部件，如网卡、集线器、中继器、网桥、路由器、网关和调制解调器等，这些设备将在本书后面的模块中陆续进行介绍。

2. 网络软件

网络软件系统主要用于合理地调度、分配、控制网络系统资源，并采取一系列的保密安全措施，保证系统运行的稳定性和可靠性。网络软件包括网络操作系统、网络协议和通信软件、网络应用软件。

（1）网络操作系统　网络操作系统（Network Operating System，NOS）是计算机网络系统的核心，主要部分存放在服务器上。管理员通过网络操作系统对各种网络资源、网络用户等进行管理。网络操作系统的主要功能是服务器管理、通信管理及一般多用户多任务操作系统所具有的功能。目前网络操作系统有三大主流：UNIX、Netware 和 Windows NT。

1）UNIX。UNIX 操作系统是广泛应用于微机、小型机、中型机和大型机的系统。TCP/IP 是

UNIX 系统的核心部分。早期的 UNIX 是由汇编语言写成，后来用 C 语言重新编写。由于 UNIX 具有技术成熟、可靠性高、网络和数据库功能强、伸缩性突出和开放性好等特点，可满足各行业的实际需要，特别能满足企业重要业务的需要，已经成为主要的工作站平台和重要的企业操作平台，是服务器操作系统的首选。UNIX 商业版的变种主要有加州大学 Berkeley 分校的 BSD UNIX、IBM 的 AIX、HP 的 HP－UX 以及 Sun 的 Solaris 等，目前流行的 Linux 操作系统、Silicon Graphics 公司的 IRIX 也都是其变种。UNIX 系统主要的特点是多任务多用户、用户界面良好、可移植性好、扩展性好及运行稳定和安全等。

Linux 操作系统是 UNIX 在微机上的完整实现。Linux 性能稳定、功能强大、技术先进，很少出现在某些操作系统上常见的死机现象。借助开放源代码的优势，发展速度很快，目前已成为流行的微机操作系统之一。Linux 适用于多种硬件平台，如 IBM PC 及其兼容机、Apple Macintosh 计算机、Sun 工作站等。由于符合 UNIX 的标准，UNIX 下的许多应用程序可以很容易地移植到 Linux。Linux 还具有强大的网络功能，它支持 TCP/IP、NFS（Network File System，网络文件系统）、FTP、HTTP（HyperText Transfer Protocol，超文本传输协议）、PPP（Point to Point Protocol，点对点协议）、POP/IMAP（Post Office Protocol/Internet Mail Acess Protocol，电子邮件传送和接收协议）和 SMTP（Simple Mail Transfer Protocol，简单电子邮件传输协议）等，可以轻松地与 Novell Netware 或 Windows NT 等网络集成在一起。

2）Netware。Novell 公司的 Netware 是以文件服务器为中心的操作系统。Netware 的三个基本组成部分是文件服务器内核、工作站外壳和低层通信协议。Netware 提供了文件和打印服务、数据库服务、通信服务、报文服务和开放式网络服务等功能。

3）Windows NT。Windows NT 是 Microsoft 推出的面向工作站、网络服务器和大型计算机的网络操作系统，也可作为 PC 操作系统。NT（New Technology，新技术）与通信服务紧密集成，提供文件和打印服务，能运行客户机/服务器应用程序，内置了 Internet/Intranet 功能，已逐渐成为企业组网的标准平台网络应用软件。目前，Windows NT 面向服务器市场升级的主流产品有 Windows 2000 Server、Windows Server 2003 及 Windows Server 2008 等。

（2）网络应用软件　网络应用软件可以分为两类，一类是网络软件开发商开发的通用型网络软件，如 Web 浏览器、电子邮件软件等；另一类是基于不同用户业务需求开发的用户业务专用软件，如办公自动化软件、大型数据库软件和企业资源计划系统软件等。

（3）网络协议软件　网络协议软件用于实现网络协议功能，例如 TCP/IP、IPX/SPX（Internetwork Packet Exchange/Seguences Packet Exchange，分组交换/顺序交换）和 NetBEUI（NetBios Enhanced User Interface，增强用户接口）协议等。

子任务3　认识计算机网络的分类

1. 计算机网络的分类

计算机网络依据不同的属性有不同的分类方法。本节将全面介绍计算机网络的分类，以便消除一些易混淆的概念。

（1）按网络覆盖的地理范围分类　按网络覆盖的地理范围分类是最常见的，也是最熟悉的一种分类方法。按照网络覆盖的地理范围的大小，人们可以把计算机网络分为局域网、城域网和广域网三种类型。

【**案例 1-5**】本例是一个典型的网络分类实例。假设一个城市内有许多的高校，各高校内部的机房、办公机构的计算机构成了许多小的局域网；校内许多小的局域网之间相互连接构成了更大的局域网（校园网）；各高校的校园网之间相互连接组成了本地教育网（城域网）；本地教育网连入 CERNET 就构成了广域网。

1）局域网。局域网（Local Area Network，LAN）是将较小地理区域内的各种数据通信设备连接在一起的通信网络，也就是在一个较小区域范围内，将分散的计算机系统或数据终端相互连接起来为实现资源共享而构成的网络。局域网覆盖的地理范围，一般在几十米到几千米，常用于组建一个办公室、一栋楼、一个楼群或一个校园、一个企业的计算机网络。局域网的主要特点如下：

① 网络覆盖的地理范围比较小，一般在几十米到几千米。

② 传输速率高，目前已达到 10Gbit/s。

③ 误码率低。

④ 拓扑结构简单，常用的拓扑结构有总线型、星形和环形等。

⑤ 局域网通常归属一个组织管理。

2）广域网。广域网（Wide Area Network，WAN）是在一个广阔的地理区域内进行数据、语音、图像信息传输的通信网。广域网通常能覆盖一个城市、一个地区、一个国家、一个洲，甚至全球。广域网一般由中间设备（路由器）和通信线路组成，其通信线路大多借助于一些公用通信网，如 PSTN（Public Switched Telephone Network，公共交换电话网）、DDN（Digital Data Network，数字数据网）、ISDN（Integrated Service Digital Network，综合业务数字网）等。广域网的作用是实现远距离计算机、局域网之间的数据传输和资源共享。目前，人们使用广泛的 Internet（因特网、互联网）就是遍布全球计算机网络组成的广域网。广域网的主要特点如下：

① 覆盖的地理区域大，通常由几千米到几万千米，网络可跨越市、地区、省、国家、洲，甚至全球。

② 广域网连接常借用公用通信网。

③ 传输速率一般在 64kbit/s ~ 2Mbit/s，最大峰值可达 45Mbit/s。但随着广域网技术的发展，传输速率一般也在不断地提高，目前通过光纤介质，采用 POS、DWDM、万兆以太网等技术，广域网的传输速率一般可提高到 155Mbit/s ~ 2.5Gbit/s，最高可达 10Gbit/s。

④ 网络拓扑结构比较复杂。

3）城域网（Metropolitan Area Network，MAN）。城域网是一种大型的 LAN，覆盖范围介于 LAN 和 WAN 之间，一般是一个城市。目前城域网的发展越来越接近 LAN，通常采用 LAN 和 WAN 技术构成宽带城域网。

各类计算机网络的特征参数见表 1-1。

表 1-1　各类计算机网络的特征参数

网 络 分 类	缩　写	分 布 距 离	处理机分布范围	传 输 速 率
局域网	LAN	10m	房间	4Mbit/s ~ 2Gbit/s
		100m	建筑物	
		1km	校园、厂区	
城域网	MAN	10km	城市	50kbit/s ~ 100Mbit/s
广域网	WAN		国家、洲、全球	9.6kbit/s ~ 45Mbit/s
互联网	Internet			

信息卡

　　局域网相当于学校、企业的内部电话网，城域网犹如某地只能拨通市话的电话网，广域网好像国内直拨电话网，互联网则类似于国际长途电话网。

　　（2）按网络拓扑结构分类　拓扑结构是指网络中通信线路和节点间的几何排序，用以表示整个网络的整体结构外貌和各模块之间的结构关系。

　　节点是连接到网络的有源设备，如计算机、外部设备、通信控制设备等。结点分成两类：

　　① 转接节点，用于网络的连接，如路由器、交换机等。

　　② 访问节点（端点），包括计算机或终端设备以及相应的连接线路。

　　链路是两个节点间承载信息流的线路或信道。

　　按照拓扑结构分类，我们可以把计算机网络分为总线型、环形、星形、树形、混合型、网状等几种类型。

　　1）总线型拓扑结构。总线型拓扑结构所有的站点都通过接口与总线连接，如图1-7所示。

　　主机发出的数据帧沿着总线向两端传送，每台主机都会收到该帧并将该帧中的目的地址和自己的主机地址进行比较，如果相同则接收该帧，否则丢弃该帧。传送到总线末端的数据帧会被终端匹配器吸收。由于总线是共享介质，如果多台主机同时发送数据就会发生冲突，因此，它需要介质访问协议进行控制。

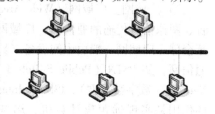

图1-7　总线型拓扑结构示意图

　　总线拓扑结构的优点：

　　① 总线结构所需电缆数量少。

　　② 结构简单又是无源工作，有较高的可靠性。

　　③ 易于扩充，增减用户方便。

　　总线拓扑结构的缺点：

　　① 传输距离有限，通信范围受到限制。

　　② 故障诊断和隔离困难。

　　③ 分布式协议不保证信息及时传送，不具实时功能。站点必须是智能的，要有媒体访问控制功能，增加站点软件和硬件的开销。

　　2）环形拓扑结构。环形拓扑结构是由多个首尾相接的中继器组成的，每个中继器都连接一个工作站，如图1-8所示。中继器从一端发送数据，从另一端接收数据，环中单向传输数据。

　　主机发送的数据首先组成数据帧。帧头部分含有源地址、目的地址和其他控制信息。数据帧在环上单向流动时被目标站复制，返回源站后被源站回收。由于多个站共享单环，所以它需要访问控制协议来控制数据的发送。

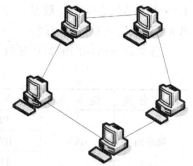

图1-8　环形拓扑结构示意图

　　环形拓扑结构的优点：

　　① 电缆长度短。

　　② 增减工作站时只需简单连接。

　　③ 可用光纤。

④ 网络的初始安装和控制较简单。

环形拓扑结构的缺点：

① 节点故障会引起全网的故障。

② 故障难检测。

③ 媒体访问协议都用令牌传递方式，在负载较少时，信道利用率较低。

3）星形拓扑结构。星形拓扑结构中所有的节点都连接到中心节点，如图 1-9 所示。中心节点是网络中的关键设备，它可以是 Hub（集线器）或 Switch（交换机）。Hub 可以构成共享式局域网，Switch 可以构成交换式局域网。

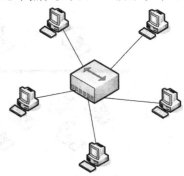

使用 Hub 可以组成广播式的局域网，Hub 实质上是一个多端口中继器，也就相当于一条以太网的总线，多台计算机共享总线的带宽。

Hub 可以分为两种：一种是有源 Hub；另一种是无源 Hub。有源 Hub 可以将线路上的信号再生后，向所有的目的主机发送。无源 Hub 不能再生信号，只能将信号分配到所有的输出链路上。有源 Hub 或无源 Hub 可以在所有的有线介质上使用，通常无源 Hub 多用于光纤或同轴电缆；有源 Hub 多用于非屏蔽双绞线。

图 1-9 星形拓扑结构示意图

星形拓扑结构的优点：

① 控制简单。

② 故障诊断和隔离容易。

③ 方便服务。

④ 结构简单、扩展容易。

星形拓扑结构的缺点：

① 电缆长度和安装工作量可观。

② 中央节点负担较重，形成瓶颈。

③ 各站点的分布处理能力较低。

4）树形拓扑结构。树形结构是总线型结构的扩展，是在总线网上加上分支形成的，其传输介质可有多条分支，但不形成闭合回路。树形结构网络是一种分层网，其结构可以对称，联系固定，具有一定的容错能力，如图 1-10 所示。一般一个分支和节点的故障不影响另一分支节点的工作，任何一个节点送出的信息都可以传遍整个传输介质，也是广播式网络。通常，树形结构的链路相对具有一定的专用性，无须对原网做任何改动就可以扩充工作站。

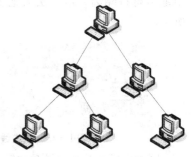

树形拓扑结构的优点：

① 易于扩展。

② 故障隔离较容易。

树形拓扑结构的缺点：节点对根依赖性太大，若根发生故障，则全网不能正常工作。

图 1-10 树形拓扑结构示意图

5）混合型（总线型/星形）拓扑结构。混合型拓扑结构用一条或多条总线把多组设备连接起来，相连的每组设备呈星形分布。采用这种拓扑结构，用户很容易配置和重新配置网络设备，如图 1 - 11 所示。总线采用同轴电缆，星形配置可采用双绞线。

6）网状拓扑结构。网状拓扑结构又称作无规则型，如图 1 - 12 所示。在网状拓扑结构中，节点之间的连接是任意的，没有规律。网状拓扑结构的主要优点是系统可靠性高，但是结构复杂，必须采用路由选择算法与流量控制方法。目前实际存在与使用的广域网结构，基本上都是采用网状拓扑结构。

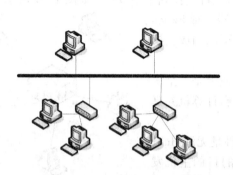

图 1 - 11　混合型（总线型/星形）拓扑结构示意图

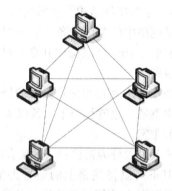

图 1 - 12　网状拓扑结构示意图

信息卡

应该指出，在实际组网中，拓扑结构通常不是单一的，是几种结构的混合使用。

（3）按网络的传输介质分类　按照网络使用的传输介质，可以把计算机网络分为有线网络、无线网络两种类型。

1）有线网络。有线网络通常是指采用双绞线、同轴电缆以及光缆等有线传输介质组建的网络。

① 双绞线。双绞线是由一对相互绝缘的铜导线相互扭绞在一起形成的，扭绞可以减小铜线之间的电磁干扰，如图 1 - 13 所示。双绞线通常用在局域网中，也可以用在传统的电话系统中，如果距离较长可以使用中继器延长通信距离。

② 同轴电缆。同轴电缆由绕同一轴线的两个导体组成，即内导体（铜芯导线）和外导体（金属丝编织的网）。外导体即为屏蔽层，其作用是屏蔽电磁干扰和辐射，两导体之间用绝缘材料隔离，最外层为绝缘保护套。芯线与金属网同轴，所以叫同轴电缆，如图1 - 14所示。

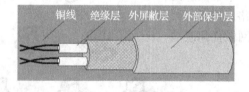

图 1 - 13　双绞线

图 1 - 14　同轴电缆

同轴电缆可分为粗缆和细缆。粗缆传输距离远、可靠性高、安装时不需要切断电缆，常用于大型的局域网；但粗缆必须安装外收发器，安装难度大、价格高。细缆容易安装、造价低；但安装时需要切断电缆，装上 BNC 接头，然后连接到 T 形连接器，所以接头容易接触不良，或容易造成短路，是以太网中较常见的故障之一。

③ 光缆。光缆是由多根光纤组成的，光纤是由玻璃纤维组成的传输光波的介质，光纤中的

光束在光纤芯和包层界面上形成全反射，使光束不断地向前传播，如图1-15a、b所示。

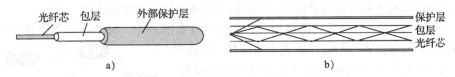

图1-15 光缆

光纤中的光源可以是发光二极管（Light Emitting Diode，LED）或注入式激光二极管（Injection Laser Diode，ILD）。光在光纤中传输到接收端，接收端有一个光电二极管，能将光信号转化为电信号，实现相互通信。

2）无线网络。无线网络就是使用无线传输介质进行传输的网络。目前的无线传输介质主要包括微波、红外线和无线电短波等。

微波通信系统可以分为地面微波系统和卫星微波系统，地面微波系统由两个方向相互对准的天线组成，长距离通信则需要中继站。微波通信系统不但容易受到电磁的干扰，也容易受到天气的影响。

卫星通信系统是将太空中的卫星转发器对准地球上的某些区域，这样地面站之间就可以相互通信，如图1-16所示。卫星通信系统非常适合那些不容易铺设电缆的地区，如海上、空中等，但是卫星通信系统延时较大，而且费用较高。

红外线利用墙壁或房屋反射，从而形成在整个房屋内的通信。常见的电视机遥控器就是采用这种装置。

以前的无线电短波有中心站，类似于卫星通信。现在的无线电短波没有中心站，其采用的是分布式结构，比较适合没有通信线路的地方，而且可以快速地建成网络，使用中继站可以增大传输的距离。

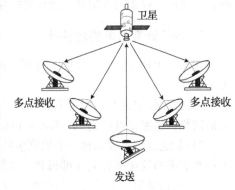

图1-16 卫星通信系统

（4）按网络的传输技术分类 网络所采用的传输技术决定了网络的主要技术特点，因此根据网络所采用的传输技术对网络进行分类是一种很重要的方法。

在通信技术中，通信信道的类型有两类：广播通信信道与点对点通信信道。在广播通信信道中，多个节点共享一个通信信道，一个节点广播信息，其他节点必须接收信息。而在点对点通信信道中，一条通信线路只能连接一对节点，如果两个节点之间没有直接连接的线路，那么只能通过中间节点转接。显然，网络要通过通信信道完成数据传输任务，网络所采用的传输技术也只可能有两类：广播方式与点对点方式。因此，相应的计算机网络也可以分为两类：广播式网络（Broadcast Network）与点对点式网络（Point to Point Network）。

1）广播式网络。广播式网络用唯一共享的传输介质把各个计算机模块连接起来，这样，任何一个计算机向网络系统发送信息时，连接在总线上的所有计算机均可以接收到信息，如图1-17所示。

广播式网络特点：通常使用一条共享的信道，当某台计算机在信道上发送数据包时，网络中的每台计算机都会收到这个数据包，收到数据包的计算机会将自己的

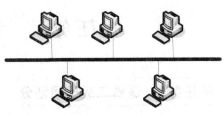

图1-17 总线型信道的广播式网络

地址和分组中的地址进行比较，如果相同则接收该数据包，反之则丢弃该数据包。

广播式传输结构主要有总线型信道、卫星信道和微波信道等网络结构。

2）点对点式网络。与广播式网络相反，在点对点式网络中，每条物理线路连接一对计算机，如图1-18所示。假如两台计算机之间没有直接连接的线路，那么其间的分组传输就要通过中间节点的接收、存储与转发，直至目的节点。由于连接多台计算机之间的线路结构可能是复杂的，因此从源节点到目的节点可能存在多条路径。决定分组从通信子网的源节点到达目的节点的路径需要路由选择算法。分组存储转发与路由选择机制是点对点式网络与广播式网络的重要区别之一。

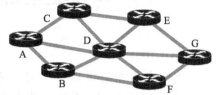

图1-18 点对点式网络结构示意图

（5）按网络的归属分类 按照归属，我们可以把计算机网络分为公用网和专用网两种类型。

1）公用网。一般由政府电信部门组建、管理和控制，网络内的传输和交换装置可提供（如租用）给任何部门和单位使用，如公共电话交换网、数字数据网、综合业务数字网等。

2）专用网。由某个单位或部门组建，不允许其他部门或单位使用，如金融、石油、铁路等行业都有自己的专用网。政府机关、企业、学校等单位自己组建的内部网络也可以认为是专用网。专用网可以租用电信部门的传输线路，也可以自己铺设线路，但后者的成本较高。

2. 评价计算机网络的性能

评价一个计算机网络性能的好坏，通常有如下几个指标：数据传输速率、延迟、吞吐量和丢失率等。

1）数据传输速率：即通常所说的"网络速度"，其单位一般采用位每秒（bit/s）表示。目前的网络传输速率可达到100Mbit/s（兆位每秒）、10000Mbit/s（10Gbit/s）。

2）发送延迟：表示将一个数据包从开始发送到发送完毕所用的时间。发送延迟与数据包的大小和数据的发送率有关（即每秒发送的位数）。

3）传播延迟：表示将一位信息从发送方传输到接收方所需的时间。传播延迟与站点之间的距离和电磁信号的传播速度有关。

4）处理延迟：表示某个站点接收完数据包到这个站点将该数据包转发出去所需的时间。处理延迟与网络的状态、站点的运算速度等有关。

5）吞吐量：指单位时间内网络传输的数据量，一般用位每秒表示。

6）丢失率：指数据在网络传输过程中，单位时间内所丢失的数据与所要传输数据的比率，丢失率经常用来描述网络传输线路质量好坏。

7）误码率：表示数据传输过程中出错的概率，是出错的位数与传输的位总数之比。

任务三　认识计算机网络结构

子任务1　逻辑二级子网划分

为了实现资源共享，计算机网络必须具有数据处理和数据通信两种能力，从这个前提出发，计算机网络可以从逻辑上被划分为二级子网：资源子网和通信子网，如图1－19所示。

1. 资源子网

资源子网又称用户子网，一般由主计算机系统、终端、各种软件资源和数据资源等组成，是用户资源配置与管理、数据处理和操作应用的环境。

（1）主机　主计算机系统简称主机（Host），可以由大型机、中型机、小型机、工作站或微机担任。主机是资源子网的主要组成单元，通过高速通信线路与通信子网的通信控制处理器相连接。普通用户终端通过主机连入网内。主机要为本地用户访问网络其他主机设备与资源提供服务，同时要为网中远程用户共享本地资源提供服务。随着微机的广泛应用，连入计算机网络的微机数量日益增多，这些微机可以作为主机的一种类型，直接通过通信控制处理器连接到网络，也可以通过联网的大、中、小型计算机系统间接连接到网络。

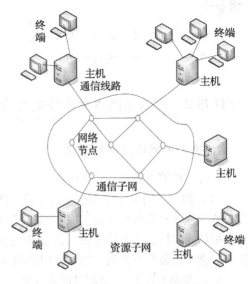

图1－19　计算机网络的组成示意图

（2）终端　终端（Terminal）是用户进行网络操作时所使用的末端设备。终端可以是简单的输入/输出终端，也可以是带有微处理器的智能终端（如微机工作站、计算机系统等，都可以作为终端）。智能终端除具有输入、输出信息的功能外，本身具有存储与处理信息的能力。终端可以通过主机连接到网络，也可以通过终端控制器或通信控制处理器连接到网络。

2. 通信子网

通信子网由通信控制处理器、通信线路与其他通信设备组成，完成网络数据传输、转发等通信处理任务。

不同类型的网络，其通信子网的物理组成各不相同。局域网最简单，它的通信子网由传输介质、网卡、集线器和交换机等基本连接部件组成。而广域网中，通信子网除了包括基本连接部件外，还包括一组转发部件。转发部件实际上是一种专用计算机，它负责主机、局域网之间的数据转发，相当于电话系统中的程控交换机。

（1）通信控制处理器　通信控制处理器（Communicatio Control Processor，CCP）在网络拓扑结构中被称为网络节点。一方面，CCP作为与资源子网中主机、终端连接的接口，将主机和终端连入网内；另一方面，CCP又作为通信子网中的分组存储转发节点，完成分组的接收、校验、存储、转发等功能，实现将源主机报文准确发送到目的主机的作用。在早期的ARPANET中，承担通信控制处理器功能的设备是接口报文处理器（Interface Message Processor，IMP）。

（2）通信线路　通信线路为通信控制处理器之间、通信控制处理器与主机之间提供通信信道。计算机网络采用了多种通信线路，如电话线、双绞线、同轴电缆、光缆、无线通信信道、微波与卫星通信信道等。

信息卡

若只是访问本地计算机，则只在资源子网内部进行，无须通过通信子网。若要访问异地计算机资源，则必须通过通信子网。

子任务 2　通信子网中常用设备简介

1. 通信子网中的常用设备

在计算机网络的通信子网中，通常使用以下设备。

（1）网卡　网卡也称为网络适配器，是计算机和网络缆线之间的物理接口。网卡一方面将发送给其他计算机的数据转变成在网络缆线上传输的信号发送出去，另一方面网络缆线接收信号并把信号转换成为在计算机内传输的数据。网卡的基本功能：并行数据和串行数据之间的转换、数据帧的装配与拆装、网络访问控制和数据缓冲等，如图 1 - 20 所示。

（2）调制解调器　调制解调器（Modem）是计算机与公共电话交换网连接所必不可少的设备。调制解调器有内置和外置之分，内置调制解调器如图 1 - 21 所示。计算机中的数据是数字信号，而公共电话交换网等模拟传输系统只能传输模拟信号，在发送端，调制解调器用计算机上的数字信号调制模拟载波信号之后传送出去，称为调制；在接收端，调制解调器将数字信号从接收到的模拟载波信号中剥离出来传送给计算机，称为解除调制，简称解调。常用的调制方法有调频、调幅、调相等。

图 1 - 20　网卡　　　　　　　　　　　图 1 - 21　内置调制解调器

（3）中继器　中继器（Repeater）主要作用是放大在传输介质上传输的信号，以便在网络上传输得更远。和日常看到的电灯线不同，网络中用的各种缆线不能简单地拧在一起。这将产生严重的杂波使网络中断，必须使用中继器这样的专用设备来实现连接，消除噪声。

（4）集线器　集线器（Hub）的作用是将网段上的各个介质段连接在一起。在星形或树形网络中，每个节点计算机与其他节点计算机之间通过传输介质连接时需要相当于多个中继器功能的设备，这种设备就是集线器。常用的集线器如图 1 - 22 所示。

图 1 - 22　集线器

（5）网桥　网桥（Bridge）也称桥接器，是连接两个局域网段的存储转发设备。网桥处理的是一个完整的帧，可以完成具有相同或相似体系结构网络系统的连接。网桥在数据链路层上实现网络系统的互相连接，网桥在两个局域网的数据链路层间按帧传送信息。网桥是为各种局域网存储转发数据而设计的，对终端节点用户是透明的；终端节点在其报文通过网桥时，并不知道网桥的存在。网桥可以将相同或不相同的局域网连接在一起，组成一个扩展的局域网络。

（6）交换机 广义的交换机（Switch）就是一种在通信系统中完成信息交换功能的设备，相当于多口的网桥。使用交换机也可以把网络"分段"，通过对照 MAC（Media Access Control，介质访问控制）地址表，交换机只允许必要的网络流量通过交换机。通过交换机的过滤和转发，可以有效地隔离广播风暴，减少误包和错包的出现，避免共享冲突。如图 1-23 所示。

（7）路由器 当相互连接的局域网数量不多时，使用网桥是非常有效的；但若连接的局域网数目很多或要将局域网与广域网相互连接时，则采用路由器（Router）更好，因为路由器的连接功能更强。路由器是建设企业网的重要设备，如图 1-24 所示。

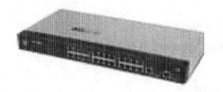

图 1-23 交换机

图 1-24 路由器

路由器是进行网络间连接的关键设备，用于连接多个逻辑上分开的网络（逻辑网络是指一个单独的网络或子网）。数据通过路由器从一个子网传输到另一个子网。路由器具有判断网络地址和选择路径的功能。路由器能在多网络相互连接的环境中建立灵活的连接，可用完全不同的数据分组和介质访问方法连接各种子网。路由器是属于网络应用层的一种连接设备，只接收源站或其他路由器的信息，而不关心各子网所使用的硬件设备，但要求运行与网络层协议相一致的软件。

2. 现代网络结构的特点

随着微型计算机和局域网的广泛应用，使用大型机的主机—终端系统的用户减少，现代网络结构已经发生变化，大量的微型计算机是通过局域网连入广域网，而局域网与广域网、广域网与广域网的连接是通过路由器实现的。目前常见的计算机网络的结构示意图如图 1-25 所示。

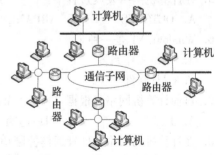

图 1-25 现代计算机网络结构示意图

🙢 学材小结 🙠

❓ 理论知识

一、填空题

1. 发展计算机网络的目的是＿＿＿＿＿＿＿＿＿＿＿＿＿＿＿＿＿＿＿＿＿＿＿＿＿。

2. 计算机网络的发展经历了 ＿＿＿＿＿ 个阶段，分别是 ＿＿＿＿＿、＿＿＿＿＿、＿＿＿＿＿ 和 ＿＿＿＿＿。

3. 计算机网络涉及_____和_____领域。

4. 连接大量终端的联机系统主要特点：_____；

5. 从计算机网络组成的角度来看，典型的计算机网络从逻辑功能上可以分为_____和_____。前者负责_____，后者则是_____。

6. 在局域网中，通信子网包括_____和_____。

7. 早期的计算机网络是由_____组成的系统。

8. 按网络地理覆盖范围，计算机网络划分为_____、_____和_____。

9. 星形、总线型、环形和网状型是按照_____分类的。

10. 常用的网络协议软件有_____、_____和_____。

二、选择题

1. 计算机网络在物理结构上的基本组成是（　　）。
   - A. 局域网
   - B. 计算机网
   - C. 通信子网和资源子网
   - D. 计算机网络硬件系统和计算机软件系统

2. 在下列选项中，不属于 Internet 功能的是（　　）。
   - A. 电子邮件
   - B. WWW 浏览
   - C. 程序编译
   - D. 文件传输

3. 连接到计算机网络上的计算机都是（　　）。
   - A. 高性能计算机
   - B. 具有通信能力的计算机
   - C. 自治计算机
   - D. 主从计算机

4. 局部地区通信网络简称局域网，英文缩写为（　　）。
   - A. WAN
   - B. LAN
   - C. SAN
   - D. MAN

5. 在计算机网络发展过程中，（　　）对计算机网络的形成与发展影响最大。
   - A. OCTOPUS
   - B. ARPANET
   - C. DATAPAC
   - D. Newhall

6. Windows NT 是一种（　　）。
   - A. 网络操作系统
   - B. 数据库管理系统
   - C. CAD 软件
   - D. 应用系统软件

7. 目前计算机网络是根据（　　）的观点来定义的。
   - A. 广义
   - B. 用户透明
   - C. 狭义
   - D. 资源共享

8. 在计算机网络中，处理通信控制功能的计算机是（　　）。
   - A. 通信控制处理器
   - B. 通信线路
   - C. 主计算机
   - D. 终端

9. 目前，实际存在与使用的广域网基本都是采用（　　）拓扑。
   - A. 总线型
   - B. 环形
   - C. 网状
   - D. 星形

10. Internet 是在（　　）基础上发展起来的。
    - A. ARPANET
    - B. DNS
    - C. SAGE
    - D. WWW

11. 一座大楼内的一个计算机网络系统，属于（　　）。
    - A. PAN
    - B. LAN
    - C. MAN
    - D. WAN

12. Internet 属于（　　）。
    - A. WAN
    - B. LAN
    - C. MAN
    - D. CHINANET

13. 在下列各项中，一个计算机网络的3个主要组成部分是（　　）。
    - ① 若干数据库
    - ② 一个通信子网
    - ③ 一系列通信协议

④ 若干主机　　　　⑤ 电话网　　　　　　⑥ 大量终端

    A. ①、②、③　　B. ②、③、④　　C. ③、④、⑤　　D. ②、④、⑥

14. 采用点对点线路的通信子网的基本拓扑结构有 4 种，分别是（　　　）。

    A. 星形、环形、树形和网状　　　　　B. 总线型、环形、树形和网状

    C. 星形、总线型、树形和网状　　　　D. 星形、环形、树形和总线

15. 将单位内部的局域网接入 Internet 所需使用的接入设备是（　　　）。

    A. 防火墙　　　　B. 集线器　　　　C. 路由器　　　　D. 中继转发器

16. 计算机网络建立的主要目的是实现计算机资源的共享，计算机资源主要指计算机（　　　）。

    A. 软件与数据库　　　　　　　　　B. 服务器、工作站与软件

    C. 硬件、软件与数据　　　　　　　D. 通信子网与资源子网

17. 中国教育和科研计算机网络是（　　　）。

    A. CHINANET　　B. CSTNET　　C. CERNET　　D. CGBNET

三、简答题

1. 什么是计算机网络？举出计算机网络实际应用的例子。

2. 通信子网与资源子网的联系与区别是什么？

3. 局域网、城域网与广域网的主要特征是什么？

4. 计算机网络的主要功能是什么？

5. 计算机网络与分布式系统的区别和联系是什么？

6. 计算机网络如何分类？常见的几种分类是哪些？

模块二
计算机网络体系结构

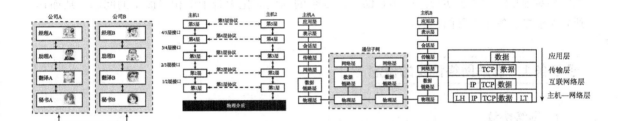

║本模块导读║

　　为了使不同地理分布且功能相对独立的计算机之间组成的网络实现资源共享，计算机网络系统需要涉及和解决许多复杂的问题，包括信号传输、差错控制、寻址、数据交换和提供用户接口等。计算机网络体系结构就是为简化这些问题的研究、设计和实现而抽象出来的一种结构模型。

　　本模块主要介绍计算机网络体系结构的若干重要概念、OSI/RM 各层协议的功能和基本原理以及 TCP/IP 各层协议的功能和基本原理。

║本模块要点║

- 理解网络体系结构的基本概念
- OSI 参考模型
- TCP/IP 参考模型

任务一　理解网络体系结构的基本概念

为何要建立计算机网络体系结构?

对于复杂的计算机网络系统,采用层次模型,可以简化对计算机网络系统需要涉及和解决诸多复杂问题的研究,包括信号传输、差错控制、寻址、数据交换和提供用户接口等。

层次模型可以将系统所要实现的复杂功能分化为若干个相对简单的细小功能,每一项分功能以相对独立的方式去实现。这样有助于将复杂的问题简化为若干个相对简单的问题,从而达到分而治之、各个击破的目的。

子任务1　理解网络协议的概念

1. 网络协议

【案例2-1】在日常生活中,为了实现人与人之间的交流,通信规则是无处不在的。例如,在使用邮政系统发送信件时,信封必须按照一定的格式书写(如收信人和发信人的地址不能颠倒),否则信件就不能到达目的地;同时,信件的内容也必须遵守一定的规则(如使用何种语言书写),否则收信人可能无法理解信件的内容。

在计算机网络中,信息的传输与交换也必须遵守一定的协议,而且传输协议的优劣直接影响网络的性能。

协议是一种通信规约,进行相互交流的双方都必须遵守。为了保证计算机网络中计算机之间正确地、有条不紊地收发数据所制定一系列的通信协议就是网络协议。

一个网络协议主要由以下三个要素组成:

1) 语法,用于规定将若干个协议元素组合在一起表达一个完整的内容时所应遵循的格式,定义了"怎么做"。

例如,在传输一份数据报文时,可用适当的协议元素和数据,按照如图2-1所示的格式来表达。其中,SOH 表示传输报文的报头开始;HEAD 表示报头;STX 表示正文开始;TEXT 是正文;ETX 表示正文结束;BCC 是校验码。

SOH	HEAD	STX	TEXT	ETX	BCC

图2-1　网络协议的语法结构示意图

2) 语义,即需要发出何种控制信息、完成何种协议以及做出何种应答,定义了"做什么"。

3) 时序,即事件实现顺序的详细说明,定义了"何时做"。

【案例2-2】例如两个人的电话通信过程。首先是拨电话号码,电话号码包含区号和座机号,格式是区号在前,座机号在后,这就是语法。拨号后,用户将等待对方电话的响应(响应有接通、正忙或不存在等),根据对方电话的响应做出相应动作,如接通则可以与对方通话。对方电话的响应就是语义。在进行通话时需要遵循的先后次序即为时序。对于电话通信,必须按照【拨号】→【等待接通信号指示】→【开始通话】→【通话完毕】→【挂断电话】的次序进行，事件的次序不能颠倒，否则通话将会失败。

2. 制定网络通信协议和标准的主要组织

国际上制定通信协议和标准的主要组织有以下几个。

（1）IEEE 电气和电子工程师协会（Institute of Electrical and Electronic Engineers，IEEE）是世界上最大的专业技术团体，由计算机和工程学专业人士组成。IEEE 在通信领域最著名的研究成果是 802 标准。802 标准定义了总线网络和环形网络等方面的通信协议。

（2）ISO 国际标准化组织（International Organization for Standardization，ISO）是一个世界性组织，包括了许多国家的标准团体。ISO 最有意义的工作就是对开放系统的研究。在开放系统中，任意两台计算机可以进行通信，而不必理会各自不同的体系结构。具有七层协议结构的开放系统互联参考模型（OSI/RM，简称 OSI）就是一个众所周知的例子。作为一个分层协议的典型，OSI 仍然经常被人们学习研究。

（3）ITU 国际电信联盟（International Telecommunications Union，ITU）其前身是国际电报电话咨询委员会（Consultative Committee on International Telephone and Telegraph，CCITT）。ITU 是一家联合国机构，共分为三个部门。ITU - R 负责无线电通信，ITU - D 是发展部门，ITU - T 负责电信。ITU 的成员来自各种各样的科研机构、工业组织、电信组织、电话通信方面的权威人士以及 ISO。ITU 制定了许多网络和电话通信方面的标准。

除此之外还有一些国际组织和著名公司等在网络通信标准的制定方面起着重要作用，如国际电子技术委员会（International Electrotechnical Commission，IEC）、电子工业协会（Electronic Industries Association，EIA）以及 IBM 公司等。

3. 协议分层的网络结构模型

【案例 2 - 3】计算机网络是涉及计算机系统和通信系统的一个复杂系统。假设连接在网络上的两台计算机要互相传送文件，需完成以下工作：

1）在这两台计算机之间建立一条传送数据的通路。

2）发起通信的计算机要发出一些指令，保证要传送的计算机数据能在这条通路上正确地发送和接收。

3）告诉网络如何识别将要接收数据的计算机。

4）发起通信的计算机必须查明对方计算机是否已准备好接收数据，以及文件管理程序是否已做好文件接收和存储文件的准备工作。

5）若文件格式不兼容，则至少其中的一台计算机应完成格式转换。

6）对出现的各种差错和意外事故，如数据传送错误、重复或丢失，网络中某个节点交换机出故障等，应当有可靠的措施保证对方计算机最终能够收到正确的文件内容。

由此可见，相互通信的两台计算机系统必须高度协调工作才行。而这种"协调"是相当复杂的，为了降低系统设计和实现的难度，人们早在 ARPANET 设计时就提出了分层的方法，把计算机网络要实现的功能进行结构化和模块化的设计，将整体功能分为几个相对独立的功能层，各个功能层间进行有机的连接，底层为其上一层提供必要的功能服务。这种层次结构的设计称为网络层次结构模型。

网络体系结构就是网络层次结构模型和各层协议的集合。

网络层次结构模型的特点如下：

1）各层之间相互独立。高层并不需要知道低层是如何实现的，而仅需要知道该层通过层间的接口所提供的服务。

2）灵活性好。当任何一层发生变化时，如由于技术的进步促使实现技术的变化，只要接口保持不变，则这层以上或以下各层均不受影响。另外，当某层提供的服务不再需要时，甚至可取消该层。

3）各层都可以采用最合适的技术来实现，各层实现技术的改变不影响其他层。

4）易于实现和维护。因为整个系统已被分解为若干个易于处理的部分，这种结构使得一个庞大而又复杂系统的实现和维护变得容易控制。

5）有利于促进标准化，这主要是因为每层的功能与所提供的服务已有精确的说明。

1974 年，美国 IBM 公司研制出了系统网络体系结构（System Network Architecture，SNA），这个著名的网络标准就是按照分层的方法制定的。凡是遵循 SNA 网络标准的设备就称为 SNA 设备。这些 SNA 设备可以很方便地进行连接。在此之后，很多公司也纷纷建立自己的网络体系结构，这些体系结构大同小异，都采用了层次技术，但各有其特点以适合本公司生产的计算机组成网络。

为了使不同体系结构的计算机网络都能够相互连接，满足不同体系结构的用户能够相互交换信息。20 世纪 70 年代，ISO 为适应网络向标准化发展的需要，成立了 TC97（信息技术委员会）下属的专门委员会 SC16，在吸取、研究各种网络体系结构的基础上，于 1984 年制定了著名的开放系统互联参考模型（Open System Interconnection，OSI），从而形成网络体系结构的国际标准。

子任务 2 理解协议、层次、接口与网络体系结构

1. 网络体系结构的分层过程

网络体系结构采用了分层描述的方法，将整个网络的通信功能划分为多个层次，每层各自完成一定的任务，而且功能相对独立。每一对相邻层之间都要有一个清晰的接口，接口定义下层向上层提供的原语操作和服务。一个清晰的接口可以使同一层能轻易地用一种实现方法来替换一种完全不同的实现方法（如用卫星信道来代替所有的电话线），只要新的实现方法能向上层提供旧的实现方法所提供的同一组服务即可。

【案例 2-4】两个归属于不同国家、同等规模的公司需要进行一次交易，如图 2-2 所示。两家公司人员都有经理、助理、翻译、秘书等几个层次。一方由上至下，先由经理考虑某个交易项目；助理根据经理的意思再考虑一些细节，并以此起草合同样本；翻译将合同译成双方共知的通用商务语言（如英语）；秘书负责与对方建立某种方式的联系，如通过传真，把翻译好的文本传给对方。另一方则由下至上，先是秘书收到传真，然后依次送到翻译、助理直至经理手中。双方通过这种由上至下的层次关系，在多次交换意见后，最终完成一次商务活动。

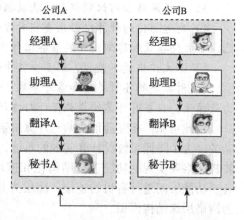

图 2-2 经理—助理—翻译—秘书结构

这个例子说明了分层通信的一个简单过程。这里需注意的是：最后的商务活动还是由经理同意，并通过秘书的传真实现合同文本的交换。也就是说，最终的通信需求一定是最高层的需求，而所有的通信过程又由最底层来实现。

通常，分层时要注意以下 5 条原则。

(1) 层次适度　若层次过少，层次的功能就过多，功能实现就相对困难；若层次过多，层次的功能较少，但运行开销也将增加。在上述例子中，如果人员太少，则员工的工作负担很重；如果人员过多，工作效率可能降低且工资支付更多。

(2) 功能确定　根据功能来划分层次，每个层次都有自己的分工，而完成这些功能都需要某种确定的方式。

(3) 层次独立　每个层次的工作方式不影响其他层次，一个层次内部的变化也不影响其他层次，每个层次只需要考虑自己的工作怎么做。在上述例子中，翻译采用英语采用汉语，对经理、助理、秘书都没有影响。

(4) 层次关联　所有的分工都是为了完成最终的目的，这个过程既是分工，也是合作。

(5) 层次分合　层次的划分根据实际需要来定，可以合并，可以分解，也可以取消。比如在上述例子中，如果两个公司处于同一个国家，则翻译就可以不要了。

下面举例来解释多层通信的实质。如果经理 A 有封信（数据）给经理 B（对等层），首先在信封（协议单元）上写上对方经理的姓名、地址，然后递给助理 A，助理又在外面套了一个信封，写上对方助理的姓名、地址，然后递给翻译 A，以此类推，直到秘书 A（最低层）把信发给对方的秘书 B，对方收到信件后又一层层拆开写给自己的信封，并把里面的信笺上交，最后经理 B 收到的就是经理 A 所写的信（数据）。

2. 网络体系结构的基本概念

(1) 层次　用划分层次（Layer）的方式把一个复杂的通信过程分解成若干个简单的通信过程，每个简单过程看作是一个层次。这样，把网络需要实现的功能分配到各个层次中，每个层次都能实现相对独立的功能，所有的层次共同实现最终的网络功能。

(2) 实体　每一层中的活动元素通常称为实体（Entity）。实体可以是软件实体（如一个进程），也可以是硬件实体（如某种芯片）。不同系统上同一层的实体称为对等实体（Peer Entity）。层次间的关系，也可看成是层次实体间的关系。

(3) 协议　协议（Protocol）是一种通信规定，是两个通信实体在相同层次上都需要遵循的规则和约定（即协议属于两个对等实体间的关系）。例如，一台机器上的第 n 层与另一台机器上的第 n 层进行对话，通话的规则就是第 n 层协议。要保证网络中各节点间大量的数据交换，就必须制定一系列的通信协议。通信协议是一套语义、语法和时序的集合，用来规定实体在通信过程中的操作规程。

1) 语义：规定需要发出何种控制信息，完成何种动作和做出何种应答。

2) 语法：规定用户数据和控制信息的结构与格式。

3) 时序：规定事件实现顺序的详细说明。

(4) 接口　接口（Interface）是同一节点内相邻层次间交换信息的连接点，规定了相邻层次实体间交换信息的规则。下层实体通过接口向上层实体提供服务，接口以一个或多个服务访问点（Service Access Point，SAP）的形式存在。

(5) 服务　每一层的通信协议都是在下一层通信协议所提供服务（Service）的基础上进行工作的，因此，服务是下层通过接口向上层提供的支持。下层实体在实现下层协议的基础上，向上层实体透明地提供下层服务。

(6) 服务类型　在计算机网络协议的层次结构中，层与层之间具有服务与被服务的单向依赖关系，下层向上层提供服务，而上层调用下层的服务，因此可称任意相邻两层的下层为服务提供者，上层为服务调用者。下层为上层提供的服务可分为两类：面向连接服务（Connection Oriented Service）和无连接服务（Connectionless Service）。

1）面向连接服务。面向连接服务以电话系统为模式。每次通话的过程为：拨号（连接的建立）→通话（连接的维持）→挂机（连接的释放）。同样在使用面向连接的服务时，用户要经历建立连接、使用连接、释放连接三个阶段。连接本质上像个管道，发送者在管道的一端放入物体，接收者在另一端按同样的次序取出物体。其特点是收发的数据不仅顺序一致，而且内容也相同。

2）无连接服务。无连接服务以邮政系统为模式。每个报文（信件）带有完整的目的地址，并且每一个报文都独立于其他报文，由系统选定路径传递。在正常情况下，当两个报文发往同一目的地时，先发的先到。但是，也有可能先发的报文在途中延误了，后发的报文反而先收到，而这种情况在面向连接的服务中是绝对不可能发生的。

一般用可靠性指标来衡量不同服务类型的质量和特性。在计算机网络中，可靠性一般通过确认和重传机制来实现。

通常，面向连接的服务都支持确认重传机制，因此多数面向连接的服务是可靠的。但由于确认重传将导致额外开销和延迟，有些对可靠性要求不高的面向连接服务系统不支持确认重传机制，即提供不可靠面向连接服务。而多数无连接服务不支持确认重传机制，因此多数无连接服务可靠性不高。但也有些特殊的无连接传输服务支持确认重传以提高可靠性。例如，电子邮件系统中的挂号信，网络数据库系统中的请求—应答服务（Request—Reply Service），其中应答报文既包含应答信息，也是对请求报文的确认。

信息卡

无连接服务常被称为数据报服务，有时数据报服务仅指不可靠的无连接服务，尽管并不严格，但经常被采用，需注意区别。

（7）服务原语　相邻两层之间通过一组服务原语（Service Primitive）建立相互作用，完成服务与被服务的过程，供用户和其他实体访问该服务。这些原语通知服务提供者采取某些行动或报告某个对等实体的活动。服务原语可被划分为 4 类，分别是请求（Request）、指示（Indication）、响应（Response）、确认（Confirm）。由不同层发出的每条原语各自完成确定的功能，见表2－1。

表 2－1　服务原语

原　　语	功能（含义）
请求	服务调用者请求服务提供者提供某种服务
指示	服务提供者告知服务调用者某事件发生
响应	服务调用者通知服务提供者响应某事件
确认	服务提供者告知服务调用者关于本次请求的答复

下面通过实例说明一个连接是如何被建立和释放的，以说明原语的用法。

【案例 2－5】某实体发出连接请求（Connect Request）以后，一个分组就被发送出去，接收方就收到一个连接指示（Connect Indication），被告之某处的一个实体希望与其建立连接，收到连接指示的实体就使用连接响应（Connect Response）原语表示自己是否愿意建立连接。但无论是哪一种情况，请求建立连接的一方都可以通过接收连接确认（Connect Confirm）原语获知接收方的态度。

（8）对等进程 不同机器里包含对应层的实体就是对等进程（Peer）。换言之，正是对等进程利用协议进行通信。

（9）数据单元 在多层次环境中，对等实体按协议进行通信，相邻层次的实体按服务进行通信，这些通信都是以数据单元（Data Unit）的形式进行的。

（10）网络体系结构 层和协议的集合被称为网络体系结构（Network Architecture），某一系统所使用的协议列表中，每层需要一个固定的协议，这些协议合称为协议栈（Protocol Stack）。

信息卡

实际上，数据不是从一台计算机的第 n 层直接传送到另一台计算机的第 n 层，而是按层上下传送。在发送计算机中，每一层都把数据和控制信息交给自己的下一层，直到最底层，最底层下面是物理介质（Physical Medium），进行实际的通信，传到接收计算机中的最底层，在接收计算机中，每一层把接收到的数据进行适当处理后向上一层传送，如图 2-3 所示。其中，虚线表示虚拟通信，而实线表示物理通信。

（11）服务访问点 在同一系统中相邻两层的实体进行交换信息的位置，通常称为服务访问点（Service Accessing Point，SAP）。服务访问点是一个抽象的概念，实际上就是一个逻辑接口。

（12）服务数据单元 OSI 将层与层之间交换数据的单位称为服务数据单元（Service Data Unit，SDU）。

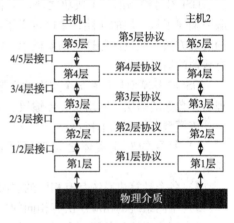

图 2-3 层、协议和接口

信息卡

注意协议和服务概念的辨析：

首先，协议的实现保证了能够向上一层提供服务，本层的服务用户只能看见服务而无法看见下面的协议，下面的协议对上面的服务用户是透明的。

其次，协议是"水平的"，即协议是控制对等实体之间通信的规则；但服务是"垂直的"，即服务是由下层向上层通过层间接口提供的。另外，并非在一个层内完成的全部功能都称为服务，只有那些能够被高一层看得见的功能才能称为服务。上层使用下层所提供的服务必须通过与下层交换一些命令，这些命令在 OSI 中被称为服务原语。

任务二 理解开放系统互联参考模型

子任务1 OSI 参考模型的提出

开放系统互联参考模型是由 ISO 在 20 世纪 80 年代初提出并制定的标准化开放式计算机网

络层次结构模型。"开放"表示能使任何两个遵守参考模型和有关标准的系统进行连接;"互联"是指将不同的系统互相连接起来,以达到相互交换信息、共享资源、分布应用和分布处理的目的。

自IBM在20世纪70年代推出SNA系统网络体系结构以来,世界上许多大的计算机公司先后推出了各自的计算机网络体系结构,如DEC公司的分布式网络结构DNA等,这些体系结构的出现大大加快了计算机网络的发展。但由于这些体系结构的都是基于各公司内部的网络连接,没有统一的标准,因而很难互相连接起来。在这种情况下,ISO提出了OSI参考模型,其最大的特点是开放性。不同厂家的网络产品,只要按照该参考模型,就可以实现互联、互操作和可移植性,也就是说,任何遵循OSI标准的系统,只要物理上连接起来,就可以互相通信。OSI参考模型定义了开放系统的层次结构和各层所提供的服务。

OSI参考模型的一个成功之处在于清晰地分开了服务、接口和协议这三个容易混淆的概念。服务描述了每一层的功能,接口定义了某层提供的服务如何被高层访问,而协议是每一层功能的实现方法。通过区分这些抽象概念,OSI参考模型将功能定义与实现细节分开,概括性高,具有普遍的适应能力。

OSI参考模型是具有7个层次的框架模型,如图2-4所示。自下而上的7个层次分别是物理层、数据链路层、网络层、传输层、会话层、表示层和应用层。

该模型有如下几个特点:

1)每层的对应实体之间都通过各自的协议通信。

2)各个计算机系统都有相同的层次结构。

3)不同系统的相应层次有相同的功能。

4)同一系统的各层次之间通过接口联系。

5)相邻的两层之间,下层为上层提供服务,同时上层使用下层提供的服务。

图2-4中通信子网与网络硬件(如网卡、交换机和路由器)的关系密切,而从传输层及以上层不再涉及通信子网的细节,只考虑最终通信者之间端到端的通信问题。

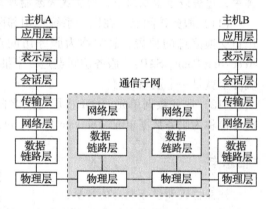

图2-4 OSI参考模型

信息卡

协议数据单元(Protocol Data Unit,PDU)就是对等实体之间通过协议传送的数据。

OSI参考模型7层的PDU名称分别为:物理层—bit;数据链路层—Frame;网络层—Packet;传输层—Segment;会话层—SPDU;表示层—PPDU;应用层—APDU。

子任务2 OSI参考模型各层的功能

1. OSI参考模型各层功能概述

(1)物理层 物理层(Physical Layer)是整个OSI参考模型的最底层,主要功能是提供网络的物理连接,利用物理传输媒体透明地传送相邻节点之间原始比特流。物理层的设计主要涉及物理层接口的机械、电气、功能和过程特性，以及物理层接口连接的传输媒体等问题。

物理层传送信息的基本单位是位（bit）。

典型的物理层协议有 RS－232 系列、RS－449 接口标准和 X.21 建议书等。

（2）数据链路层 数据链路层（Data Link Layer）是 OSI 参考模型的第 2 层，在物理层提供比特流传输服务的基础上，在通信的实体之间建立数据链路连接，传送以帧为单位的数据，采用差错控制、流量控制方法，使有差错的物理线路变成无差错的数据链路。

数据链路层传送信息的基本单位是帧。

常见的数据链路层协议有两类：一类是面向字符的传输控制协议，如二进制同步通信协议规程（Binary Synchronous Communication，BSC）；另一类是面向比特的传输控制协议，如高级数据链路控制规程（High-level Data Link Control，HDLC）。

（3）网络层 网络层（Network Layer）是 OSI 参考模型的第 3 层，解决的是网络与网络之间，即网际通信问题。网络层的主要功能是提供路由选择，即选择到达目标主机的最佳路径，并沿该路径传送数据包。此外，网络层还要具备地址转换（将逻辑地址转换为物理地址）、流量控制和拥塞控制等功能，是 OSI 参考模型 7 层中最复杂的一层。

网络层传送信息的基本单位是分组（或称为数据报）。

典型的网络协议有因特网协议、国际电报电话咨询委员会（CCITT）的 X.25 协议等。

（4）传输层 传输层（Transport Layer）是 OSI 参考模型的第 4 层，主要功能是完成网络中不同主机上用户或进程之间可靠的数据传输，传输层要决定对用户提供什么样的服务。最好的传输连接是一条无差错、按顺序传送数据的管道。传输层的主要任务是向用户提供可靠的端到端（End-to-End）服务，透明地传送报文。传输层向高层屏蔽了下层数据通信的细节，此外，传输层还要提供差错处理、流量控制、多路复用等功能，因而是计算机网络体系中最关键的一层。

传输层传送信息的基本单位是报文。

典型的传输层协议有传输控制协议、用户数据报协议等。

（5）会话层 会话层（Session Layer）是 OSI 参考模型的第 5 层，用户或进程间的一次连接称为一次会话。例如，一个用户通过网络登录到一台主机，或者一个正在用于传输文件的连接等都是会话。其功能是提供一种有效的方法，以组织和协商不同计算机上两个应用程序之间的会话，并管理其间的数据交换。会话层利用传输层来提供会话服务，负责提供建立、维护和拆除两个进程间的会话连接，当连接建立后，对何时、哪方进行操作等双方的会话活动进行管理。

（6）表示层 表示层（Presentation Layer）是 OSI 参考模型的第 6 层，主要用于解决用户信息的语法表示问题，包括数据格式变换、数据加密与解密、数据压缩与恢复以及协议转换等功能。例如，并不是每个计算机都使用相同的数据编码方案，表示层可提供不兼容数据编码格式之间的转换，如把 ASCII 码转换为扩展二进制交换码（EBCDIC）等。

表示层传送信息的基本单位也是报文。

（7）应用层 应用层（Application Layer）是 OSI 参考模型的最高层，直接面向用户以满足不同需求，是利用网络资源唯一向应用程序直接提供服务的层，应用层提供的服务非常广泛，常用的有文件传输、数据库访问和电子邮件等。

应用层传送信息的基本单位是用户数据报文。

在整个 OSI 参考模型中，应用层所包含的协议最多，典型的有 FTP、HTTP 等。

表2-2说明了 OSI 参考模型各层的主要功能。

表2-2 OSI 参考模型各层的主要功能

面向应用	应 用 层	应用协议：HTTP、FTP、Telnet
面向服务	表示层	数据结构表示、数据转换、加密、压缩
	会话层	进程管理、双工、半双工、单工、断点续发
面向通信	传输层	为上层提供可靠的数据传输
通信子网	网络层	数据分组、路由选择、差错控制、流量控制
	数据链路层	数据组成可发送、接收的帧
	物理层	规定物理信号、接口、信号形式、速率

总体来说，在 OSI 参考模型的7个层次中，下面3层主要处理网络通信的细节问题，并一起向上层用户提供服务，它们的协议是点对点的协议。上面4层主要针对的是端到端的通信，用于定义用户间的通信协议，但不关心数据传输的低层实现细节，它们的协议是端到端的协议。

信息卡

两个不相兼容的端系统，只要都支持 OSI 模型，就能互相通信。从逻辑上来讲，两个节点的对等层直接通信，而实际上，每一层都只与相邻的上下两层直接通信。当应用程序需要发送信息时，把数据交给应用层；应用层对数据进行加工处理后，传给表示层；再经过表示层的一次加工后，数据被送到会话层；这一过程一直继续到物理层接收数据后进行实际的传输。在另一端，顺序刚好相反，物理层接收数据后把数据传给数据链路层；后者执行某一特定功能后，把数据送给网络层；这一过程一直继续到应用层最终得到数据，并送给接收程序。这两个程序以及网络节点中的各个对等层，都好像是在直接进行通信；但事实上，所有的数据都被分解为比特流，并由物理层实现传输。

上述的通信过程类似于邮政通信系统中发信，用户只要在信封上写好收信人的地址和姓名，把信扔进邮筒就行了，信自然会被送到收信人手里，不管信件如何转发，也不管信件是用飞机、火车或轮船运送，用户都不必关心，只需等待回音即可。

2. 物理层

(1) 物理层的定义 ISO 对 OSI 参考模型中的物理层做了如下定义：物理层为建立、维护和释放数据链路实体之间二进制比特传输的物理连接提供机械、电气、功能和规程等方面的特性。物理连接可以通过中继系统，允许进行全双工或半双工的二进制比特流的传输。物理层的数据服务单元是比特，可以通过同步或异步的方式进行传输。

从以上定义中可以看出，物理层主要特点如下所示。

1) 物理层主要负责在物理连接上传送二进制比特流。

2) 物理层提供为建立、维护和释放物理连接所需的机械、电气、功能与规程等方面的特性。

(2) 物理接口 目前使用的物理层协议是物理接口标准，这种物理接口标准定义了物理层与物理传输介质之间的边界与接口。最常用的物理接口标准是 EIA-232-D、EIA RS-449 与 CCITT X.21。

物理接口的特性如下所示。

1）机械特性。物理层的机械特性规定了物理连接时所使用的可接插连接器的形状和尺寸、连接器引脚的数量与排列方式等。

2）电气特性

物理层的电气特性规定了在物理连接上传输二进制比特流时线路上信号电平高低、阻抗及阻抗匹配、传输速率与距离限制。早期的标准定义了物理连接边界点上的电气特性，而较新的标准定义了发送器和接收器的电气特性，同时给出连接电缆的有关规定。新的标准更利于发送和接收电路的集成化工作。

3）功能特性。物理层的功能特性规定了物理接口上各条信号线的功能分配和确切定义。物理接口信号线一般分为数据线、控制线、定时线和地线等几类。

4）规程特性。物理层的规程特性定义了利用信号线进行二进制比特流传输的一组操作过程，包括各信号线的工作规则和时序。

3. 数据链路层

（1）数据链路层的基本概念　数据链路层是 OSI 参考模型的第 2 层，位于物理层与网络层之间。建立数据链路的主要目的是将一条原始的、有差错的物理线路变为对网络层无差错的数据链路，向网络层提供透明和可靠的数据传送服务。

（2）数据链路层的主要功能

1）链路管理。链路管理就是数据链路的建立、维护和释放操作。当网络中的两个节点要进行通信时，数据的发送方必须知道接收方是否处于准备接收状态。为此，在传输数据之前，通信双方必须事先交换一些必要的信息，让通信双方做好数据发送和接收的准备，即在通信之前，必须在发送方与接收方之间建立一条数据链路。

为了保证数据传输的可靠性，在传输数据的过程中也要维护链路。同样，在通信结束后，需要释放数据链路，以供其他用户使用。

2）帧同步。在数据链路层中，数据的传输单位是帧，数据就是一帧一帧地从发送方传输到接收方。帧同步是指接收方应当从收到的比特流中准确地区分帧的开始与结束，并让发送方将在传输中出错的帧重新发送（重传），这样可避免重新传输所有的数据。

3）流量控制。在数据传输过程中，为了让数据高效、可靠地传输给接收方，防止出现数据传输中的过载和阻塞现象，就需要对数据流量进行控制。

流量控制（Flow Control）对发送方发送数据的速率进行控制，保证接收方能够及时接收。当接收方未及时接收时，就必须控制发送方发送数据的速率。概括地讲，流量控制就是使发送方和接收方的数据处理速率保持一致。

4）差错控制。由于信道本身噪声以及外界的干扰，不可能所有的帧都能够准确无误地传输给对方，其中有一些帧在传输中会丢失或出错。在计算机网络中，对比特流传输的差错率有一定限制，当差错率高于限定值时，将会导致接收方收到的数据与发送方实际发送的数据的不一致。

5）区分数据和控制信息。一个完整的帧，由帧的起始和结束标记、控制信息、数据信息、帧校验序列、发送方和接收方地址等信息组成，将其可以分为数据和控制信息两部分。当接收方收到帧后，一定要有相应的措施将数据和控制信息区分开。

6）透明传输。透明传输包括两个功能：一是不管所传数据是以什么样的比特组合，都应该能够在链路上传输；二是当所传数据中的比特组合正好与某一控制信息完全相同时，必须能够采取适当的措施，使接收方能够辨认出其是数据还是某种控制信息。同时实现这两个功能才能够保证数据链路层的传输是透明的。

7）寻址。寻址是指在数据交换中，发送方能够知道将每一帧发送到什么地方，同时，在接收方收到每一个帧时，也应该知道该帧是从什么地方发来的。

（3）数据链路层协议的分类　点对点链路的数据链路层与局域网广播信道的数据链路层协议有所不同。

由于局域网使用多种传输介质，而每一种介质访问协议又与传输介质和拓扑结构相关。为了简化局域网中数据链路层的功能划分，IEEE 802 标准把数据链路层划分为介质访问控制（Media Access Control，MAC）和逻辑链路控制（Logical Link Control，LLC）两个子层。

点对点链路结构的数据链路层协议分为面向字符型与面向比特型两类。所谓面向字符型数据链路层协议是指以字符为控制传输信息的基本单位，其典型代表是 IBM BSC 协议。面向比特型数据链路层协议所传输的帧数据可以是任意位，而且是靠约定的位组合模式，并不是靠特定字符来标志帧的开始和结束，故称为"面向比特"的协议，其典型代表是高级数据链路控制（High-Level Data Link Control，HDLC）协议。

4. 网络层

（1）网络层定义　网络层位于数据链路层和传输层之间，使用数据链路层提供的服务，为传输层提供服务。其任务是把源计算机发出的信息分组并经过适当的路径送到目的地计算机，从源端到目的端可能要经过若干中间节点。显然，该功能与数据链路层有很大的差别，数据链路层仅把数据帧从电缆或信道的一端传到另一端。因此，网络层处理的是端到端数据传输。

在广播网络中，路由选择很简单，因此，网络层很简单，甚至不存在。而在大型网络中，分组必须跨越若干网络到达目的地址，这其中的问题就需要由网络层解决。

网络层是处理端到端传输的最底层。网络层与传输层的接口很重要，往往是公共网络与用户的接口，也就是说，该接口是通信子网的边界。网络层的操作可以是面向连接的，也可以是无连接的。

（2）网络层的主要功能

1）路径选择与中继。在点对点连接的通信子网中，信息从源节点出发，要经过若干个中继节点的存储转发后，才能到达目的节点，通信子网中的路径是指从源节点到目的节点之间的一条通路，可以表示为从源节点到目的节点之间的相邻节点及其链路的有序集合，一般在两个节点之间都会有多条路径，因此必然存在路径选择。路径选择是指在通信子网中，源节点和中间节点为将报文分组传送到目的节点而对其后继节点的选择，这是网络层所要完成的主要功能之一。

2）流量控制。网络中多个层次都存在流量控制问题，网络层的流量控制是对进入分组交换网的通信量加以一定的控制，以防因通信量过大造成通信子网性能下降。

3）网络连接建立与管理。在面向连接服务中，网络连接是传输实体之间传送数据的逻辑、贯穿通信子网的端到端通信通道。

（3）面向连接和无连接网络服务　从 OSI 参考模型的角度看，网络层所提供的服务分为面向连接网络服务（Connection-Oriented Network Service，CONS）和无连接网络服务（Connectionless Network Service，CLNS）两类。

1）面向连接网络服务又称为虚电路（Virtual Circuit）服务，"虚"表示在两个服务用户的通信过程中虽然没有自始至终都占用一条端到端的完整物理电路，但却好像占用了一条固定的物理电路。

面向连接网络服务具有网络连接建立、数据传输和网络连接释放三个阶段，是可靠的报文分组并按顺序传输的方式，适用于定对象、长报文、会话型传输要求。

从网络互联角度来看，面向连接的网络服务应满足以下要求：

① 网络互联操作的细节与子网功能对网络服务用户来说应该是透明的。

② 网络服务应允许两个通信的网络用户能在连接建立时就其服务质量和其他选项进行协商。

③ 网络服务用户应使用统一的网络编址方案。

2）无连接网络服务的两实体之间通信不需要事先建立好一个连接，无连接服务有三种类型：

① 数据报。数据报（Datagram）服务不要求接收端应答，这种方法尽管额外开销较小，但可靠性无法保证。

② 确认交付。确认交付（Confirmed Delivery）又称为可靠数据报，这种服务要求接收端对每个报文分组产生一个确认，确认交付类似于挂号的电子邮件。

③ 请求回答。请求回答（Request Reply）服务要求接收端用户每收到一个报文均给发送端用户发回一个应答报文，请求回答类似于一次事务处理中用户的"一问一答"。

5. 传输层

（1）传输层在网络中的作用 传输层是整个网络体系结构中很关键的一层，设置传输层的主要目的是在源主机和目的主机进程之间提供可靠的端到端通信。表 2-3 中表示传输层在 OSI 参考模型中所处的地位。

由此可见，OSI 参考模型从用户功能与网络功能角度进行分类，传输层被划在高层。

设立传输层的目的就是在使用通信子网提供服务的基础上，利用传输层协议和增加的功能使通信子网对于端到端用户是透明的。高层用户不需要知道自己使用的是一个或几个相互连接的通信子网，不需要知道数据链路层使用的是什么协议，也不需要知道物理层采用何种物理线路。对

表 2-3 传输层在 OSI 参考模型中的地位

用户功能	应用层
	表示层
	会话层
	传输层
网络功能	网络层
	数据链路层
	物理层

于高层用户来说，两个传输层实体之间存在着一条端到端可靠的通信连接，传输层向高层用户屏蔽了通信子网的细节。

（2）传输层主要功能

1）传输连接的建立、释放和监控。

2）完成传输服务数据单元的传送。

3）端到端传输时的差错检验及对服务质量的监督。

4）将传输层的传输地址映射到网络层的网络地址。

5）把端到端的传输连接复用到网络连接。

6）传输连接管理。

7）端到端的顺序控制、差错检测及恢复、分段处理及服务质量（Quality of Service，QoS）监测。

8）将多路的端到端传输连接变成一路网络连接。

（3）传输层协议与网络层服务的关系　对于传输层来说，高层用户对传输层的服务质量要求是确定的，传输层协议内容取决于网络层所提供的服务质量。网络层提供面向连接的虚电路服务和无连接的数据报服务，如果网络层提供虚电路服务，可以保证报文分组无差错、不丢失、不重复且顺序传输。在这种情况下，传输层协议相对要简单，即使对于虚电路服务，传输层也是必不可少的，因为虚电路仍不能保证通信子网传输完全正确。例如在 X.25 网的虚电路服务中，当网络发出中断分组和恢复请求分组时，主机无法获得通信子网中报文分组的状态，而虚电路两端的发送、接收报文分组的序号均置零。因此，虚电路恢复的工作必须由高层（传输层）来完成。如果网络层使用数据报方式，则传输层的协议将要变得复杂。

（4）传输层协议的分类　传输层提供的服务分为面向连接的传输服务（Connection-Oriented Transport Service，COTS）与无连接传输服务（Connectionless Transport Service，CLTS）两类。

尽管定义了无连接的传输协议，但目前还没有一个 OSI 应用协议使用无连接传输服务。为了能在不同的通信子网中进行不同类型的数据传送，ISO 定义了五类面向连接的传输协议，这五类传输协议是 TP_0（简单类）、TP_1（基本差恢复类）、TP_2（复用类）、TP_3（差错恢复与复用类）、TP_4（差错检测与复用类）。

在讨论五类传输协议时，首先要讨论网络服务质量的三种类型。

A 型：A 型网络是一种完善、理想且可靠的网络服务，网络连接具有可接受的低差错率和低故障通知率。

B 型：B 型网络的网络连接具有可接受的低差错率和不可接受的高故障通知率，传输协议必须提供差错恢复功能。

C 型：C 型网络的服务质量最差，网络连接具有不可接受的高差错率，传输协议应能检测出网络差错，同时具有差错恢复能力。

X.25 分组交换网很少能达到 A 型网络服务水平，多数处于 B 型网络服务水平。某些具有移动节点的城域网与具有衰减信道的无线分组交换网都属于 C 型网络。

TP_0 提供最简单的传输协议，以支持 A 型网络。其流量控制仅依靠网络层的流量控制，连接、释放仅依靠网络连接与释放。它只提供最简单的端到端的连接。

TP_1 为能在 X.25 网上运行的传输协议，提供基本的差错恢复功能，以支持 B 型网络。基本差错控制指出现网络连接断开或网络连接失败，或是收到未被确认的传输连接的数据服务单元时，传输层可以建立另一条网络连接。

TP_2 面向 A 型网络，传送协议具有复用功能，没有对网络连接故障的恢复功能，但具有对传输复用的流量控制能力。

TP_3 面向 B 型网络，具有 TP_1、TP_2 的差错恢复功能与复用能力。

TP_4 面向 C 型网络，是最复杂的传输协议，具有差错检测、差错恢复与复用等功能，能在网络质量较差时保证高可靠性的数据传送。

OSI 传输协议类型及基本功能见表 2-4。

表 2-4　OSI 传输协议类型及基本功能

类　型	协 议 名	子 网 类 型	基 本 功 能
0	TP_0	A 型网络	连接管理
1	TP_1	B 型网络	基本差错恢复
2	TP_2	A 型网络	复用
3	TP_3	B 型网络	差错恢复与复用
4	TP_4	C 型网络	差错检测、恢复与复用

6. 会话层

（1）会话层基本概念　设立会话层是为了当两个应用进程进行相互通信时，希望有个作为第三方的进程能组织、协调两者之间的会话，以便应用进程专注于信息交互。从 OSI 参考模型来看，会话层之上各层是面向应用的，会话层之下各层是面向网络通信的，会话层在两者之间起到连接的作用。会话层的主要功能是向会话的应用进程之间提供会话组织和同步服务，对数据的传送提供控制和管理，以做到协调会话过程，为表示层实体提供更好的服务。

（2）会话层主要功能　会话层与传输层有明显的区别。传输层协议负责建立和维护端到端的逻辑连接，传输服务比较简单，其目的是提供一个可靠的传输服务。但是由于传输层所使用的通信子网类型较多，并且网络通信服务质量差异很大，这就造成传输协议的复杂性。而会话层在发出一个会话协议数据单元时，传输层可以保证将其正确地传送到对等的会话实体，从这点来看，会话协议得到了简化。为了达到为各种应用进程服务的目的，会话层定义的为数据交换用的各种服务是非常丰富和复杂的。

会话层主要功能介绍如下所示。

1）会话管理。

① 为会话实体间建立连接。

② 数据传输阶段，这个阶段是在两个会话用户之间实现有组织、同步的数据传输。

③ 连接释放，连接释放是通过"有序释放""废弃""有限量透明用户数据传送"等功能单元来释放会话连接的。

2）令牌管理。　在半双工通信中，会话层通过数据令牌来进行管理，即持有令牌的一方才能开始传送数据，一方释放令牌后，另一方获取令牌并开始传送。

3）同步控制。在传送的数据流中插入同步点，当发生差错时，只要从某一同步点开始传播，不用从头开始重传，一个同步点表示前一会话单元的结束，同时表示下一个会话单元的开始。

4）事务管理。事务是指逻辑上具有相对完整性和独立性的活动内容。事务用于支持要么不处理，要么一起处理的一系列请求、命令。接收方收到一个事务的开始标志，即把所有收到的命令放入缓存，直至收到事务结束标志后，把缓冲区的命令一起提交给高层处理。

（3）会话服务　会话层定义了多种服务可供选择，将相关的服务组成了功能单元。目前定义了 12 个功能单元，每个功能单元提供一种可供选择的工作类型，在会话建立时可以就这些功能单元进行协商。最重要的功能单元是核心功能单元，包括会话连接、正常数据传送、有序释放、用户放弃与提供者放弃等 5 种服务。为了方便用户从这 12 个功能单元中选择合适的功能单元，会话服务定义了3个子集，分别如下所示。

1）基本组合子集（Basic Combined Subset，BCS），为用户提供会话连接建立、正常数据传送、对令牌（Token）的处理及连接释放等基本的服务。

2）基本同步子集（Basic Synchronous Subset，BSS），在BCS上增加为用户通信过程提供的同步功能，能在出错时从双方确认的同步点重新开始同步。

3）基本活动子集（Basic Activity Subset，BAS），在BCS上加入对活动管理。

7. 表示层

（1）表示层概述　表示层位于OSI参考模型的第6层，下面5层用于将数据从源主机传送到目的主机，而表示层则要保证所传输的数据经传送后其意义不改变。表示层要解决的问题是如何描述数据结构并使之与计算机无关，在计算机网络中，互相通信的应用进程需要传输的是信息的语义，对通信过程中信息的传送语法并不关心。表示层的主要功能是通过一些编码规则定义在通信中传送这些信息所需要的传送语法。表示层提供两类服务：相互通信的应用进程间交换信息的表示方法与表示连接服务。

（2）表示层功能　表示层的基本功能是对源站点内部的数据结构进行编码，形成适合于传输的比特流，到达目的站点再进行解码，转换成用户所要求的格式并保持数据的意义不变。

表示层的主要功能如下所示。

1）语法转换，将抽象语法转换成传送语法，并在对方实现相反的转换。

2）语法协商，根据应用层的要求选用合适的上下文，即确定传送语法并进行传送。

3）连接管理，包括利用会话层服务建立表示连接，管理在这个连接之上的数据传输和同步控制，以及正常或异常得终止这个连接。

（3）表示服务　表示服务的三个重要概念是语法转换、表示上下文与表示服务原语，这里将主要讨论语法转换与表示上下文这两个概念。

1）语法转换。在计算机网络中，相互通信的计算机常常是不同类型的，不同类型的计算机所采用的语法不同。对某一种计算机所采用的语法称为局部语法（Local Syntax），局部语法的差异决定了同一数据对象在不同计算机中被表示为不同的比特序列。为保证同一数据对象在不同计算机中语义的正确性，必须对比特序列的格式进行变换，把符合发送方局部语法的比特序列转换成符合接收方局部语法的比特序列，这一工作称为语法变换。OSI设置表示层就是要提供这方面的标准。表示层采用两次语法变换的方法，由发、收双方表示层实体协作完成语法变换，为此定义了一种标准语法，即传送语法（Transfer Syntax），发送方将符合自己局部语法的比特序列转换成符合传送语法的比特序列；接收方再将符合传送语法的比特序列转换成符合自己局部语法的比特序列。

2）表示上下文。就如每个程序中所用的数据类型都需要先说明一样，两台计算机在通信开始之前就要先协商这次通信中需要传送哪种类型的数据，通过这一协商过程，可以使通信双方的表示层实体准备好进行语法变换所需要的编码与解码子程序。由协商过程所确定的那些数据类型的集合称为表示上下文（Presentation Context），它用于描述抽象语法与传送语法之间的映像关系。

同时，对于同样的数据结构（抽象语法），不同的时间可以使用不同的传送语法，如加密算法、数据压缩算法等；因此在一个表示连接上可以有多个表示上下文，但是只能有一个表示上下文处于活动状态。应用层实体可以选择哪种表示上下文处于活动状态。表示层应负责使接收

端知道因应用层工作环境变化而引起的表示上下文的改变。在任何时刻可以通过传送语法的协商定义多个表示上下文，这些表示上下文构成了已定义的上下文集（Defined Context Set，DCS）。

8. 应用层

（1）应用层概述　应用层是 OSI 参考模型的最高层，为用户的应用进程访问 OSI 环境提供服务。OSI 关心的主要是进程之间的通信行为，因而对应用进程所进行的抽象只保留了应用进程之间交互行为的有关部分，这种现象实际上是对应用进程某种程度上的简化，经过抽象后的应用进程就是应用实体（Application Entity，AE）。对等应用实体间的通信使用应用协议。应用协议的复杂性相关很大，有的涉及两个实体，有的涉及多个实体，而有的应用协议则涉及两个或多个系统。与其他 6 层不同，所有的应用协议都使用了一个或多个信息模型（Information Model）来描述信息结构的组织，低层协议实际上没有信息模型，因为低层没有涉及表示数据结构的数据流。应用层要提供许多低层不支持的功能，这就使得应用层变成 OSI 参考模型中最复杂的层次之一。

（2）应用层协议类型　在 OSI 应用层体系结构概念的支持下，目前已有 OSI 标准的应用层协议包括以下几种。

① 文件传送、访问与管理（File Transfer Access and Management，FTAM）协议。

② 公共管理信息协议（Common Management Information Protocol，CMIP）。

③ 虚拟终端协议（Virtual Terminal Protocol，VIP）。

④ 事务处理（Transaction Processing，TP）协议。

⑤ 远程数据库访问（Remote Database Access，RDA）协议。

⑥ 目录服务（Directory Service，DS）协议。

⑦ 制造业报文规范（Manufacturing Message Specification，MMS）协议。

⑧ 报文处理系统（Message Handling System，MHS）协议。

子任务3　OSI 参考模型中的数据传输过程

1. 基本概念

（1）数据单元　数据单元是指各层传输数据的最小单位。

（2）协议数据单元　协议数据单元（Protocol Data Unit，PDU）是对等实体之间通过协议传送的数据单位。应用层的协议数据单元为 APDU，表示层的用户数据单元叫 PPDU，依此类推，网络层的协议数据单元，通常称为分组或数据包（Package），数据链路层是数据帧（Frame），物理层是数据位（bit）。

说明：PDU 与 SDU（Service Data Unit，服务数据单元）不一样。例如，可以是多个 SDU 合成为一个 PDU，也可以是一个 SDU 划分为几个 PDU。

（3）封装　封装（Encapsulation）是在发送节点自上而下逐层增加头（尾）信息，而在目的节点又自下而上逐层去掉头（尾）信息的过程，封装是在网络通信中最常用的手段。

2. 数据传输过程

数据的传输过程如图 2-5 所示，由发送端计算机的数据传送和接收端计算机的数据接收两个相对独立的部分组成。

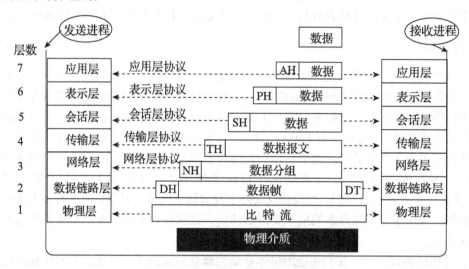

图 2-5 OSI 参考模型中数据传输

（1）数据的传送过程　发送进程需要发送某些数据到达目标系统的接收进程，数据首先要经过本系统的应用层，应用层在用户数据前面加上自己的标识信息（AH），叫作头信息，AH 附上用户数据一起传送到表示层，作为表示层的数据部分，表示层并不知道哪些是原始用户数据、哪些是 AH，而是将其当作一个整体对待。同样，表示层也在数据部分前面加上自己的头信息（PH），传送到会话层，并作为会话层的数据部分。这个过程一直进行到数据链路层，数据链路层除了增加头信息（DH）以外，还要增加一个尾信息（DT），然后整个作为数据部分传送到物理层。物理层不再增加头和尾信息，而是直接将二进制数据通过物理介质发送到目的节点的物理层。

（2）数据的接收过程　目的节点的物理层收到该数据后，逐层上传到接收进程。其中，数据链路层负责去掉 DH 和 DT，网络层负责去掉 NH，一直到应用层去掉 AH，把最原始用户数据传递给了接收进程。

任务三　TCP/IP 参考模型

子任务1　TCP/IP 的起源

创建于 1969 年的 ARPANET 是最早出现的计算机网络之一，现代计算机网络的很多概念与方法都是从 ARPANET 基础上发展出来的。从 ARPANET 发展起来的 Internet 最终连接政府部门、企业的局域网以及大学的校园网。美国国防部高级研究计划局提出 ARPANET 研究计划的目的是希望美国境内很多宝贵的主机、通信控制处理器和通信线路，如果在战争中部分遭到攻击而损坏时，其他部分仍能正常工作，同时也希望适应从文件传送到实时数据传输的各种应用需求，因此要求的是一种灵活的网络体系结构，实现异型网的互联（Interconnection）与互通（Intercommunication）。

最初 ARPANET 使用的是租用线路，当卫星通信系统与通信网发展起来之后，ARPANET 最初开发的网络协议在通信可靠性较差的通信子网中使用时，出现了很多问题。ISO 精心设计了 OSI 的 7 层体系结构，旨在指导计算机网络的设计，统一和发展全球的计算机网络。但由于市场、商业运作和技术等多方面的原因，OSI 体系结构最终并没有成功。而 Internet 在发展过程中形成了 TCP/IP 体系结构，虽然 TCP、IP 都不是 OSI 标准，却成为目前最流行的商业化的协议，并被公认为当前的工业标准或"事实上的标准"。在 TCP/IP 出现之后，出现了 TCP/IP 参考模型（TCP/IP Reference Model）。

子任务 2　TCP/IP 的特点

Internet 上的 TCP/IP 之所以能迅速发展，不仅仅因为该协议是美国军方指定使用的协议，更重要的是它适应了世界范围内数据通信的需要。

TCP/IP 具有以下特点。

1）TCP/IP 不依赖于任何特定的计算机硬件或操作系统，提供开放的协议标准，即使不考虑 Internet，TCP/IP 也获得了广泛的支持，所以 TCP/IP 成为一种联合各种硬件和软件的实用系统。

2）TCP/IP 不依赖于特定的网络传输硬件，所以 TCP/IP 能够集成各种各样的网络。用户能够使用以太网（Ethernet）、令牌环网（Token Ring Network）、拨号线路（Dial-up Line）、X.25 网等。

3）统一的网络地址分配方案，使得整个 TCP/IP 设备在网络中都具有唯一的 IP 地址，在世界范围内给每个 TCP/IP 网络用户指定唯一的地址。这样就使得无论该用户的物理地址在何处，任何其他用户都能够访问得到。

4）标准化的高层协议，可以提供多种可靠的用户服务。

子任务 3　TCP/IP 参考模型各层的功能

1. TCP/IP 参考模型各层的功能简介

Internet 基于 TCP/IP 技术，采用 TCP/IP 参考模型。

TCP/IP 参考模型可以分为 4 个层次，分别是主机—网络层（Host to Network layer）、互联网络层（Internet Layer）、传输层（Transport Layer）和应用层（Application Layer）。

表 2-5 中给出了 TCP/IP 的层次结构以及各层的主要协议与 OSI/RM 的对应关系。

表 2-5　TCP/IP 体系结构

OSI	TCP/IP	TCP/IP 主要协议
高层（5~7）	应用层	Telnet、FTP、HTTP、SMTP、DNS、SNMP
传输层（4）	传输层	TCP、UDP
网络层（3）	互联网络层	IP、ICMP、ARP、RARP
低层（1~2）	主机—网络层	LAN、MAN、WAN

（1）主机—网络层　在 TCP/IP 参考模型中，主机—网络层是参考模型的最低层，负责通过网络发送和接收 IP 数据报。TCP/IP 参考模型允许主机连入网络时使用多种现成的、流行的协议，如局域网协议。

在 TCP/IP 的主机—网络层中，包括各种物理层协议，如局域网的 Ethernet 和 Token Ring、分组交换网的 X. 25 等。当这种物理网被用作传送 IP 数据报的通道时，就可以认为是这一层的内容。多协议支持充分体现了 TCP/IP 的兼容性与适应性，也为 TCP/IP 的成功奠定了基础。

（2）互联网络层　在 TCP/IP 参考模型中，互联网络层是参考模型的第2层，相当于 OSI 参考模型网络层的无连接网络服务，也称为网际层。互联网络层负责将源主机的报文分组发送到目的主机，源主机与目的主机可以在一个网上，也可以在不同的网上。

1）互联网络层的主要功能。

① 处理来自传输层的分组发送请求。在收到分组发送请求之后，将分组装入 IP 数据报，填充报头，选择发送路径，然后将数据报发送到相应的网络输出线路。

② 处理接收的数据报。在接收到其他主机发送的数据报之后，检查目的地址，如需要转发，则选择发送路径并转发出去；如目的地址为本节点 IP 地址，则除去报头，将分组交送传输层处理。

③ 处理互联的路径、流量控制与拥塞问题。

2）互联网络层的协议。互联网络层包含很多重要协议，主要协议有4个：

① 网际协议（Internet Protocol，IP）是其中的核心协议，IP 规定互联网络层数据分组的格式。IP 是一种不可靠、无连接的数据报传送服务协议，IP 的协议数据单元是 IP 分组。

② Internet 控制消息协议（Internet Control Message Protocol，ICMP）提供网络控制和消息传递功能。

③ 地址解释协议（Address Resolution Protocol，ARP）将逻辑地址解析成物理地址。

④ 反向地址解释协议（Reverse Address Resolution Protocol，RARP）通过 RARP 广播，将物理地址反向解析成逻辑地址。

（3）传输层　在 TCP/IP 参考模型中，传输层是参考模型的第 3 层，负责应用进程之间的端到端通信。传输层的主要目的是在 Internet 中源主机与目的主机的对等实体间建立用于会话的端到端连接，在这点上，TCP/IP 参考模型与 OSI 参考模型的传输层功能相似。

在 TCP/IP 参考模型的传输层，定义了以下两种协议。

1）传输控制协议（Transmission Control Protocol，TCP）是一种可靠的面向连接的协议，允许将一台主机的字节流（Byte Stream）无差错地传送到目的主机。TCP 将应用层的字节流分成多个字节段（Byte Segment），然后将一个个的字节段传送到互联网络层，发送给目的主机。当互联网络层将接收到的字节段传送给传输层时，传输层再将多个字节段还原成字节流传送到应用层，TCP 要同时完成流量控制功能、协调收发双方的发送与接收速度，达到正确传输的目的。

2）用户数据报协议（User Datagram Protocol，UDP）是一种不可靠的无连接协议，主要用于不要求分组顺序到达的传输中，分组传输顺序检查与排序过程由应用层完成。

（4）应用层　在 TCP/IP 参考模型中，应用层是参考模型的最高层。应用层包括了所有的高层协议，同时不断有新的协议加入。

目前，应用层协议主要包括以下几种：

1）远程登录协议。远程登录协议（Telnet）是供用户登录到远程计算机上并进行信息访问，通过该协议可以访问所有的数据库、联机游戏、对话服务以及电子公告牌，如同与被访问的计算机在同一房间中工作一样，但只能进行一些字符类操作和会话。

2）文件传送协议。文件传送协议（File Transfer Protocol，FTP）是文件传输的基本协议，有了 FTP 就可以把本地计算机上的文件进行上传，也可从网上下载许多应用程序和信息，许多站点就是通过 FTP 来为用户提供下载任务的，这种站点服务器称为 FTP 服务器。最初的 FTP 程序是工作在 UNIX 系统下的，而目前的许多 FTP 程序可以工作在 Windows 系统下。FTP 程序除了完成文件的传送之外，还允许用户建立与远程计算机的连接，登录到远程计算机上，并可在远程计算机上的目录间移动文件。

3）简单邮件传送协议。简单邮件传送协议（Simple Mail Transfer Protocol，SMTP）提供可靠且有效电子邮件的传输。SMTP 帮助每台计算机在发送或中转信件时找到下一个目的地，通过 SMTP 所指定的服务器，就可以把电子邮件寄到收信人的服务器上。与之对应的还有 POP3（Post Office Protocol-Version 3，邮局协议版本 3）、IMAP（Internet Mail Access Protocol，交互邮件访问协议）等，用于从电子邮件服务器读取邮件到本地计算机。

4）域名系统。域名系统（Domain Name System，DNS）提供域名到 IP 地址的转换，允许对域名资源进行分散管理。

5）简单网络管理协议。简单网络管理协议（Simple Network Management Protocol，SNMP）为网络管理系统提供了底层网络管理的框架。

6）超文本传输协议。超文本传输协议（HyperText Transfer Protocol，HTTP）是 Internet 上一种最常见的协议，用于从 WWW 服务器传输超文本文件到本地浏览器。

2. TCP/IP 网络模型数据封装

在 TCP/IP 网络模型中，如图 2 - 6 所示，网络必须执行以下 5 个转换步骤以完成数据封装的过程。

（1）生成数据　当用户发送一个电子邮件信息时，其字母或数字字符被转换成可以通过 Internet 传输的数据。

（2）为端到端的传输将数据打包　通过对数据打包来实现 Internet 的传输。通过使用段传输功能确保在两端信息主机的电子邮件系统之间进行可靠的通信。

图 2 - 6　TCP/IP 网络模型数据封装

（3）在报头上附加目的网络地址　数据被放置在一个分组或者数据报中，其中包含了带有源和目的逻辑地址的网络报头，这些地址有助于网络设备在动态选定的路径上发送这些分组。

（4）附加目的数据链路层地址到数据链路报头　每一个网络设备必须将分组放置在帧中，该帧的报头包括在路径中下一台直接相连设备的物理地址。

（5）传输比特流　帧必须被转换成一种由 1 和 0 组成的比特流模式，才能在介质（通常为线缆或无线频道）上进行传输。主机—网络层上的介质可能随着使用不同路径而有所不同。例如，电子邮件信息可以起源于一个局域网，通过校园骨干网，然后到达广域网链路，直到到达另一个远端局域网上的目的主机为止。

子任务4　TCP/IP 参考模型与 OSI 参考模型的对比

1. OSI 与 TCP/IP 参考模型的对照关系

OSI 与 TCP/IP 参考模型的对照关系如图 2-7 所示。

1）OSI 参考模型与 TCP/IP 参考模型都采用了层次结构，但 OSI 采用的是 7 层模型，而 TCP/IP 是 4 层模型。

2）如前所述，TCP/IP 参考模型的主机—网络层实际上 并没有真正的定义，只是一些概念性的描述；而 OSI 参考模 型对应层次不仅分了两层，而且每一层的功能描述得都很详 细，甚至在数据链路层又分出一个介质访问控制子层，专门 解决局域网的共享介质问题。

3）TCP/IP 的互联网络层相当于 OSI 参考模型网络层中的 无连接网络服务。

图 2-7　OSI 与 TCP/IP 参考模型

4）OSI 参考模型与 TCP 参考模型的传输层功能基本类 似，都是负责为用户提供真正的端到端通信服务，也对高层 屏蔽了底层网络的实现细节。所不同的是 TCP/IP 参考模型的传输层是建立在互联网络层基础之 上的，而互联网络层只提供无连接的服务，所以面向连接的功能完全在 TCP 中实现，当然 TCP/ IP 的传输层还提供无连接的服务，如 UDP；相反，OSI 参考模型的传输层是建立在网络层基础 之上的，网络层既提供面向连接的服务，又提供无连接服务，但传输层只提供面向连接的服务。

5）在 TCP/IP 参考模型中，没有会话层和表示层，实践证明这两层的功能可以完全包含在 应用层中。

2. OSI 与 TCP/IP 参考模型的优缺点

1）OSI 参考模型的抽象能力高，适合于描述各种网络，采取的是自顶向下的设计方式，先 定义参考模型，然后再逐步定义各层的协议，由于定义模型的时候对某些情况预计不足，造成 了协议和模型脱节的情况；而 TCP/IP 正好相反，先有了协议之后，人们为了对其进行研究分 析，才制定了 TCP/IP 参考模型，当然这个模型与 TCP/IP 的各个协议对应得很好，但不适合用 于描述其他非 TCP/IP 网络。

2）OSI 参考模型的概念划分清晰，详细地定义了服务、接口和协议的关系，优点是概念清 晰，普遍适应性好；缺点是过于繁杂，实现起来很困难且效率低。TCP/IP 参考模型在服务、接 口和协议的区别上不是很清楚，功能描述和实现细节混在一起，因此对采取新技术设计网络和 作为模型的指导意义不大。

3）OSI 参考模型的缺点是层次过多，事实证明会话层和表示层的划分不是十分必要，反而 增加了复杂性。TCP/IP 的主机—网络层本身并不是实际的一层，只定义了网络层与数据链路层 的接口。物理层与数据链路层的划分是必要的，一个好的参考模型应该将各层区分开来，而 TCP/IP 参考模型却没有做到这点。

总之，OSI 参考模型虽然一直被人们看好，但 OSI 迟迟没有推出成熟的产品，妨碍了第三方 厂家开发相应的硬件和软件，从而影响了 OSI 研究成果的影响力及其发展。相反，TCP/IP 自从 20 世纪 70 年代诞生以来，该协议的成功促进了 Internet 的发展，而 Internet 的发展又进一步扩大了 TCP/IP 的影响。TCP/IP 不仅在学术界得到了大批用户的支持，同时也越来越受到计算机产业界的青睐。可以说，目前所有的计算机、网络系统的硬件、软件都支持 TCP/IP。

学材小结

理论知识

一、填空题

1. 网络协议是通信双方必须遵守的事先约定好的规则和规程，一个网络协议由 _____、_____ 和 _____ 三个要素组成。

2. 开放系统互联参考模型 OSI 中，共分 7 个层次，其中提供路由选择的是 _____，提供端到端可靠传输的是 _____。

3. TCP/IP 分 _____ 层，包括 _____。

4. Internet 的网络层含有 4 个重要的协议，分为 _____、_____、_____ 和 _____。

5. 计算机网络中，_____ 和 _____ 的集合被称为网络体系结构，目前在 Internet 中使用最广泛的是 _____ 协议。

6. 路由器工作在 OSI 模型的 _____ 层。

7. 通常数据链路层交换的协议数据单元被称 _____。

8. _____ 设备工作在网络层，能将一条线路上进入的分组接收后转发到另一条线路上，这些线路可以属于不同的网络，并且使用不同的协议。

二、选择题

1. 网络形状是指（　　）。
   A. 网络所使用的协议　　　　　　　B. 网络所使用的操作系统
   C. 网络所使用的拓扑结构　　　　　D. 网络所使用的物理设备

2. 计算机网络体系结构中采用分层结构的理由是（　　）。
   A. 可以简化计算机网络的实现
   B. 各层功能相对独立，各层因技术进步而做的改动不会影响到其他层，从而保持体系结构的稳定性
   C. 比模块结构好
   D. 只允许每层和其上、下相邻层发生联系

3. 在 OSI 参考模型中，在网络层之上的是（　　）。
   A. 物理层　　　　B. 应用层　　　　C. 数据链路层　　　　D. 传输层

4. 有一种互联设备工作于网络层，既可以用于相同（或相似）网络间的互联，也可以用于异构网络间的互联，这种设备是（　　）。
   A. 集线器　　　　B. 交换机　　　　C. 路由器　　　　D. 网关

5. 在 TCP/IP 参考模型中，与 OSI 参考模型的网络层对应的是（　　）。
   A. 主机—网络层　　B. 互联网络层　　C. 传输层　　　　D. 应用层

6. 在 TCP/IP 中，UDP 是一种（　　）协议。

    A. 主机—网络层   B. 互联网络层   C. 传输层   D. 应用层

7. Internet 的核心传输协议是（　　）。

    A. IPX/SPX   B. TCP/IP   C. NETBEUI   D. SNMP

8. TCP/IP 参考模型的传输层定义了以下两种协议（　　）。

    A. FTP   B. TCP   C. UDP   D. DNS

9. TCP/IP 参考模型中，应用层协议常用的有（　　）。

    A. TELNET、FTP、SMTP 和 HTTP   B. TELNET、FTP、SMTP 和 TCP

    C. IP、FTP、SMTP 和 HTTP   D. IP、FTP、DNS 和 HTTP

10. 在 OSI 模型中，第 N 层和 N + 1 层的关系是（　　）。

    A. N 层为 N + 1 层提供服务

    B. N + 1 层将从 N 层接收的信息增加了一个头

    C. N 层利用 N + 1 层提供的服务

    D. N 层对 N + 1 层没有任何作用

11. 如果对数据的实时性要求比较高，但对数据的准确性要求相对较低（如在线电影），一般可在传输层采用（　　）。

    A. UDP   B. TCP   C. FTP   D. IP

12. 在 OSI 参考模型中，物理层的功能是（①）。对等实体在一次交互作用中传送的信息单位称为（②），该单元包括（③）两部分。上下邻层实体之间的接口称为（④）。

    ① A. 建立和释放连接   B. 透明地传输比特流

       C. 在物理实体间传送数据帧   D. 发送和接收用户数据

    ② A. 接口数据单元   B. 服务数据单元

       C. 协议数据单元   D. 交互数据单元

    ③ A. 控制信息和用户数据   B. 接口信息和用户数据

       C. 接口信息和控制信息   D. 控制信息和校验信息

    ④ A. 界面   B. 端口   C. 访问点   D. 服务访问点

13. 在 OSI 参考模型中，提供流量控制功能的层是（①）；提供建立、维护和拆除端到端连接的层是（②）。为数据分组提供在网络中路由功能的是（③）；在单个链路的节点间进行以帧为 PDU 的发送和接收的是（④）。

    ① A. 1、2 层   B. 2、4 层   C. 3、5 层   D. 5、6 层

    ② A. 物理层   B. 数据链路层   C. 会话层   D. 传输层

    ③ A. 物理层   B. 数据链路层   C. 网络层   D. 传输层

    ④ A. 物理层   B. 数据链路层   C. 网络层   D. 传输层

14. 对于 ISO/OSI 的 7 层参考模型的低 4 层，TCP/IP 族内对应的层次有（①），其传输层协议 TCP 提供（②）数据流传送，UDP 提供（③）数据流传送，其互联网络层协议 IP 提供（④）分组传输服务。

    ① A. 传输层、互联网络层、主机—网络层和物理层

       B. 传输层、互联网络层、主机—网络层

       C. 传输层、互联网络层、ATM 层和物理层

       D. 传输层、网络层、数据链路层和物理层

    ② A. 面向连接的、不可靠的   B. 无连接的、不可靠的

  C. 面向连接的、可靠的   D. 无连接的、可靠的

③ A. 无连接的   B. 面向连接的

  C. 无连接的、可靠的   D. 面向连接的、不可靠的

④ A. 面向连接的、保证服务质量的   B. 无连接的、保证服务质量的

  C. 无连接的、不保证服务质量的 D. 保证服务质量的

15. 传输层的主要任务是向用户提供可靠的（　　　）服务，透明地传送。

  A. 端—端   B. 节点—节点   C. 节点—端   D. 分组

16. TCP/IP 的互联层采用 IP，相当于 OSI 参考模型中网络层的（　　　）。

  A. 面向无连接网络服务   B. 面向连接网络服务

  C. 传输控制协议   D. X. 25 协议

17. 下面不是网络层的功能的是（　　　）。

  A. 路由选择   B. 流量控制   C. 建立连接   D. 分组和重组

18. Internet 远程登录使用的协议是（　　　）。

  A. SMTP   B. POP3   C. Telnet   D. IMAP

三、简答题

1. 请举出人们生活中的一个例子来说明"协议"的基本含义。

2. 计算机网络采用层次结构模型有什么好处？

3. 请比较 OSI 参考模型与 TCP/IP 参考模型的异同点。

4. OSI 参考模型完成如下功能的层分别是什么？

  （1）把传输的比特流划分为帧。

  （2）决定使用哪条路径通过通信子网。

  （3）为用户提供可靠的端到端服务。

5. 简单叙述 TCP/IP 参考模型中各层的主要功能。

模块三
数据通信

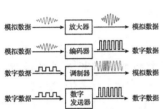
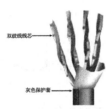
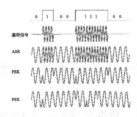

‖本模块导读‖

从古至今，人们一直在用自己的智慧来解决远距离、快速通信的问题。例如：古人利用烽火台、金鼓、旌旗传递消息；近代则利用灯光、旗语；而到了现代，随着电话、电报、传真、电视、卫星和网络等技术的出现，传递消息的手段变得更为快速、便捷。通信技术的发展使社会产生了深远的变革，为人类社会带来了巨大的利益。

在当今和未来的信息社会中，通信是人们获取、传递和交换信息的重要手段。随着超大规模集成电路技术、激光技术、空间技术等新型技术的不断发展以及计算机网络技术的广泛应用，现代通信技术日新月异。近些年来出现的数字通信、卫星通信、光纤通信成为现代数据通信的典型代表。数字通信技术和计算机技术的紧密结合可以说是通信发展史上的一次飞跃。

本模块主要介绍数据通信的基础知识和相关技术。通过本模块的学习和实训，学生应掌握数据通信的基本原理、相关技术及特点。

‖本模块要点‖

- 数据通信基本概念
- 数据通信的主要传输介质
- 数据编码技术
- 基带、频带传输技术

任务一 理解数据通信的基本概念

计算机网络的主要功能是数据通信和资源共享，而在这两者中，资源共享也是以数据通信为基础的，没有数据传输，就谈不上资源共享。由此可见，数据通信在计算机网络中是十分重要的。数据通信是通过某种类型的介质把数据从一个地点向另一个地点传送的通信方式，是通信技术和计算机技术相结合而产生的一种新的通信方式，为计算机网络的应用和发展提供了技术支持和可靠的通信环境。

信息卡

数据通信是指依照通信协议，利用数据传输技术，在计算机与计算机或计算机与其他数据终端之间传输和交换信息。

数据通信传输的是数据，数据代表的是人们相互交流的信息，而在实际传输时，数据要变成信号才可以传输。在下面的子任务中，我们来认识什么是信息、数据、信号，并了解数据通信的相关基本概念及知识。

子任务 理解信息、数据与信号的概念

知识导读

【案例3-1】"狐假虎威"是一则家喻户晓的寓言故事，说的是狐狸运用自己的聪明脱离了虎口，同时也假借老虎的威势吓唬了其他动物，后来人们用此比喻依仗他人的势力欺压人。这就是这则成语带给人们的信息。而这则信息要想被人们所认识和了解，是要以一定的数据形式体现出来的。这样的数据形式可以是语音、文字、图片、动画等，以此为载体体现"狐假虎威"的含义。为了能把各类数据形式从一端传输到另一端，以上数据形式是不行的，要转换成一种特点的传输信号（音频信号、电信号、光信号），才能得以进行。

这里认识了信息、数据、信号，下面具体了解这三个概念及其关系。

1. 信息、数据、信号

通过上述案例可以看出，信息是人脑对客观物质的反映，是一切事物特征的具体内容和解释，有具体含义。我们可以从以下三个方面来进行认识。

1）信息的含义：信息所传达的内容。

2）信息的表示形式：信息的内容通过什么表达出来，人们是通过什么来认识信息的。

3）信息的载体：信息依附于什么存在，通过什么传递。

数据是对客观事物进行描述与记载的物理符号，是表征信息的形式。各类数据包括数值、语音、文字、图片、动画等。而信号是数据在传输过程中的表示形式，是信息的载体。

注 意

目前所说的多媒体信息就是指用字符、图片、音频、视频、动画等形式表示的信息。

用简单的一句话概括三者的关系就是：数据是信息的表示形式，是信息的实体；信息是数据形式的内涵；信号是信息的载体，是数据的具体物理表示。例如，打电话，电话线要有"信号"，交换机交换语音"数据"，而打电话的双方交换的是"信息"。在计算机网络中，信息也称为报文；数据以字符、图片、音频、视频、动画等形式来体现；而信号则以电信号、电磁信号、光信号等形式存在，即数据的电编码或光编码。参照模块二，可以这样理解：数据是数据链路层的概念，注重的是在介质上传输信息的准确性；信息是应用层的概念，注重所表达的意思；信号是物理层的概念，注重电平的高低、线路的通断等。

2. 数据类型

当数据采用电信号方式表达时，可分为模拟数据和数字数据两类。模拟数据是指在某个区间连续变化的物理量，如声音和温度等；数字数据是指离散的不连续的量，如文本信息和整数等。

知识点详解

1. 信号类型

信号分为模拟信号和数字信号两种，如图 3-1 所示。模拟信号是连续变化的电信号。公用交换电话网中将声音转化为模拟信号形式进行传送。数字信号是指一种离散变化的电信号，如计算机产生的电信号就是"0"和"1"的电压脉冲数字信号。

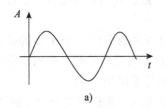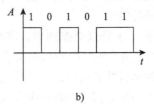

图 3-1 信号类型

a）连续的模拟信号 b）离散的数字信号

虽然模拟信号与数字信号有着明显的差别，但二者之间并不存在不可逾越的鸿沟，在一定条件下它们是可以相互转化的。模拟信号可以通过采样、编码等步骤变成数字信号，而数字信号也可以通过解码等步骤恢复为模拟信号。模拟数据、数字数据和信号的转换如图3-2所示。

2. 数据通信系统

数据通信系统是指以计算机为中心，利用某种类型的介质在各个数据终端间执行数据传输的系统。

数据通信系统的基本组成要素有以下三种。

1）信源：指产生和发送信息的一端。

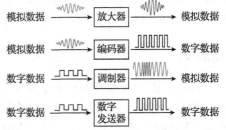

图 3-2 模拟数据、数字数据和信号的转换

2）信宿：指接收信息的一端。

3）信道：是指信源和信宿间的通信线路，即信号的传输通道，包括传输媒体和通信设备。信道按介质类型可分为有线信道和无线信道；按信道中传输的信号类型可分为数字信道和模拟信道。

3. 数据交换方式

数据交换技术主要有三种类型：电路交换、报文交换和分组交换。

（1）电路交换　电路交换也称为线路交换，就是在两个用户进行通信时，首先建立一条临时的专用线路，用户通信时独占这条线路，不与其他用户共享，直到通信一方释放这条专用线路。所以电路交换在数据传输过程中要经过建立连接、数据传输、释放连接的三个阶段。

电路交换的特点是实时性强、线路利用率低。

公共电话网络就采用电路交换方式。例如，甲、乙两人打电话，首先甲拿起电话进行拨号，发出建立连接的请求，乙听到电话铃响后拿起电话，对连接请求给予响应，这样，通话连接建立起来；接下来双方的通话过程就是数据的传输过程；双方通话结束后，挂断电话，则双方之间的通话连接被取消，释放连接，整个过程也就结束了。在整个通话过程中，其他电话是不能打入的，因为通信线路在整个通话过程中被通信双方独占。

（2）报文交换　报文交换也称为包交换。所谓报文，就是需要发送的整个数据块，对于这样的数据，中间节点可先把收到的信息储存起来，中间节点由具有存储能力的计算机承担。如果某个节点希望发送一个报文（一个数据块），它将目的地址附加在报文上，然后将整个报文传递给中间节点；中间节点暂存报文，根据地址确定输出端口和线路，排队等待线路空闲时再转发给下一节点，这样经过多个中转节点的存储转发，最后到达目标节点。这样的交换方式就称为存储交换或存储转发。

（3）分组交换　在分组交换网中，将要传输的报文划分成一个个小的数据块，称为分组（Packet），然后以分组为单位按照与报文交换同样的方法进行传输。分组头部中包含了分组编号，当各分组都到达目的节点后，目的节点按分组编号重组报文。

分组交换分为两种方式，即数据报方式和虚电路方式。数据报是分组存储转发的一种形式，其特点是分组传送之前不需要预先在源主机与目的主机之间建立线路连接；源主机所发送的每一个分组都可以独立地选择一条传输路径；每个分组中需要携带目的地址和源地址。虚电路方式将数据报方式与线路交换方式结合起来，充分发挥了两者的优点。虚电路的特点是将物理信道划分成若干逻辑信道；在分组发送之前，需要在发送方和接收方建立一条逻辑连接的虚电路；通信过程类似电路交换，有虚电路建立、数据传输、虚电路拆除 3 个阶段；分组报文中只携带逻辑信道地址信息。

信息卡

ATM 交换（信元交换）将报文分解成 53B 长度的信元（5B 头部、48B 数据），以信元为单位通过虚电路方式进行交换。ATM 链路分为物理链路（ATM 交换机之间的物理线路）、虚通路（Virtual Path, VP）、虚电路（Virtual Circuit, VC）。ATM 交换的特点是迟延小、节省存储空间。

任务二　认识各类传输介质

在两地间传输信息必须要有传输介质。传输介质是计算机网络中用来连接各个计算机的物理媒介，而且主要指用来连接各个通信处理设备的物理介质。传输介质的性能对网络的通信、速度、价格、通信距离及通信的可靠性都有很大的影响，所以要根据网络的具体情况，选择合适的传输介质。常用的网络传输介质分为两大类：一类是有线传输介质，如双绞线、同轴电缆、光纤等；另一类是无线传输介质，如微波、红外线、卫星通信等。

子任务1　掌握双绞线的主要特性

知识导读

1. 基本特性

双绞线（Twisted Pair）是由两根具有绝缘保护层的铜导线均匀地绞在一起而构成的，如图3-3所示。这种扭绞可降低信号传输中的串扰及电磁干扰，每一根导线在传输中辐射的电波会被另一根线上发出的电波抵消。

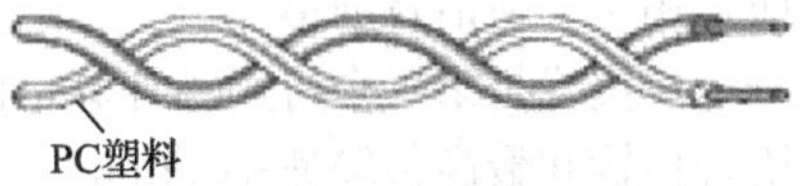

PC塑料

图3-3　双绞线

计算机网络中用到的双绞线电缆是由4对8线芯绝缘导线按规则两两互相绞合放在一个绝缘套管中而成。一对导线可以作为一条通信线路。双绞线做远程中继线时，最大传输距离为15km；用于10Mbit/s局域网时最大传输距离为100m。主要特点有结构简单，易于安装；信号随距离衰减较大，传输距离受限；主要适用于室内网络终端或工作站的连接，构成星形网络结构。

2. 种类

双绞线分为非屏蔽双绞线（Unshielded Twisted Pair，UTP）和屏蔽双绞线（Shielded Twisted Pair，STP）两种。

非屏蔽双绞线是目前组网布线中最普遍应用的一种传输介质，也是所有的传输介质中价格最低的。UTP内部的线芯分别由4根白色导线与4根彩色导线（橙、绿、蓝、棕）两两扭绞而成，外部由灰色塑料保护套套封，如图3-4所示。它在传输信号时信号衰减较严重，在传输模拟信号时，每隔5~6km需要放大一次；传输数字信号时，每隔2~3km需要加入一台中继器。此外，UTP易受电磁干扰和噪声的影响，而且容易被窃听。但是由于UTP具有成本低、易弯曲、易安装、适于结构化布线等优点，因此，在一般的局域网建设中被普遍采用。

屏蔽双绞线与非屏蔽双绞线主要区别就是在灰色保护套内增加了一层金属屏蔽护套，如图3-5所示。这层屏蔽护套的作用是为了增强其抗干扰性，减小了信号的辐射。STP具有抗电磁干扰能力强、传输质量高等优点，但也存在价格高于非屏蔽双绞线、接地要求高、安装复杂、成本高的缺点。因此，屏蔽双绞线的实际应用并不普遍。

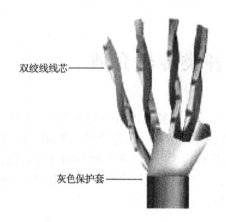

图 3-4 非屏蔽双绞线 　　　　　　图 3-5 屏蔽双绞线

3. 种类标准

随着网络技术的发展和应用需求的提高，双绞线这种传输介质的标准也在不断提高。从最初的一、二类线，发展到今天最高的七类线，而且还可能继续发展。在双绞线标准中应用最广的是 ANSI/EIA/TIA—568，此标准中各类线型如下：

一类线是最原始的非屏蔽双绞铜线电缆，但开发之初的目的不是用于计算机网络数据通信，而是用于电话语音通信。

二类线是第一个可用于计算机网络数据传输的非屏蔽双绞线电缆，传输频率为 1MHz，用于语音传输和最高传输速率 4Mbit/s 的数据传输，主要用于旧的令牌网。

三类线是专用于 10Base—T 以太网络的非屏蔽双绞线电缆，传输频率为 16MHz，传输速率可达 10Mbit/s。

四类线是主要用于令牌环网络的非屏蔽双绞线电缆，传输频率为 20MHz，传输速率可达 16Mbit/s。

五类线是用于快速以太网的非屏蔽双绞线电缆，传输频率为 100MHz，传输速率达 100Mbit/s。超五类线也是主要用于快速以太网的非屏蔽双绞线电缆，传输频率为 155MHz，传输速率也可达到 100Mbit/s。与五类线缆相比，超五类在近端串扰、串扰总和、衰减和信噪比 4 个主要指标上都有较大的改进。

六类线主要应用于百兆位快速以太网和千兆位以太网中。因为传输频率可达 200～250MHz，大概是超五类线带宽的两倍，最大速度可达到 1000Mbit/s，能满足千兆位以太网需求。超六类线是六类线的改进版，主要应用于千兆位网络中，在传输频率方面与六类线一样，也是 200～250MHz，最大传输速率也可达到 1000Mbit/s，只是在串扰、衰减和信噪比等方面有较大改善。

七类线标准并未正式发布，主要为了适应万兆位以太网技术的应用和发展而设计。但七类线不再有非屏蔽双绞线了，而是一种双屏蔽层的屏蔽双绞线，即除了统一的屏蔽层外，又对各线芯对分别附加一个屏蔽层，如图 3-6 所示。所以传输频率至少可达 500MHz，是六类线和超六类线的两倍以上，传输速率可达 10Gbit/s。

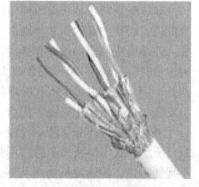

图 3-6 双屏蔽层的屏蔽双绞线

在五类、六类双绞线中都有屏蔽与非屏蔽两类，而七类线就只有屏蔽双绞线了。目前普遍使用的是三类（即电话系统标准线）、五类、超五类、六类线，而且在局域网组建中基本上都是采用非屏蔽双绞线；七类双绞线主要用于对性能和安全性要求较高的领域，如千兆位或万兆位以太骨干网，或者一些特殊行业，如电信、证券和金融等，使用就不是很广泛了。

4. RJ-45 接头

RJ-45 接头是实现双绞线端接的塑料接头，俗称"水晶头"。之所以称其为"水晶头"，是因为它晶莹透亮的原因。双绞线的两端必须都安装这种 RJ-45 接头，以便插在网卡（NIC）、集线器（Hub）或交换机（Switch）的 RJ-45 接口上，实现网络连接。

注 意

RJ-45 是一种网络接口规范，类似的还有 RJ-11 接头。两种接头很类似，只是针脚数不同，RJ-45 有 8 根（见图 3-7），而 RJ-11 有 4 根（见图 3-8）。其中，RJ-45 接头用于连接双绞线，RJ-11 接头用于连接电话线。

图 3-7　RJ-45 接头

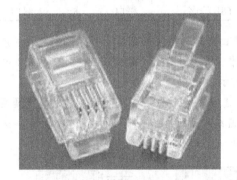

图 3-8　RJ-11 接头

RJ-45 水晶头由金属片和塑料构成，前端的 8 个凹槽，简称"8P"（Position，位置）。凹槽内的金属片共有 8 个，简称"8C"（Contact，触点）。当金属线向上时，从左至右引脚序号分别是 1~8。

RJ-45 接头上的塑料弹片起到与 RJ-45 接口加固连接的作用。

5. 双绞线线序标准

通过下面的案例，来了解双绞线的线序标准。

【案例 3-2】利用双绞线把两台主机（带有 RJ-45 接口的网卡）连接起来，使之能进行数据通信；局域网通过交换机（Switch）连接各主机（带有 RJ-45 接口的网卡），用双绞线把一个新的主机加入局域网当中。

实现这两类连接，要用到非屏蔽双绞线、RJ-45 接头及专用压线钳，而主要工作就是双绞线的制作。

步 骤

步骤 1 用压线钳的剥线刀口将双绞线的灰色保护套划开（不要将里面的双绞线的绝缘层划破），刀口距五类线的端头至少 2cm。

步骤 2 将划开的灰色保护套剥去，露出 4 对双绞线。

步骤 3 8 根线（4 组）有不同的颜色，根据使用需要，可按 T586A 标准线序或 T586B 标准线序规则进行排序。

对不同用途的网线，按不同的线序标准制作。对于两台主机的连接，双绞线两端的线序不同，一端采用 T586B 标准线序，另一端采用 T586A 标准线序；而对于主机与交换机的连接，双绞线两端的线序相同，或者都采用 T586B 标准线序，或者都采用 T586A 标准线序。

信息卡

1）T568A 标准和 T568B 标准是目前国际通用的 EIA/TIA 布线标准，其规定了双绞线的两种线序（见图 3-9、图 3-10 和表 3-1）。

表 3-1 **T568A 和 T568B 线序说明**

线 序	1	2	3	4	5	6	7	8
T568A 线序	绿白	绿	橙白	蓝	蓝白	橙	棕白	棕
T568B 线序	橙白	橙	绿白	蓝	蓝白	绿	棕白	棕

2）工程实践中，有直通线和交叉线之说。所谓直通线（也称正线）就是两端都使用相同的线序标准，普遍采用 T568B 标准；而交叉线（也称反线）则是两端采用不同的线序标准，如图 3-11 所示。

3）连接网络中的各类设备时采用直通线还是交叉线，由具体情况而定。

直通线用于连接两个不同类型的设备，交叉线用于连接相同类型的设备，如图 3-11 所示。

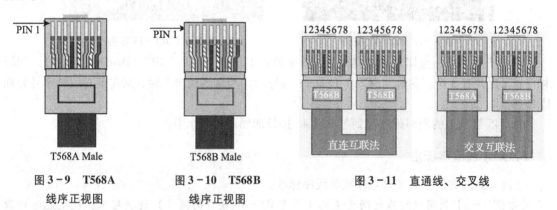

图 3-9 T568A
线序正视图

图 3-10 T568B
线序正视图

图 3-11 直通线、交叉线

步骤 4 将 8 根线整齐地平行排列好后，用压线钳将头部剪齐。

步骤 5 用力将 8 根线排塞入 RJ-45 接头内（注意线序和 RJ-45 接头的对应关系），直至 8 根线全部顶到底部（8 根线全部位于金属线下方）。

步骤 6 将 RJ-45 接头塞入压线钳内，一定要放到位，然后用力压下压线钳的手柄，使得接头的 8 个引脚金属线穿过导线的绝缘外层，分别和 8 根导线紧紧地压接在一起，并扣住双绞线。

子任务2 了解同轴电缆的主要特性

知识导读

1. 基本特性

同轴电缆由绕同一轴线的两个导体所组成，即内导体（铜芯导线）和外导体（金属丝编织的网），外导体为屏蔽层，其作用是屏蔽电磁干扰和辐射，两导体之间用绝缘材料隔离，最外层为绝缘保护套，如图3-12所示。同轴电缆抗干扰特性和抗衰减特性都优于双绞线，主要应用于总线型网络中。

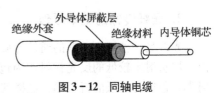

图3-12 同轴电缆

2. 种类

同轴电缆有粗缆和细缆之分。粗缆传输距离较远，信号衰减小，标准距离长，可靠性高，适用于比较大型的局域网。但使用粗缆时必须安装收发器和收发电缆，安装难度大，总体成本高。细缆由于功耗、损耗较大，一般传输距离不超过185m。细缆安装比较简单，使用网络连接头（BNC）和T形连接器即可。

同轴电缆若按传输的信号类型可分为两大类：基带同轴电缆，用于局域网传输数字信号的同轴电缆（50Ω的粗缆和50Ω的细缆），应用的典型数据传输速率是10Mbit/s，每段电缆长度最长为300m（粗缆为500m）；宽带同轴电缆，用于宽带传输模拟信号的75Ω电缆，是有线电视采用的信号传输电缆。

3. 同轴电缆连接器

在此介绍的是细缆的网络连接器。

细缆连接时，制作线缆接头时要用到的网络接头称为BNC（Bayonet Nut Connector）；进行线缆连接时还要用到T形头；构成完整的总线型局域网时，在总线的两端要加终结端子（也称为终端匹配器，用来削弱信号的反射作用），如图3-13所示。具体网络连接图如图形3-14所示。

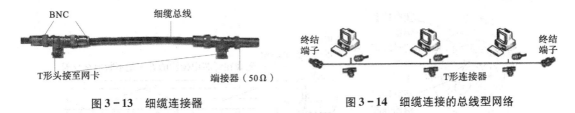

图3-13 细缆连接器　　　　　图3-14 细缆连接的总线型网络

子任务3 掌握光导纤维的主要特性

知识导读

光导纤维（Optical Fiber）简称光纤，是当今发展最为迅速、传输速率最快、应用广泛的网络传输介质。光纤是一种传输光信号的通信介质，利用的是光的折射和反射原理。

1. 光学基本知识

光的全反射定律包括斯涅尔定律（即在光从材料 1 进入材料 2 时，会产生折射，当 $n_1 > n_2$ 时，折射线将远离法线方向；当 $n_1 < n_2$ 时，折射线将靠近法线方向。存在一个临界角 θ_c，使得当入射角大于 θ_c 时，光将全部反射回到材料 1 中。$\sin\theta_c = n_2/n_1$。如图 3-15 所示）和费涅尔反射定律（即在涉及折射的情况下，光功率存在损耗问题。当发生全反射时，不会减少向前传输的光功率）。其中，n_1、n_2 为介质折射率。

2. 光纤传输的基本原理

光纤是一种细而柔软的通信介质，其纤芯是由石英玻璃芯拉成的细丝制成的，纤芯的外面由一层折射率较低的反光材料作为包层，如图 3-16 所示。纤芯用来传递光波，具有较高的折射率；包层有较低的折射率，这样就产生了光的反射与折射。

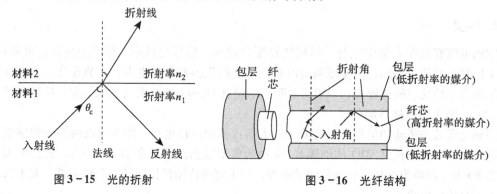

图 3-15　光的折射　　　　　　　图 3-16　光纤结构

注 意

光纤本身脆弱、易断裂，直接与外界接触易损坏，所以在实际通信线路中，一般把多根光纤组合在一起形成不同结构的光缆，如图 3-17 所示。

当光线从高折射率的纤芯射向低折射率的包层时，折射角将大于入射角。因此，当折射角足够大，就会出现全反射，光线碰到包层就会反射回纤芯，就这样光线沿着光纤一直传递下去，如图 3-18 所示。

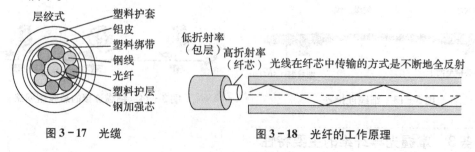

图 3-17　光缆　　　　　　　图 3-18　光纤的工作原理

3. 光纤的分类

根据光信号在光纤中传输的特性的不同，光纤分为两种：多模光纤和单模光纤。

多模光纤的纤芯直径 15～50mm，由发光二极管（Light Emitting Diode，LED）来产生光脉冲，其定向性差，通过光的反射向前传播，所以可提供多条光通路，传输距离在 2km 以内，如

图 3 - 19 所示。

单模光纤的芯线很细，直径 8～10mm，由注入型激光二极管（Injection Laser Diode，ILD）来产生光脉冲，其定向性强，以单一的模式无反射地沿轴向传播，所以只提供一条光通路，如图 3 - 20 所示。

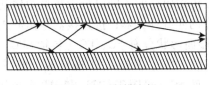

图 3 - 19　多模光纤 　　　　　　　　　　　图 3 - 20　单模光纤

单模光纤的性能优于多模光纤，其带宽更大，传输速率更高，但成本较高，价格较贵。

在制成光缆后，光缆的类型则是按模、材料、芯和外层的尺寸来划分。芯的尺寸及纯度决定了光缆传输光信号的性能。常用的光缆类型有：

① 纤芯直径为 8.3μm、包层外直径为 125μm、单模。

② 纤芯直径为 62.5μm、包层外直径为 125μm、多模。

③ 纤芯直径为 50μm、包层外直径为 125μm、多模。

④ 纤芯直径为 100μm、包层外直径为 140μm、多模。

4. 光纤传输系统

【案例 3 - 3】光纤传输系统结构图，如图 3 - 21 所示，反映了光波传输所需要的设备及转换过程。

图 3 - 21　光纤传输系统结构图

说明：发送端的光电转换器有两种，即发光二极管和注入型激光二极管；接收端的光电转换器（也称为检波器）也有两种，即 PIN 型光敏二极管检波器和 APD（雪崩光敏二极管）检波器。

发送端发送的都是电信号，想在光纤中传输，就要用光电转换器把电信号变成光信号；接收端收到光信号后，用检波器把光信号再变成电信号。

5. 光纤的特点

光纤能以 10Gbit/s 的速率可靠地传输数据，在将来进一步改进后，纤维有可能超过这一限制。光纤惊人的吞吐量与光在玻璃纤维上传输的物理特性有关；高吞吐量能力也使其适用于拥有大量通信业务量的情形，如电视或电话会议。目前光纤应用广泛，除普遍用作广域网的长距离通信干线外，还用于城域网及园区网络中。

光纤的优点由其内在的物理特性所决定，因为光纤传输的是光波，而光波不互相影响，不受外界电磁干扰，且本身也不向外辐射信号。

当然，光纤也有缺点。首先是端口连接比较困难，因为光纤极其细微，对接时不太容易，一定要保证信号再生和重发，光纤接口也比较昂贵；其次，由于光传输是单向的，要实现双向传输则需两根光纤或一根光纤上有两个频段；第三，光缆是一种最昂贵的电缆，因此，光缆一般仅用于长距离传输或必须负担非常大量通信业务的主干网络中。

光纤连接器可把光纤的两个端面精密对接起来，以使发射光纤输出的光能量能最大限度地耦合到接收光纤中去。可以看出，光纤连接器在一定程度上影响光传输系统的可靠性和各项性能。

光纤连接器应用广泛，品种繁多。光纤连接器按传输媒介的不同可分为常见的硅基光纤的单模、多模连接器，还有其他如以塑胶等为传输媒介的光纤连接器；按连接器结构形式可分为FC、SC、ST、LC、D4、DIN、MU、MT 等；按光纤端面形状分有 FC、PC（包括 SPC 或 UPC）和 APC；按光纤芯数划分还有单芯和多芯（如 MT/RJ）之分。其中，ST 连接器（见图 3-22）通常用于布线设备端，如光纤配线架、光纤模块等；而 SC（见图 3-23）和 MT 连接器通常用于网络设备端；在单模超小型连接器方面，LC 连接器（见图 3-24）实际已经占据了主导地位，在多模方面的应用也增长迅速；FC 连接器（见图 3-25）常被称为 FC/PC，PC 表示"物理接触"，已成为一种适用于单模光纤应用的国际标准活动连接器。

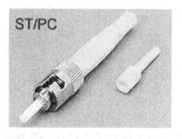

图 3-22　光纤 ST 连接器

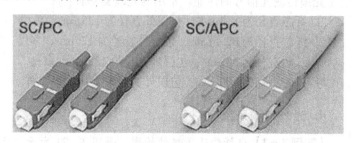

图 3-23　光纤 SC 连接器

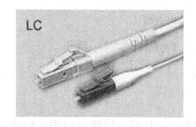

图 3-24　光纤 LC 连接器

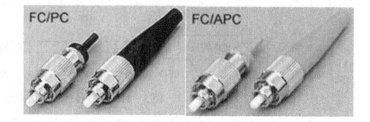

图 3-25　光纤 FC 连接器

子任务4　了解无线通信与卫星通信技术

知识导读

进行网络规划时，我们可以根据距离的远近和对通信速率的要求，选用不同的有线传输介质，但是，若通信线路要通过一些线缆铺设不便的地方时，由于铺设线路困难，成本会非常高，这时候就可以考虑使用无线传输介质进行无线通信。无线通信就是指通过无线电波在自由空间的传播以实现的通信。

1. 微波通信

无线电微波通信在数据通信中占有重要地位，微波是一种频率很高的电磁波，常用频率为 2~40GHz。

由于微波在空间是直线传播的，而地球表面是曲面，这就要求发送端和接收端之间没有大的障碍或视线能及，因此微波的传播距离一般只有50km左右。为了增大传播距离而使用较高的天线塔（如100m的天线塔其传播距离为100km）。为实现远距离通信，必须在一条无线电通信信道的两个终端之间建立若干个中继站，中继站把前一站送来的信号经过放大后再发送到下一站，从而实现微波的"接力"通信，如图3-26所示。

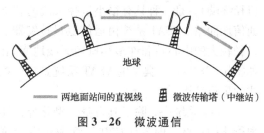

两地面站间的直视线　　微波传输塔（中继站）

图3-26　微波通信

微波适合于连接两个位于不同建筑物中的局域网或在建筑群中构成一个完整的网络，还广泛用于长距离电话和电视业务。为了防止频率相互重叠，安装和使用微波必须经过有关部门的批准。

微波通信的优点是频段范围宽、信道容量大；与相同容量和长度的电缆载波通信相比，微波接力通信初期建设费用低，见效快。

微波通信的缺点是相邻站点间不能被障碍物遮挡（视距通信）；微波的传播有时也会受到恶劣气候的影响；与电缆通信系统相比，微波通信的隐蔽性和保密性较差；要耗费一定的人力、物力对大量中继站进行管理和维护。

2. 卫星通信

卫星通信是一种特殊的微波通信，与一般地面微波通信的不同之处在于使用地球同步卫星作为中继站来转发微波信号，在两个或多个地球站之间进行的通信。地面发送站使用上行通道向通信卫星发射微波信号，卫星接收微波信号后，经过转发器放大后使用下行通道（与上行通道具有不同的频率）以广播方式向地面上的微波接收站发射，如图3-27所示。

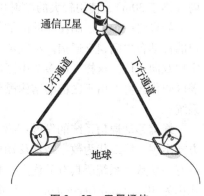

图3-27　卫星通信

注意

1）上行频率指发射站把信号发射到卫星上所使用的频率，由于信号是由地面向上发射，所以称为上行频率。

2）转发器指卫星上用于接收地面发射来的信号，并对该信号进行放大，再以另一个频率向地面进行发射的设备。一颗卫星上可以有多个转发器。

3）下行频率指卫星向地面发射信号所使用的频率，不同的转发器所使用的下行频率不同，换句话来说，当用户接收不同的节目内容时，所使用的下行频率不同，在使用卫星接收机时所设置的参数也就不同。

可以看出，卫星通信的主要特点有：通信频带宽，容量大；覆盖面积大，可以进行广播式通信；通信距离远，通信成本与距离无关；通信质量好，是可靠性高的全球通信系统。也正因为通信距离远，所以存在着传输延时，一般从发送站到卫星的延时值在250~300ms，典型值为270ms，所以卫星通信系统的传输延时为540ms。

VSAT卫星通信系统是一种低成本的微型地面微波系统，已成为卫星通信系统中一个重要的方面。VSAT（Very Small Aperture Terminal，甚小口径终端），是一种具有很小口径天线的智能卫星通信地面站。VSAT 系统由通信卫星转发器、天线口径较大的中心站和许多小口径天线地面站组成，如图 3-28 所示。典型的 VSAT 系统是集中控制方式的星形结构。

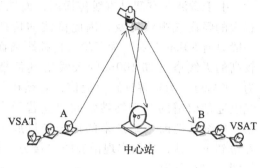

图 3-28　卫星通信

VSAT 系统中，除了其自身小型化外，还具有智能化的特点，即各项控制与管理均由计算机控制；而且提供包括音频、数据、图像和电视等双向的综合服务，所以应用十分广泛。

3. 蜂窝无线通信

美国贝尔实验室在 1947 年就提出了蜂窝（Cellular）无线移动通信的概念，1977 年完成了可行性技术论证，1978 年完成了芝加哥先进移动电话系统（Advanced Mobile Phone System，AMPS）的试验，并且在 1983 年正式投入运营。

早期的移动通信系统采用大区制的强覆盖区，即建立一个无线电台基站，架设很高的天线塔（高于 30m），使用较大的发射功率（50～200W），覆盖半径可以达到 30～50km。

如果将一个大区制覆盖的区域划分成多个小区，每个小区制设立一个基站，通过基站在用户的移动台之间建立通信。小区覆盖的半径较小，一般为 1～10km，因此可用较小的发射功率实现双向通信。这样，由多个小区所构成通信系统的总容量将大大提高。由若干小区构成的覆盖区叫作区群。由于区群的结构酷似蜂窝，因此人们将小区制移动通信系统叫作蜂窝移动通信系统。

蜂窝移动通信系统的发展：第一代为模拟无线网络，是指用户语音信息的传输以模拟语音方式出现；第二代为数字蜂窝移动电话系统，它以直接传输和处理数字信息为主要特征，因此具有一切数字系统所具有的优点，具有代表性的是泛欧蜂窝移动通信系统 GSM 和 CDMA；第三代称为 3G（Third Generation），是指第三代移动通信。3G 具有更宽的带宽，其传输速率最低为 384kbit/s，最高为 2Mbit/s，不仅能传输语音，还能传输数据，从而提供快捷、方便的无线应用，如无线接入 Internet。

注 意

GSM（Global System for Mobile Communications，全球移动通信系统）的特点主要表现在以下几方面：GSM 的移动平台具有漫游功能，可以实现国际漫游；可以提供多种数据业务；具有较好的保密功能；系统容量大、通话音质好。

CDMA（Code Division Multiple Access，码分多址）具有更大的系统容量、更高的话音质量、更强的抗干扰性能和更好的保密性能等诸多优点。

无线通信除以上提到的方式外，还有红外线、激光、蓝牙等。红外线和激光通信只能在室内近距离使用，而且方向性很强。蓝牙是一种无线数据与语言通信的开放性全球规范，是一种用微波技术取代传统网络中错综复杂的连接电缆来实现固定设备及可移动设备的互联而建立的短程无线通信技术。目前的计算机网络中，红外线和蓝牙技术已被广泛使用。

任务三 掌握数据编码技术

为了便于数据传输和处理，必须采用数据编码技术。数据编码是将要传输的数据表示成某种特殊的信号形式以便于数据在相应信道上可靠地传输。

子任务1 认识数据编码类型

知识导读

数据有两种类型，即模拟数据和数字数据。于是，相应的数据编码分为两大类，即模拟数据编码和数字数据编码。因数据在传输过程中采用何种编码又取决于传输信号的信道所支持的信号类型，而信号又分为模拟信号和数字信号。前面提到，信号是数据的具体表示形式，与数据有一定的关系，但又与数据不同。所以模拟数据可以用模拟信号承载，也可以用数字信号承载；同样，数字数据可以用数字信号承载，也可以用模拟信号承载。这样就构成了4种具体的编码方式，即模拟数据的模拟信号编码、模拟数据的数字信号编码、数字数据的模拟信号编码、数字数据的数字信号编码，如图3-29所示。

$$数据编码\begin{cases}模拟数据\begin{cases}模拟数据的模拟信号编码\\模拟数据的数字信号编码\end{cases}\\数字数据\begin{cases}数字数据的模拟信号编码\\数字数据的数字信号编码\end{cases}\end{cases}$$

图3-29 数据编码类型

子任务2 掌握模拟数据编码方法

知识导读

模拟数据的数字信号编码就是要把连续信号分割成若干个离散信号，再将这些离散信号定量化，用数字信号表示。脉冲编码调制（Pulse Code Modulation，PCM）和增量调制（ΔM）是最常用的两种模拟数据化的编码方法。

1. 脉冲编码调制

脉冲编码调制是以采样定理为基础，对连续变化的模拟信号进行周期性采样，将模拟信号数字化，其步骤如下。

步骤1 采样：在每隔固定长度的时间上抽取模拟数据的瞬时值，作为从本次取样到下次取样之间该模拟数据的代表值。采样的结果是将连续的模拟信息变为离散信息。

注意

采样定理为 $f_s \geqslant 2f_{max}$ 或 $f_s \geqslant 2B_s$。

式中，f_s 为采样频率，$f_s = 1/T_s$（T_s 为采样周期）；f_{max} 为原始信号的最高频率；B_s 为原始信号的带宽，$B_s = f_{max} - f_{min}$。

当满足条件时，所得的离散信号可以无失真地代表被采样的模拟数据。

步骤2 量化：把采样所得到的脉冲信号按量级比较，按四舍五入的方法取整，使连续模拟信号变为时间轴上的离散值（即数字信号）。

步骤3 编码：表示采样序列量化后的量化幅度，用一定位数的二进制码表示。如果有 N 个量化级，就应当有 $\log_2 N$ 位二进制数码，如图 3-30 所示。

2. 增量调制（见图 3-31）

增量调制比较采样值（模拟量）的相对大小，若为正，增量值为 1（用"1"表示）；若为负，增量值为 -1（用"0"表示），从而每次采样只需传送 1bit 的信息。

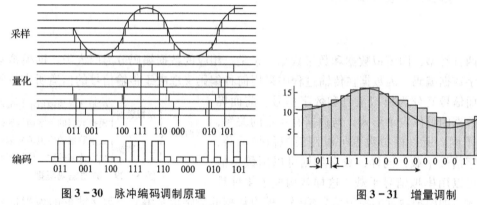

图 3-30 脉冲编码调制原理   图 3-31 增量调制

子任务3 掌握数字数据编码方法

知识导读

计算机网络中使用最普遍的还是数字数据的数字传输（即基带传输），在传输时，必须将数字数据进行线路编码再进行传输，到了接收端再进行解码，还原原有的数据，如图 3-32 所示。

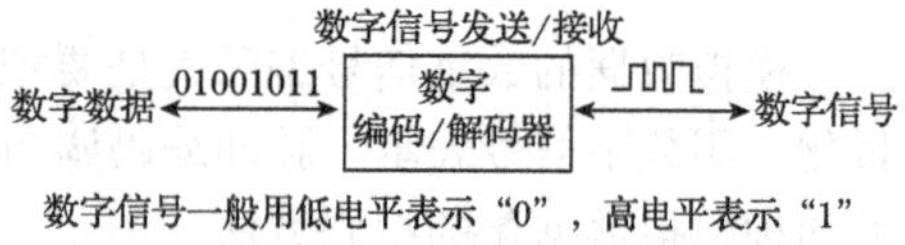

数字信号是离散的矩形脉冲序列，每一个脉冲代表一个信号单元，称为码元。对数字数据进行编码，就是用不同电压极性或电平值代表数字信号的"0"和"1"，即用不同的码元形式表示数字信号的"0"和"1"，这样就产生了下面几种基本的数字数据的数字信号脉冲编码方法。

数字信号发送/接收
数字数据 01001011 → 数字编码/解码器 → 数字信号
数字信号一般用低电平表示"0"，高电平表示"1"

图 3-32 数字数据的数字传输

1. 单极性不归零码和双极性不归零码

单极性不归零码是指在每个码元的时间间隔内，无电压（也就是无电流）用来表示"0"，而恒定的正电压用来表示"1"。每一个码元时间间隔的中间点是采样时间，判决阈值为半幅度电平（即 0.5）。接收端收到脉冲信号后进行判决，在取样时刻，若接收信号的值在 0.5~1.0，就判为"1"码；若在 0~0.5 就判为"0"码。信号 01101001 的编码如图 3-33 所示。

双极性不归零码是指在每个码元的时间间隔内，"1"码和"0"码都有电流，只是"1"码用正电流表示，"0"码用负电流表示，正向和负向的幅度相等，故称为双极性码。此时的判决门限为零电平。接收端使用零判决器或正负判决器进行判决，若接收信号的值在零电平以上为正，判为"1"码；若在零电平以下为负，判为"0"码。信号01101001的编码如图3-34所示。

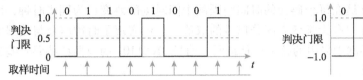
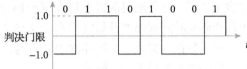

图3-33 单极性不归零码　　　　　　　　图3-34 双极性不归零码

这两种编码，都是在每个码元的全部时间间隔内发出或不发出电流（单极性），或者是发出正电流或负电流（双极性），即每一位编码占用了全部码元的宽度，所以这两种编码也称为单极性全宽码、双极性全宽码。另外可以看到，如果重复发送"1"码，势必要连续发送正电流；如果重复发送"0"码，就必须连续不发送电流或连续发送负电流，这就使某一位码元与其下一位码元之间没有间隙，不易区分、识别每个码元。归零码则可以改善这种状况。

2. 单极性归零码和双极性归零码

单极性归零码就是指当发送"0"码时，仍然完全不发送电流；当发送"1"码时，发出正电流，但持续时间短于一个码元的时间宽度，即发出一个窄脉冲，因有部分时间不发出电流，幅度"归零"。所以把这种码称为归零码。信号01101001的编码如图3-35所示。

双极性归零码就是指其中"1"码发送正的窄脉冲，"0"码发送负的窄脉冲，部分时间不发出电流，幅度"归零"。两个码元的间隔时间可以大于每一个窄脉冲的宽度，取样时间对准脉冲的中心。信号01101001的编码如图3-36所示。

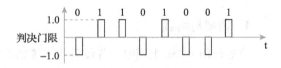

图3-35 单极性归零码　　　　　　　　图3-36 双极性归零码

不归零码在传输中难以确定一位的结束和另一位的开始，需要用某种方法使发送器和接收器之间进行定时或同步；归零码的脉冲较窄，根据脉冲宽度与传输频带宽度成反比的关系，因而归零码在信道上占用的频带较宽。

注 意

基带传输的另一个重要问题就是同步。接收端和发送端发来的数据序列在时间上必须取得同步，以便能准确地区分和接收发来的每位数据。这就要求接收端要按照发送端所发送的每个码元的重复频率及起止时间来接收数据，在接收过程中还要不断校准时间和频率，这一过程称为同步。

3. 曼彻斯特码和差分曼彻斯特码

曼彻斯特码（Manchester）是目前广泛使用的编码方法之一。其编码规则是：每个码元时间间隔的中间时刻都有跳变，由高电位向低电位跳变代表"1"，由低电位向高电位跳变代表"0"。这种编码的特点是接收端可以利用跳变区分信号的取值，也可以利用该跳变提取同步时钟，所以这种编码也称为自同步编码。以太网中采用的就是这种编码。

差分曼彻斯特码（Differential Manchester）的编码规则是：每个码元时间间隔的中间时刻都有跳变，在每个码元时间间隔的开始时刻有跳变表示"0"，在每个码元时间间隔的开始时刻无跳变表示"1"。这种编码的特点是在每个码元的时间间隔的中间时刻的跳变作为同步时钟，而利用每个码元时间间隔的开始时刻有无跳变来区分信号的取值，这样实现了时钟信号与数据的分离，便于数据的提取。令牌环网中采用的就是这种编码。信号01001101的曼彻斯特码、差分曼彻斯特码波形如图3-37所示。

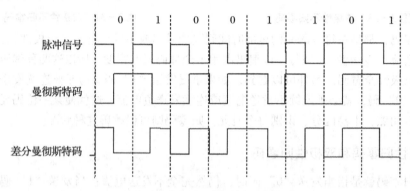

图3-37 曼彻斯特码和差分曼彻斯特码

子任务4 掌握脉冲编码调制方法

知识导读

1. 调制与解调

家庭使用ADSL上网时，各设备的连接如图3-38所示。公共电话网传输的是模拟信号，而计算机中是数字信号，所以此时调制解调器至关重要。

调制解调器的主要作用就是信号的调制与解调。

调制解调器包括两部分，其一是调制器（Modulator），作用是将要发送的数字信号调制模拟载波信号的某个属性，然后在电话线上传送，这个过程称为调制；其二是解调器（Demodulator），作用是从电话用户线上传送来的模拟载波信号中剥离出数字信号，这个过程称为解除调制，简称解调，如图3-39所示。在实际的网络应用中，计算机既是信源，也是信宿，所以调制器和解调器合二为一，成为调制解调器。

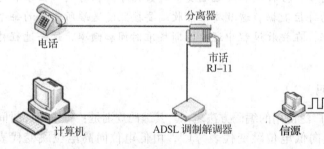

图3-38 ADSL的连接方式

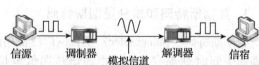

图3-39 调制解调器的作用

ADSL（Asymmetric Digital Subscriber Line，非对称数字用户线路）是一种应用广泛的网络接入技术。ADSL 与传统的调制解调器和 ISDN（Integrated Services Digital Network，综合业务数字网）一样，也是使用电话网作为传输媒介。

2. 脉冲编码调制的方法

模拟信号传输的基础是载波，载波具有三大要素：幅度、频率和相位。

在调制过程中，选用的载波信号可以表示为 $y = A\sin(\omega t + \varphi)$，其中 A 为振幅，ω 为角频率，φ 为相位，这是载波信号的三个参量，它们也是正弦波的控制参数，称为调制参数。它们的变化将对正弦载波的波形产生影响，通过改变这三个参量可以实现对模拟数据信号的编码，相应的调制方式分别称为幅度调制（Amplitude Modulation，AM）、频率调制（Frequency Modulation，FM）和相位调制（Phase Modulation，PM）。

1）幅度调制，简称调幅，也称为移幅键控（Amplitude Shift Keying，ASK）。在此方式中，用载波的两种不同幅度来表示二进制的两种状态。如图 3-40 所示，用具有一定幅度的载波信号表示"1"，幅度等于 0 的载波信号表示"0"。ASK 方式是一种低效的调制技术。

2）频率调制，简称调频，也称为移频键控（Frequency Shift Keying，FSK）。在此方式下，用载波频率附近的两种不同频率来表示二进制的两种状态。如图 3-40 所示，"1"调制频率为 ω_1 的信号波，"0"调制频率为 ω_2 的信号波。频率调制的电路简单，抗干扰能力强，频带利用率低，适用于传输较低速的数字信号。

3）相位调制，简称调相，也称为相移键控（Phase Shift Keying，PSK）。如图 3-39 所示，信号"0"和"1"分别用不同相位的波形表示。相位调制又分绝对相位调制和相对相位调制两种。

绝对相位调制中，数字"0"和"1"的载波信号起始相位相差180°，如图 3-40 所示，即 $\varphi = 0°$ 代表数字"1"，$\varphi = 180°$ 代表数字"0"，反之也成立。

相对相位调制中，传送数字"0"时，相邻两波形相位不变；传送数字"1"时，相邻两载波相位变化为180°。

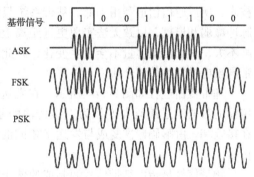

图 3-40　ASK、FSK、PSK 三种调制波形

由 PSK 和 ASK 结合的相位幅度调制（Pulse Amplitude Modulation，PAM），是解决相移已达到上限但还要提高传输速率的有效方法。

任务四　掌握基带传输技术

数据传输有不同的划分方式，按传送形式（按照数字信号代码发送顺序）可分为串行传输和并行传输；按数据信号类型可划分为基带传输和频带传输；……

信息卡

其他数据传输方式主要有以下两种。

1. 按传输方向划分

单工通信：在通信线路上，数据只可在一个固定的方向传送而不能进行相反方向传送的通信方式，如广播、遥控通信。

半双工通信：数据可以双向传输，但不能同时进行，在任一时刻只允许在一个方向上传输主信息的通信方式，如打电话时双方轮流说话的情况。

全双工通信：同时双向传输数据的通信方式，如打电话时双方同时说话的情况。

2. 按传送形式划分

串行传输：数据位按先后顺序一位接一位地传送。

并行传输：所有数据位同时进行传送。

子任务1 基带传输的定义

知识导读

在数据通信中，直接产生且未经调制的数字数据的矩形脉冲信号，称为基带信号。基带信号的固有频率范围称作基本频带，简称基带。在通信信道上，直接传送基带信号的传输方式称为基带传输，亦称数字传输。在基带传输中，整个信道只传输一种信号，不采用频分多路复用技术，所以通信信道利用率低。基带系统只能延伸数千米的距离，这是由于信号的衰减会引起脉冲减弱和模糊，以致无法实现更远距离上的通信。由于在近距离范围内，基带信号的功率衰减不大，从而信道容量不会发生变化，因此，在局域网中通常使用基带传输技术，一般采用基带同轴电缆作为传输介质。

基带传输过程如图3-41所示。在发送端，基带传输的数据经过编码器变换为直接传输的基带信号；在接收端，由解码器恢复成与发送端相同的矩形脉冲信号。

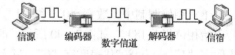

信源　编码器　数字信道　解码器　信宿

图3-41 基带传输过程

频带信号是指由基带信号调制成的便于在模拟信道中传输、具有较高频率的信号。频带传输就是指在信道中传输频带信号的传输方式。电话模拟信道传输和闭路电视的信号传输都是属于频带传输。远距离传输通常不采用基带传输，而采用频带传输方式。

子任务2 理解通信信道带宽对基带传输的影响

知识导读

1. 数据通信中的主要技术指标

数据通信的任务是在数据传输时，尽量达到传输速率快、出错率低、信息量大、可靠性高，而衡量这些性能的有效性和可靠性的参数（技术指标）有信道带宽、信道容量、数据传输的速率、误码率等。

2. 信道带宽

信道带宽（Bandwidth）是指信道可以不失真地传输信号的频率范围，即最高频率与最低频率之差，或者说是频带的宽度。信道带宽由传输介质、接口部件、传输信息的特性等因素决定。

信道容量是指信道在单位时间内可以传输的最大码元数。信道容量反映了信道的传输能力，即信道的最大数据传输速率。信道容量用码元速率（波特率）来表示。信道容量有时也表示为单位时间内可传输的二进制数的位数（即信道的数据传输速率），以位/秒（bit/s）表示。

信息卡

1）码元是承载信息的基本信号单位，一个表示数据有效性状态的脉冲信号就是一个码元。

2）信道容量、传输速率等都与信道带宽密切相关。信道容量和信道带宽具有正比的关系：带宽越大，容量越大。

3. 信道带宽对基带传输的影响

信号带宽是信号频谱的宽度，也就是信号的最高频率与最低频率之差，比如，一个由数个正弦波叠加成的方波信号，其最低频率 $f_1 = 2kHz$，最高频率 f_2 是 f_1 的 8 次谐波频率，即 $f_2 = 8 \times 2kHz = 16kHz$，那么该信号带宽为 $f_2 - f_1 = (16 - 2)kHz = 14kHz$。

信道带宽限定了允许通过该信道的信号最低频率和最高频率，也就是限定了一个频率范围。比如一个信道允许的频率范围是 $1.5 \sim 15kHz$，其带宽就是 $13.5kHz$，上面提到的方波信号的所有频率成分都能从该信道通过，如果不考虑衰减、时延以及噪声等因素，通过此信道的该信号会毫不失真。然而，如果一个最低频率为 $1kHz$ 的方波，通过该信道肯定会严重失真；方波信号若最低频率为 $2kHz$，但最高谐波频率为 $18kHz$，带宽超出了信道带宽（因 $f_2 - f_1 = (18 - 2)kHz = 16kHz$），其高次谐波会被信道滤除，通过该信道接收到的方波没有发送的质量好；那么，如果方波信号最低频率为 $500Hz$，最高频率为 $5.5kHz$，其带宽只需要 $5kHz$（因 $f_2 - f_1 = (5.5 - 0.5)kHz = 5kHz$），远小于信道带宽，该信号在信道上传输时，最低频率被滤掉了，仅高于 $1.5kHz$ 的各次谐波能够通过，信号波形严重变形。

子任务3　了解数据传输速率的定义与信道速率的极限

知识导读

1. 数据传输速率与调制速率

（1）数据传输速率　数据传输速率就是指每秒能传输的二进制数的位数，单位为位/秒，记作 bit/s，它可由下式确定：

$$S = (1/T) \log_2 N \tag{3-1}$$

式中，T 为一个数字脉冲（一个码元）信号的宽度（全宽码情况）或重复周期（归零码情况），单位为秒；N 为一个码元所取的有效离散值个数，也称为调制电平数，N 一般取 2 的整数次方值，$\log_2 N$ 是每个码元所表示的二进制数的位数。

若一个码元仅可取 0 和 1 两种离散值，则该码元只能携带一位二进制数；若一个码元可取 00、01、10 和 11 四种离散值，则该码元就能携带两位二进制数。

（2）调制速率 当一个码元仅取两种离散值时，$S = (1/T)$ 表示数据传输速率等于数字脉冲的重复频率。由此可以引出另一个技术指标——调制速率，也称为码元速率或波特率，单位为波特（Baud）。

调制速率（用 B 表示）是信号经调制后的传输速率，表示每秒通过信道传输的码元个数，即调制后信号每秒变化的次数。也可以说若信号码元的调制周期为 T 秒，则码元速率等于调制周期的倒数，表示为

$$B = 1/T \tag{3-2}$$

（3）两者的关系 由式（3-1）和式（3-2）合并可得到调制速率和数据传输速率的对应关系式为 $S = B\log_2 N$。从关系式中可以看出：如果一个码元对应于一位二进制数，即有两种有效离散值时，调制速率和数据传输速率相等；如果一个码元对应于两位二进制数，即有四种有效离散值时，调制速率只是数据传输速率的一半。

一般在二元调制方式中，S 和 B 都取同一值，二者是通用的；但在多元调制的情况下，两者是不同的。例如，采用四相调制方式（$N = 4$）时，若 $T = 833 \times 10^{-6}$s，则数据传输速率 $S = (1/T)\log_2 N = 1/(833 \times 10^{-6}) \times \log_2 4\,\text{bit/s} = 2400\,\text{bit/s}$；而调制速率 $B = 1/T = 1/(833 \times 10^{-6})\,\text{Baud} = 1200\,\text{Baud}$。

通过上例可见，虽然数据传输速率和调制速率都是描述通信速度的指标，但它们是完全不同的两个概念。打个比喻来说，假如调制速率是公路上单位时间经过的卡车数，那么数据传输速率便是单位时间里经过的卡车所装运的货物箱数。如果一辆车装一箱货物，则单位时间经过的卡车数与单位时间里卡车所装运的货物箱数相等；如果一辆车装多箱货物，则单位时间经过的卡车数便小于单位时间里卡车所装运的货物箱数。

注 意

信道容量与数据传输速率的区别在于，前者表示信道的最大数据传输速率，是信道传输数据能力的极限，而后者可以说是实际的数据传输速率。这就像公路上的最大限速值与汽车实际速度之间的关系一样，它们虽然采用相同的单位，但表征的是不同的含义。

2. 信道速率的极限

奈奎斯特（Nyquist）先提出了在无噪声情况下，码元速率的极限值与信道带宽的关系：

$$B = 2H$$

式中，H 是信道的带宽。

由此可推出表征信道数据传输能力的奈奎斯特公式：

$$C = 2H\log_2 N$$

式中，N 仍然表示携带数据的码元可能取的离散值的个数，C 即是该信道最大的数据传输速率（bit/s）。

由上面两式可以看出，对于特定的信道，其码元速率不可能超过信道带宽的两倍，但若能提高每个码元可取离散值的个数，则数据传输速率便可成倍提高。任何实际的信道都不是理

想的，在传输信号时会产生各种失真以及带来多种干扰（见图 3 - 42），信道所能传输的最高码元速率，要明显低于奈氏准则给出的上限数值。

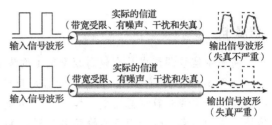

图 3 - 42 信号失真情况

香农（Shannon）则进一步研究了受随机噪声干扰的信道情况，给出了反映信道容量与信道带宽之间关系的香农公式：

$$C = H\log_2(1 + S/N)$$

式中，H 为信道带宽，S 表示信号功率，N 为噪声功率，S/N 则为信噪比。香农公式给出了带宽受限且有高斯白噪声干扰的信道极限、无差错的信息传输速率。

由于实际使用的信道的信噪比都要足够大，故常表示成 $10\lg(S/N)$，以分贝（dB）为单位来计量，在使用时要特别注意。

奈氏准则和香农公式得到的只是信道数据传输速率的极限值（信道容量），实际的数据传输速率要低于这个值。奈氏准则和香农公式在数据通信系统中的作用范围是有区别的，如图 3 - 43 所示。

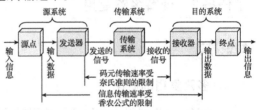

图 3 - 43 奈氏准则和香农公式
在数据通信系统中的影响

知识点详解

信道速率极限的计算

例 3-1 若线路的带宽为 3kHz，则其码元速率的极限值为 6kBaud。若每个码元可能取的离散值的个数为 16（即 $N = 16$），则最大数据传输速率可达 $C = 2 \times 3 \times \log_2 16\text{kbit/s} = 24\text{kbit/s}$。

例 3-2 若信噪比 S/N 为 1000，带宽为 3kHz 的信道的最大数据传输速率为 $C = 3 \times \log_2(1 + 1000)\text{kbit/s} = 30\text{kbit/s}$。

任务五　掌握频带传输技术

子任务 1　理解频带传输原理

知识导读

计算机的远程通信中，不能直接传输原始的基带信号，因此就需要利用频带传输。实际上频带传输就是利用调制技术对传输信号进行信号变换的传输方式，简单地说就是利用模拟信道传输数据信号，如图 3 - 44 所示。

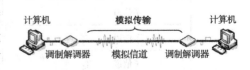

图 3 - 44 频带传输原理

信息卡

将基带信号调制成具有较高频率范围的模拟信号称为频带信号。

从图3-44中可以看到，调制解调器是频带传输中最典型的通信设备，基带信号与频带信号的转换就是由调制解调器完成。信号调制实现了利用公共电话网络传输基带信号，充分利用了传输通道的频率特性，而且传输信号经过调制处理也能够解决基带传输中频带过宽的问题。同时，频带传输可实现多路信号使用同一信道进行传输（即信道的多路复用），提高了线路的利用率。计算机网络的远距离、低速通信通常采用的是频带传输。

子任务2 理解多路复用

知识导读

1. 多路复用的概念

多路复用是指利用一条物理信道同时传输多路信号，如图3-45所示。

这就好比在一条公路上划分出多个车道，使得多辆汽车同时在公路上行驶。由此可见多路复用实现了信道的共享。

图3-45 多路复用

2. 多路复用技术的分类

多路复用技术通常有频分多路复用、时分多路复用、波分多路复用和码分多路复用等。

1）频分多路复用（Frequency Division Multiplexing，FDM）就是将具有一定带宽的信道分割为若干个有较小频带的子信道，每个子信道供一个用户使用。这样在信道中就可同时传送多个不同频率的信号，如图3-46所示。简单地说就是同时同一信道不同频率。频分多路复用多用于模拟信道的复用。

2）时分多路复用（Time Division Multiplexing，TDM）是将一条物理信道的传输时间分成若干个时隙，把这些时隙轮流地给多个信号源使用，每个时隙被复用的一路信号占用。这样，当多路信号准备传输时，一个信道就能在不同的时隙传输多路信号，而且在传输时占用全部信道带宽，如图3-47所示。简单地说就是同频同一信道分时使用。在数据通信和计算机网络通信中主要采用时分多路复用。

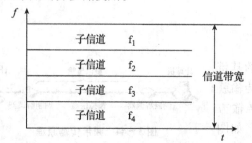

图3-46 频分多路复用

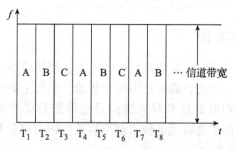

图3-47 时分多路复用

3）波分多路复用（Wave Division Multiplexing，WDM）是在一根光纤上能同时传送多个波长不同的光载波信号的复用技术。通过WDM，将光纤信道分为多个波段，每个波段传输一种波长的光信号，这样在一根光纤上可同时传输多个不同波长的光信号。简单地说就是同时在同一信道传输不同波长的信号。随着光纤技术在数据通信中的应用，光纤通道采用了波分多路复用技术。

波分多路复用的原理类似于频分多路复用，不同的是波分多路复用是把信号变换成不同波长的光，并复用到光纤信道中。

4）码分多路复用（Code Division Multiplexing，CDM）多使用在手机等移动通信系统或无线局域网中。码分多路复用利用微波扩频通信的原理，为每个用户分配一个扩频编码，以区分不同的用户信号。发送端发送时，采用不同的扩频编码向不同的接收端发送数据；而接收端用不同的扩频编码进行解码，就可以得到不同发送端发来的数据。码分多路复用中的码分多址（Code Division Multiple Access，CDMA）是根据美国标准（IS—95）而设计的，因其具有更大的系统容量、更高的话音质量、更强的抗干扰性能和更好的保密性能等诸多优点，已成为移动通信中的一种主要通信方式。CDMA并不给每一个通话者分配一个确定的频率，而是让每一个频道使用所能提供的全部频率，解决了多用户使用相同频率同时传送数据的问题。简单地说就是同时在同一信道传输同一频率的不同编码。

知识点详解

差错控制

数据通信的出发点是高效无差错地进行数据传输，但是不管是在基带传输还是频带传输中，数据在通信线路上传输时，都会由于传输线路上的噪声或其他干扰信号的影响，使发送端发送的数据不能被接收端正确地接收，也就是说数据出现了差错。差错可用误码率 P_e 来衡量。误码率是指二进制位数在数据传输系统中出现错误码的概率，表示为 $P_e = N_e / N$，这里 N_e 表示错误的位数，N 表示总位数。

为了尽量减少传输中的差错，可以采用两种方法，一是改善通信线路的性能，使差错出现的概率降低到系统要求的水平；二是在数据传输时，采取一定的方法发现并纠正错误，即采取措施对错误进行差错控制。

差错控制就是指在数据通信过程中，发现、检测差错，对差错进行纠正，从而采取技术、方法或措施把差错限制在数据传输所允许的尽可能小的范围内。

差错控制编码就是用来实现差错控制的编码，即在要传输的数据编码中附加一些冗余码作为发现错误和纠正错误的依据。差错控制编码分检错码和纠错码两种。检错码是指数据编码中仅包含足以使接收端发现差错的冗余信息，接收端能够据此发现存在差错（但不能确定哪位是错的）且不能纠正传输差错；纠错码是数据编码中有足够的冗余信息，使接收端能发现并自动纠正传输差错。

〜 学材小结 〜

理论知识

一、填空题

1. 数据通信系统由_____、_____、_____三要素组成。

2. _____是数据在传输过程中电信号的表示形式，它分为_____和_____两种。

3. 为了便于数据传输和处理，必须采用的是_____数据编码_____技术。

4. 信道有_____和_____之分。

5. 数据传输模式可分为_____和_____两种，常用的 ADSL 采用_____模式，而局域网则属于_____模式。

6. 光纤是现代计算机网络中常用的传输媒介，根据光信号在光纤中传输的特性不同，可将光纤分为_____和_____两大类。

7. 数字信号调制方式包括_____、_____和_____三种。

8. 调制速率是指_____，其度量单位是_____。

9. 在数据通信中，常见的数字编码方式有_____、_____、_____、_____和_____等几种。其中既有正向脉冲，又有负向脉冲的有_____、_____和_____四种。

10. 在采用电信号表达数据的系统中，数据有数字数据_____和_____两种。

11. 调制解调器的作用是_____，其由_____和_____两部分组成。

12. 差错控制编码分_____和_____两种。

13. 多路复用技术通常有_____、_____、_____和_____等。

二、选择题

1. 下列说法不正确的是（   ）。
   A. 模拟数据可以用模拟信号来表示   B. 模拟数据不可以用数字信号来表示
   C. 数字数据可以用数字信号来表示   D. 数字数据可以用模拟信号来表示

2. 以下不属于无线介质的是（   ）。
   A. 激光   B. 电磁波   C. 光纤   D. 微波

3. 以太局域网是基带系统，它采用（   ）编码方式。
   A. 归零   B. 4B/5B   C. 曼彻斯特   D. 不归零

4. 在数据通信中，将信道上的模拟信号变换为数字信号的过程称为（   ）。
   A. 编码   B. 解码   C. 调制   D. 解调

5. 双绞线由两个具有绝缘保护层的铜导线按一定密度互相扭绞组成，这样可以（   ）。
   A. 降低成本   B. 降低信号干扰的程度
   C. 提高传输速率   D. 无任何作用

6. 下面说法正确的是（   ）。
   A. "传输速率"就是通常所说的"传输带宽"
   B. "传输速率"是指信道中所能承受的最大带宽
   C. "传输带宽"就是信道中所能承受的最大"传输速率"
   D. 以上说法均不正确

三、简答题

1. 什么是信道、信道带宽、信道容量？

2. PCM 调制作用是什么？调制的过程是什么？

3. 什么是数据传输速率？如何表示？

4. 什么是基带传输、频带传输？

5. 举例说明幅移键控、相移键控和频移键控三种调制方式原理。

6. 频带传输的基本原理是什么？

实训任务

画出比特流 10101100 的曼彻斯特码和差分曼彻斯特码的波形。

拓展练习

1. 电视信道带宽为 8MHz，理想情况下，如果数字信号取 4 种离散值，那么可获得的最大传输速率是多少？

2. 对于带宽为 6kHz 的信道，若由 8 种不同的物理状态来表示数据，信噪比为 30dB。问：按奈奎斯特定理，最大限制的数据速率是多少？按香农定理，最大限制的数据速率是多少？

模块四
局域网

本模块导读

　　局域网在下列方面与其他类型的数据网络不同：通信一般被限制在中等规模的地理区域内，如一座办公楼、一个仓库或一所学校；能够依靠具有从中等到较高速率的物理通信信道，而且这种信道具有始终一致的低误码率；局域网是专用的，由单一组织机构所使用。

　　本模块主要介绍了局域网的基本知识、以太网的分类、常用网络设备的工作原理、虚拟局域网的相关知识和无线局域网的相关标准。

本模块要点

- 了解局域网的基本概念
- 掌握以太网的工作原理及分类方法
- 掌握虚拟局域网的工作原理
- 掌握 IEEE 802.3 无线局域网标准的组成

任务一 局域网的基本知识

子任务1 了解决定局域网性能的三要素

局域网技术已在企业、机关、学校的信息管理与服务领域得到了广泛的应用。随着局域网技术的不断发展和各种新技术的应用，局域网的传输速率从早期的10Mbit/s的以太网发展到了100Mbit/s的快速以太网（Fast Ethernet）、1Gbit/s的千兆以太网（Gigabit Ethernet）。另外，10Gbit/s的万兆以太网也已经开始出现。

决定局域网性能的三个要素是网络拓扑、传输介质和介质访问控制方法。

1. 局域网拓扑结构

一个网络能用不同的结构进行安排和配置，这种安排和配置称为网络的拓扑（Topology）结构。构成网络的拓扑结构有很多种，主要有总线型拓扑、星形拓扑和环形拓扑。

（1）总线型拓扑结构　总线型拓扑结构如图4-1所示，在总线型拓扑结构中，所有的站点共享一条数据通道。总线型拓扑安装简单方便，需要铺设的电缆最短，成本低，某个站点的故障一般不会影响整个网络，但介质的故障会导致网络瘫痪。总线型网络安全性低，监控比较困难，增加新站点也不如星形拓扑容易。总线型结构是最经济、简单、有效的网络结构之一，具有频带较宽、数据传送不易受干扰的特点，但由于总线型结构是由一根电缆连接所有设备，一段线路断

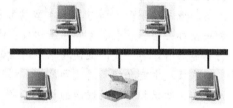

图4-1　总线型拓扑结构

路将导致整个网络运行中断，而使其稳定性较差。所以，总线型拓扑结构现在基本上已经被淘汰。

总线型拓扑的特点是：

1）总线型局域网的介质访问控制方法采用的是"共享介质"方式。

2）所有节点都连接到一条作为公共传输介质的总线上。

3）总线传输介质通常采用同轴电缆或双绞线。

4）所有节点都可以通过总线传输介质以"广播"方式发送，其他节点只能接收数据，因此出现"冲突（Collision）"是不可避免的，而"冲突"会造成传输失败，导致网络性能的下降。

5）必须解决多个节点访问总线的介质访问控制问题。

（2）星形拓扑结构　星形拓扑结构如图4-2所示，在星形拓扑结构中，各个计算机使用各自的线缆连接到网络，因此，如果一个站点出了问题，不会影响整个网络的运行。星形结构的每一个工作站都使用一根双绞线与集线器的一个接口相连。因此，这种结构易于维护，采用交换电缆或工作站的简单方法可以很容易地确定网络故障点。另外，通道分离，整个网络不会因一个站点的故障而受到影响，网络节点的增删方便、快捷。星形拓扑结构是现在最常用的网络拓扑结构。

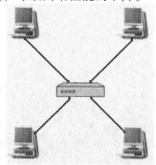

图4-2　星形拓扑结构

星形拓扑的特点是：

1）各站点通过点到点的链路与中心站相连。

2）很容易在网络中增加新的站点。

3）数据的安全性和优先级容易控制。

4）易实现网络监控。

5）中心节点的故障会引起整个网络瘫痪。

（3）环形拓扑结构　环形拓扑结构如图 4-3 所示，在环形拓扑结构中，各站点通过通信介质连成一个封闭的环形。环形拓扑容易安装和监控，但容量有限，网络建成后，难以增加新的站点。环形拓扑中各节点通过通信线路组成闭合环路，环中数据沿一个方向传输。其特点是结构简单、容易实现、传输延迟确定。环中任何一个节点出现线路故障，都将造成网络瘫痪。因此，现在组建局域网已经基本上不使用环形拓扑结构了。

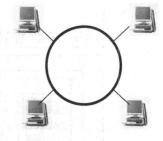

图 4-3　环形拓扑结构

环形拓扑的特点是：

1）节点使用点对点线路连接，构成闭合的环形结构。

2）环中数据沿着一个方向绕环逐站传输。

3）在环形拓扑中，多个节点共享一条环通路。

4）易实现环的建立、维护、节点的插入与撤出。

2. 传输介质

网络传输介质是网络中传输数据、连接各网络站点的实体，如双绞线、同轴电缆、光纤，网络信息还可以利用无线电系统、微波无线系统和红外技术传输。早期主要使用同轴电缆，目前在局域网布线过程中近距离以双绞线为主、远距离以光纤为主、移动节点则采用无线通信信道。

3. 介质访问控制方法

传统的局域网采用共享介质的工作方式，为了解决多个节点使用共享介质来发送和接收数据而产生的问题，IEEE 802.2 标准定义了以下三类共享介质局域网：

1）带有冲突碰撞检测的载波监听多路访问方法的总线型局域网。

2）令牌环（Token Ring）方法的总线型局域网。

3）令牌总线（Token Bus）方法的总线型局域网。

子任务 2　了解 IEEE 802 参考模型

IEEE 802 参考模型标准是 1980 年由美国电气与电子工程师学会（Institute of Electrical and Electronics Engineers，IEEE）制订的局域网标准，包括载波监听多路访问、令牌总线和令牌环等，它被美国国家标准化协会（American National Standards Institute，ANSI）接受为美国国家标准，被 ISO 接受为国际标准（称为 ISO 8802 标准）。

IEEE 802 的局域网标准遵循 OSI 参考模型的分层原则，描述最低两层——物理层和数据链路层的功能以及与网络层的接口服务。其中，数据链路层又分成两个子层：介质访问控制子层和逻辑链路控制子层。OSI 参考模型及 IEEE 802 参考模型的对比关系如图4-4所示。IEEE 802 委员会制定的标准协议结构如图 4-5 所示，各协议内容见表 4-1。

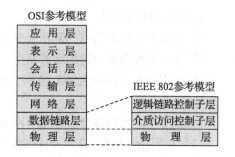

图 4-4　OSI 参考模型与 IEEE 802 参考模型

图 4-5　IEEE 802 协议结构

表 4-1　IEEE 802 系列协议标准

编　号	协 议 标 准	编　号	协 议 标 准
802.1	局域网体系结构和网络互联定义	802.11	无线局域网标准
802.2	逻辑链路控制	802.12	交换式局域网标准
802.3	CSMA/CD 访问控制	802.14	电缆调制解调器标准
802.4	令牌总线访问控制	802.15	近距离个人无线网络标准
802.5	令牌环访问控制	802.16	宽带无线局域网标准
802.6	城域网标准	802.17	弹性分组环
802.7	宽带技术标准	802.18	无线管制
802.8	光纤技术标准	802.19	共存 Coexistence TA
802.9	综合语音/数据局域网标准	802.20	移动宽带无线接入
802.10	局域网安全标准	802.21	媒质无关切换

知识点详解

1. 数据链路层的构成

IEEE 802 参考模型只对应于 OSI 参考模型的数据链路层和物理层，参考图4-4，并将数据链路层划分为介质访问控制（MAC）子层和逻辑链路控制（LLC）子层。

MAC 子层依赖于物理介质和介质访问控制方法，在支持 LLC 层完成介质访问控制功能时，提供多个可供选择的介质访问控制方式。为此，IEEE 802 标准制定了多种介质访问控制方式，如 CSMA/CD、Token Ring、Token Bus 等。同一个 LLC 子层能够使用其中任何一种介质访问控制方式接口提供的服务。

LLC 子层与介质（也称为"媒介"）无关，它向高层提供一个或多个逻辑接口，这些接口被称为服务访问点（Service Accessing Point，SAP）。SAP 具有帧的接收、发送功能。该子层在发送时将要发送的数据加上地址和循环冗余校验 CRC 字段等构成 LLC 帧；接收时将帧拆封，进行地址识别和 CRC 校验。

2. 802.15 无线个域网

IEEE 802.15 工作组是 IEEE 针对无线个人区域网（Wireless Personal Area Network，WPAN）而成立的，开发有关短距离范围的 WPAN 标准。802.15 标准主要包括以下几个部分：

- 802.15.1 是以蓝牙标准为基础，制定蓝牙无线通信规范的一个正式标准。
- 802.15.2 工作组目的是提供 802.11 和 802.15 开发共存的推荐规范。
- 802.15.3 工作组的兴趣在于开发比 802.11 低成本和低功耗的设备标准。
- 802.15.3a 的目标是在使用同样的 MAC 层上提供比 802.15.3 更高的数据率。
- 802.15.4 工作组则开发了一个非常低成本、非常低功耗，但是比 802.15.1 数据率要低的设备标准。

IEEE 802.15.1 蓝牙标准的基础源于 1994 年爱立信公司的一项研究，为了在移动电话及其附件之间探求一种新的低功耗、低成本的空中接口。1998 年 5 月，诺基亚、苹果、三星组成的蓝牙特殊利益集团成立，并于 1999 年 7 月公布蓝牙规范 1.0 版，2004 年 8 月公布了 2.0 版，2009 年 4 月 21 日正式颁布了核心规范 3.0 版，蓝牙 4.0 版技术规范在 2010 年也正式发布，4.0 版是蓝牙标准的最新版本。

2000 年 12 月，IEEE 成立了 802.15.4 工作组，致力于定义一种供廉价的固定、便携或移动设备使用的极低复杂度、成本和功耗的低速率无线连接技术。ZigBee 是这种技术的商业化命名，名称来源于蜜蜂使用的赖以生存和发展的通信方式（蜜蜂通过 ZigBee 形状的舞蹈来分享新发现的食物源的位置、距离和方向等信息）。在标准化方面，IEEE 802.15.4 工作组主要负责指定物理层和 MAC 层的协议，ZigBee 联盟负责高层应用、测试和市场推广等方面的工作。

任务二　Ethernet 局域网

子任务 1　Ethernet 数据发送流程分析

以太网上的每台计算机都能独立运行，不存在中心控制器。准备发送数据时，工作站首先监听信道，如果信道空闲，即可以传输数据。每帧传输完毕之后，各工作站必须公平争取下一帧的传输机会。对于共享信道的访问取决于嵌入到每个工作站的以太网接口的介质访问控制机制，而该机制建立在 CSMA/CD 基础上。

CSMA/CD 使发送站点在传输过程中仍继续监听网络，以检测是否存在冲突。如果发生冲突，信道上可以检测到超过发送站点本身发送载波信号的幅度，由此判断出冲突的存在。一旦检测到冲突，就立即停止发送，并向总线上发送一串阻塞信号，用以通知总线上其他各有关站点，这种方案称为载波监听多路访问/冲突检测（Carrier Sense Multiple Access with Collision Detection, CSMA/CD），已广泛应用于局域网中。CSMA/CD要解决的另一主要问题是如何检测冲突。当网络处于空闲的某一瞬间，有两个或两个以上工作站要同时发送信息时，同步发送的信号就会引起冲突。因此，CSMA/CD的发送流程可以简单概括为4点：先听后发、边听边发、冲突停止、延迟重发。以太网节点的数据发送流程如图4-6所示。

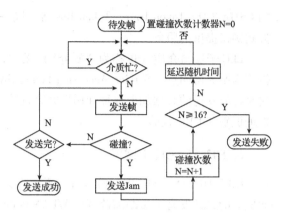

图4-6 以太网节点的数据发送流程

CSMA/CD协议与电话会议非常类似，许多人可以同时在线路上进行对话，但如果每个人都同时讲话，用户将听到一片噪声；如果每个人等别人讲完后再讲，则可以听到每个人所讲的话。以太网节点在CSMA/CD网络上进行传输时，必须按下列几个步骤来进行。

步骤1 载波监听

各以太网节点不断地监听传输介质上的载波。载波是指传输介质上的电信号，通常由表明传输介质正在使用的电压来识别。如果以太网节点没有监听到载波，则它假定传输介质空闲并开始传输；如果在以太网节点传输时传输介质忙，则其传送的数据将与正在传输介质上的信息发生冲突。

为了避免冲突，以太网节点监听到传输介质忙则必须等待。其延迟时间是以太网节点试图重传前必须等到线路变成空闲的总时间。

步骤2 冲突检测

当传输介质中载波消失9.6μs后，以太网节点可以进行传输。帧向传输介质系统的两个方向传输。

如果同一段上的其他以太网节点同时传输一个包，则数据包在传输介质上将产生冲突。此时传输介质上发生冲突的数据包已经成为废数据片。因此，在传输过程中，以太网节点应该在传输介质段上检测冲突。冲突由传输介质上的信息来识别，当传输介质上的信号大于或等于两个或两个以上的收发器同时传输所产生的信号时，则认为冲突产生。

如果冲突产生，而其他以太网节点没有发现冲突信息，则它们可能进行传输。这些以太网节点将产生另一次的冲突。为了避免这种情况，发生冲突的以太网节点用传输"干扰"来确保在传输介质上的以太网节点能够感知到冲突，干扰信息是至少32位的传输信息，但它不能等于早先所传输报文的CRC值。产生冲突的以太网节点的传输计数器加1。

步骤3 发现冲突、停止发送

如果以太网节点在冲突后立即重传，则它第二次传输也将产生冲突。因此，以太网节点在重传前必须随机地等待一段时间。

为了选择何时进行重传，以太网节点实行了一个算法，该算法提供了几个使以太网节点可以进行重传的时间，称为"退避算法"。以太网节点随机地选择一个可以使用的时间，降低了两个或更多以太网节点同时重传的概率。例如，在电话会议中，若两人同时开始讲话，则信息将发生混乱，两人停止讲话，然后其中一人再次说话，而另一人在听，即可避免冲突。

步骤4 随机延迟重发

若以太网节点是在繁忙的传输介质段上，即便其数据包没有在传输介质段上与其他数据包产生冲突，也可能不能进行传输。以太网节点在放弃传输前最多可以有 16 次的尝试传输，若以太网节点重传并且没有表明数据包再次产生冲突则认为传输成功。

信息卡

Token Ring 和 Token Bus

（1）Token Ring 令牌环网（Token Ring）是一种 LAN 协议，定义在 IEEE 802.5 中，其中所有的工作站都连接到一个环上，每个工作站只能同直接相邻的工作站传输数据。通过围绕环的令牌信息授予工作站传输权限。

令牌环上传输的一种专门的帧称为令牌，谁有令牌谁就有传输权限。如果环上的某个工作站收到令牌并且有信息发送，它就改变令牌中的一位（该操作将令牌变成一个帧开始序列），添加要传输的信息，然后将整个信息发往环中的下一工作站。当这个信息帧在环上传输时，网络中没有令牌，这就意味着其他工作站想传输数据就必须等待。因此令牌环网络中不会发生传输冲突。

信息帧沿着环传输直到它到达目的地，目的地创建一个副本以便进一步处理。信息帧继续沿着环传输直至发送站时便可以被删除。发送站可以通过检验返回帧以查看帧是否被接收站收到并且复制。

与以太网 CSMA/CD 网络不同，令牌传递网络具有确定性，这意味着任意终端站能够在传输之前计算出最大等待时间。该特征结合其他一些可靠性特征，使得令牌环网络适用于需要能够预测延迟的应用程序以及需要可靠的网络操作的情况。

（2）Token Bus 令牌总线（Token Bus）访问控制是在物理总线上建立一个逻辑环。从物理连接上来看，它是总线结构的局域网，但在逻辑上，它是环形拓扑结构。连接到总线上的所有节点组成一个逻辑环，每个节点被赋予一个顺序的逻辑位置。和令牌环一样，节点只有取到令牌才能发送帧，令牌在逻辑环上依次传递。在正常运行时，当某个节点发送完数据后，就要将令牌传送给下一个节点。

从逻辑上来看，令牌从一个节点传送到下一个节点，使节点能获取令牌发送数据；从物理上来看，节点是将数据广播到总线上，总线上所有的节点都可以监测数据，并对数据进行识别，但只有目的节点才可以接收处理数据。令牌总线访问控制也提供了对节点的优先级别服务。

令牌总线与令牌环有很多相似的特点，如适合于重负载的网络、数据传送时间固定以及适合实时性的数据传输。但网络管理较为复杂，网络必须有初始化的功能，以生成一个顺序访问的次序。另外，当网络中的令牌丢失，则会出现多个令牌将新节点加入到环中以及从环中删除不工作的节点等，这些附加功能又大大增加了令牌总线访问控制的复杂性。

子任务2 共享式网络

共享式以太网虽然具有搭建方法简单、实施成本低、适合于小型网络等优点，但存在着明显的缺点：如果网络中的用户较多时，碰撞的概率将会大大增加。据实际经验，当网络的10min平均利用率超过37%时，整个网络的性能将会急剧下降。因此，依据实际的工程经验，采用100Mbit/s集线器的站点不宜超过30台，否则很可能会导致网络速度非常缓慢。

出现这种现象的原因主要在于共享式以太网的中心控制设备中继器和集线器。

1. 中继器和集线器

（1）中继器　中继器（Repeater）是最简单的网络互联设备之一，主要完成物理层的功能，负责在两个节点的物理层上按位传递信息，完成信号的复制、调整和放大功能，以此来延长网络的长度。由于存在损耗，在线路上传输的信号功率会逐渐衰减，衰减到一定程度时将造成信号失真，从而导致接收错误。中继器就是为解决这一问题而设计的，可以完成物理线路的连接，对衰减的信号进行放大，保持与原数据相同。一般情况下，中继器的两端连接的是相同的介质，但有的中继器也可以完成不同介质的转接工作。从理论上来讲，中继器的使用是无限的，网络也因此可以无限延长。但是事实上，由于网络标准中对信号的延迟范围作了具体的规定，中继器只能在此规定范围内进行有效的工作，否则会引起网络故障。

中继器的主要优点是安装简便、使用方便、价格便宜。

（2）集线器　集线器（Hub）同样属于最简单的网络互联设备，与中继器一样属于物理层设备，但集线器能够提供更多的端口服务，所以集线器又叫多口中继器，如图4-7所示。集线器具有以下工作特点：

图4-7　集线器

1）Hub只是一个多端口的信号放大设备，当一个端口接收到数据信号时，由于信号在从源端口到Hub的传输过程中已有了衰减，所以Hub便将该信号进行整形放大，使被衰减的信号再生（恢复）到发送时的状态，紧接着转发到其他所有处于工作状态的端口上。从Hub的工作方式可以看出，它在网络中只起到信号放大和重发作用，其目的是扩大网络的传输范围，而不具备信号的定向传送能力，是一个标准的共享式设备。

2）Hub仅仅与它的上层设备（如上层Hub、交换机或服务器）进行通信，同层的各端口之间不会直接进行通信，而是通过上层设备将信息广播到所有端口。由此可见，即使是在同一个Hub的两个不同端口之间进行通信，都必须要经过两步操作：第一步是将信息上传到上层设备；第二步是上层设备将该信息广播到所有端口。

2. 共享式网络的特点

（1）带宽共享　在局域网中，数据都是以帧的形式传输的。共享式以太网是基于广播的方式来发送数据，因为集线器不能识别帧，所以它就不知道一个端口收到的帧应该转发到哪个端口，只好把帧发送到除源端口以外的所有端口，这样才能保证网络上所有的主机都可以收到该帧。但由此造成了只要网络上有一台主机在发送帧，所有其他的主机都只能处于接收状态，无法发送数据。也就是说，在任一时刻，所有的带宽只分配给正在传送数据的那台主机。举例来说，虽然一台100Mbit/s的集线器连接了20台主机，表面上看起来每台主机平均分配5Mbit/s带宽，但是实际上在任一时刻只能有一台主机在发送数据，其他主机只能处于等待状态。之所以说每台主机平均分配有5Mbit/s带宽，是指较长一段时间内的各主机获得的平均带宽，而不是任一时刻主机都有 5Mbit/s 带宽。

（2）带宽竞争　共享式以太网是一种基于竞争的网络技术，也就是说网络中的主机将会尽其所能地"抢占"网络发送数据。因为某时只能有一台主机发送数据，所以相互之间就产生了竞争。这就好像千军万马过独木桥一样，谁能抢占先机，谁就能过去，否则就只能等待。

（3）冲突检测/避免机制　在基于竞争的以太网中，只要网络空闲，任一主机均可发送数据。当两个主机发现网络空闲而同时发出数据时，就会产生冲突（Collision），也称为碰撞，这时两个传送操作都遭到破坏，此时 CSMA/CD 机制将会让其中的一台主机发出一个"通道拥挤"信号，这个信号将使冲突时间延长至该局域网上所有主机均能检测到此碰撞。然后，两台发生冲突的主机都将随机等待一段时间后再次尝试发送数据，避免再次发生数据碰撞的情况。

子任务3　交换式网络

早期的以太网是以 CSMA/CD 广播竞争传输为机制的，多个工作站连在一条总线上，所有的工作站都不断监听总线上的信号。但在某一时刻，只能有一个工作站的信号在总线上传输，而其他工作站必须等待其传输结束后再开始自己的传输。冲突检测的方法保证了某一个时刻只能有一个工作站的信号在总线上传输。虽然后来的快速以太网引入星形网络结构，但其仍然遵守 CSMA/CD 广播竞争传输机制。

以广播传输为核心的以太网存在很多缺陷，主要表现在以下几点。

1）多台主机同时试图发送数据时，会使网络冲突严重，导致网络利用率大大降低。

2）某台主机发送的广播报文，会被网络中的所有主机接收；在广播报文较多的情况下，网络性能受到严重的影响，广播风暴更会使网络瘫痪。

3）以太网所采用的 CSMA/CD 技术，将通信因冲突而产生的浪费缩减到最小，但不能保证网络高负荷时的传输效率。

如何提高网络的速度，减少由于广播带来的冲突而引起的网络速度下降，是必须解决的问题。为此，交换式网络技术应运而生。

20 世纪 90 年代初，随着计算机性能的提高及通信量的骤增，传统局域网已经逐渐超出了自身的负荷，交换式以太网技术应运而生，大大提高了局域网的性能。交换式的网络采用了更加智能的交换式网络设备，能基于目标 MAC 地址做出转发决定。

交换式的网络会对它所接收到的所有帧进行检查，读取帧的源 MAC 地址后，便做出一个假定：如果检测到一个来自某端口上的帧，那么发送这个帧的工作站就连接在该端口上，从而能够减少网络冲突、扩展网络带宽、分割冲突域，使得网络冲突被限制在最小范围内。目前在交换式网络中使用最广泛的设备是网桥和以太网交换机。

与基于中继器和集线器的共享介质局域网拓扑结构相比，交换式的网络能显著地增加带宽。交换技术的加入可以建立地理位置相对分散的网络，使交换式局域网设备的每个端口可平行、安全、同时地互相传输信息，而且大大提高了局域网的扩充能力。

1. 网桥

网桥（Bridge）是最早应用到交换式局域网的设备，是一种存储转发设备，用来连接相似的局域网。典型的网桥具有两个端口。从协议层次来看，网桥是在逻辑链路层对数据帧进行存储转发的设备。

网桥的基本特征如下：

① 能够在数据链路层上实现局域网互联；

② 能够连接两个采用不同数据链路层协议、不同传输介质与不同传输速率的网络；

③ 能够以接收、存储、地址过滤与转发的方式实现互联的网络之间的通信；

④ 可以分隔两个网络之间的广播通信量，有利于改善互联网络的性能与安全性。

2. 交换机

目前应用最广泛的24口以太网交换机如图4-8所示。

（1）主要功能　以太网交换机（Switch）工作在 OSI 模型中的第2层，类似于一台专用的特殊计算机，主要包括 CPU、RAM 和操作系统。它利用专门设计的芯片 ASIC（Application Specific Integrated Circuits）使交换机以线路速率在所有的端口并行进行转发，因此，它比同在第2层利用软件进行转发的网桥的速度快得多。

图4-8　以太网交换机

以太网交换机的主要功能：

1）隔离各网段内的通信。网段是指通过类似以太网交换机这样的设备将网络划分成更小的单元，每个网段都使用 CSMA/CD 访问方法来实现网段内多个用户之间的通信。这种分段使得不同网段上的多个用户能同时发送信息，而不会降低网络性能。

2）通过建立更小的冲突域为每个用户提供更高的带宽。以太网交换机基于第2层 MAC 地址将数据报文定向发送到适当的一个或多个端口，以实现对通信的过滤。通过建立更小的冲突域，以太网交换机可以保证每个用户拥有更高的带宽。

（2）工作原理　以太网交换机属于数据链路层设备，可以识别数据包中的 MAC 地址信息，然后根据 MAC 地址进行转发，并将这些 MAC 地址与对应的端口记录在自己内部的一个地址表中。

具体的工作流程如下：

① 当交换机从某个端口收到一个数据包时，它先读取包头中的源 MAC 地址，这样它就知道源 MAC 地址的机器是连在哪个端口上的；

② 接着读取包头中的目的 MAC 地址，并在地址表中查找相应的端口；

③ 如表中有与目的 MAC 地址对应的端口，则把数据包直接复制到这端口上；

④ 如表中找不到相应的端口，则把数据包广播到所有端口上，当目的机器对源机器回应时，交换机又可以学习目的 MAC 地址与哪个端口对应，在下次传送数据时就不再需要对所有端口进行广播了。

不断地循环这个过程，对于全网的 MAC 地址信息都可以学习到。交换机就是这样建立和维护它自己的地址表。下面举例说明这个过程。当交换机被初始化时，其 MAC 地址表是空的，如图4-9所示。此时如果有数据帧到来，交换机就向除了源端口之外的所有端口转发。

假设主机 A 给主机 C 发送数据。交换机从 F0/1 端口接到了这个数据帧之后，就查找其 MAC 地址表。由于 MAC 地址表为空，则向除了 F0/1 以外的所有端口转发该帧。同时，交换机就会学习到主机 A 的 MAC 地址 0010:7A60:1111 与端口 F0/1 相对应，于是这个记录就被记录到 MAC 地址表中，如图4-10所示。

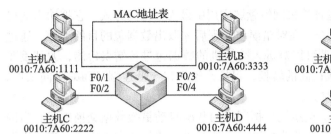

图 4-9　MAC 地址表自学习过程 1

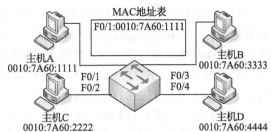

图 4-10　MAC 地址表自学习过程 2

当主机 C 响应主机 A 的时候，交换机会把 C 的 MAC 地址当作源地址，从而学习到主机 C 的 MAC 地址 0010:7A60:2222 与端口 F0/2 对应，同样，这个记录就被记录到 MAC 地址表中，如图 4-11 所示。

现在假设主机 B 给主机 A 发送数据。同理，交换机添加主机 B 的 MAC 地址到地址表中。不过，此时的交换机并不向所有端口转发该数据帧，因为交换机知道主机 A 的位置，所以交换机只向端口 F0/1 发送数据。经过不断循环这样一个学习过程，直到连接到交换机的所有主机的 MAC 地址表最终建立完毕，如图 4-12 所示。此时如果有数据帧到来，交换机就会根据 MAC 地址表中相应的条目进行转发。

图 4-11　MAC 地址表自学习过程 3　　　　图 4-12　MAC 地址表自学习过程 4

综上所述，从以太网交换机的工作原理还可以总结出以下两点：

第一，由于交换机对多数端口的数据进行同时交换，这就要求其具有很宽的交换总线带宽，如果交换机有 N 个端口，每个端口的带宽是 M，交换机总线带宽超过 N×M，那么该交换机就可以实现线速交换。例如，一个带有 2 个 1000MHz 输入/输出接口的 24 口快速以太网交换机，背板带宽为 24×100×2（全双工）MHz ＋ 1000×2×2（全双工）MHz ＝ 8.8GHz，所以这台交换机只要背板带宽超过 8.8GHz，就能够实现端口百兆线速交换。

第二，学习端口连接的主机的 MAC 地址信息写入地址表。地址表的大小会影响交换机的接入容量。

（3）主要工作方式

1）直通方式。直通方式的以太网交换机可以理解为在各端口之间是纵横交叉的线路矩阵电话交换机。它在输入端口检测到一个数据包时，检查该包的包头，获取目的地址，启动内部的动态查找表转换成相应的输出端口，在输入与输出交叉处接通，把数据包直通到相应的端口，实现交换功能。其优点是由于不需要存储，延迟（Latency）非常小、交换非常快。其缺点是因为数据包的内容并没有被以太网交换机保存下来，所以无法检查所传送的数据包是否有误，不能提供错误检测功能；由于没有缓存，不能将具有不同速率的输入/输出端口直接接通，而且，当以太网络交换机的端口增加时，交换矩阵变得越来越复杂，实现起来相当困难。

2）存储转发方式。存储转发方式是计算机网络领域应用中最为广泛的方式，它把输入端口的数据包先存储起来，然后进行 CRC 检查，在对错误包处理后才取出数据包的目的地址，通过查找表转换成输出端口送出包。其优点是可以对进入交换机的数据包进行错误检测，尤其重要的是它可以支持不同速度的输入/输出端口间的转换，保持高速端口与低速端口间的协同工作。其缺点是存储转发方式在数据处理时延时大。

3）自适应（直通/存储转发）方式。交换机根据网络的状况自动更换数据交换方式。当网络性能好时，单位时间内出错的帧的概率小于某个阈值，采用"直通"的交换方式；当网络性能差时，单位时间内出错的帧的概率大于某个阈值，采用"存储转发"的交换方式。其特点是可以提高交换机的数据交换速率。

（4）第3层交换技术　局域网交换机工作在 OSI 第2层，可以理解为一个多端口网桥，因此传统上称为第2层交换。目前，交换技术已经延伸到 OSI 第3层的部分功能，即所谓的3层交换，3层交换可以不将广播封包扩散，直接利用动态建立的 MAC 地址来通信，可以识别3层的信息，如 IP 地址、ARP 等，具有多路广播和虚拟网间基于 IP、IPX 等协议的路由功能，这方面功能的顺利实现得力于专用集成电路（ASIC）的加入，把传统的由软件处理的指令改为 ASIC芯片的嵌入式指令，从而加速了对包的转发和过滤，使得高速下的线性路由和服务质量都有了可靠的保证。目前，如果没有使用广域网的需要，建网方案中一般不再使用价格昂贵、带宽有限的路由器，而是采用具有3层交换功能的交换机。

3. 交换式以太网的优点

1）交换式以太网不需要改变网络其他硬件，包括电缆和用户的网卡，仅需要用交换式交换机改变共享式 Hub。

2）可在高速与低速网络之间转换，实现不同网络的协同。目前大多数交换式以太网都具有100Mbit/s 的端口，通过与之相对应的 100Mbit/s 的网卡接入到服务器上，暂时解决了 10Mbit/s的瓶颈，成为网络局域网升级时首选的方案。

3）同时提供多个通道，比传统的共享式集线器提供更大的带宽，传统的共享式以太网（速率为 10Mbit/s～100Mbit/s）采用广播式通信方式，每次只能在一对用户间进行通信，如果发生碰撞还得重试，而交换式以太网允许不同用户间进行传送，如一个16端口的以太网交换机允许16个站点在8条链路间通信。

4）在时间响应方面的优点使得局域网交换机备受青睐。它以比路由器低的成本提供了比路由器高的带宽和速度，除非有使用广域网（WAN）的要求，否则，交换机有替代路由器的趋势。

知识点详解

1. 以太网的发展简介

以太网技术起源于一个实验网络，该实验网络的目的是把几台个人计算机以 2.94Mbit/s 的速率连接起来。由于该实验网络的成功建立和突出表现引起了 DEC、Intel、Xerox 公司的注意，这3家公司借助该实验网络的经验最终在 1980 年发布了第一个以太网协议标准建议书。该建议书的核心思想是在一个 10Mbit/s 的共享物理介质上把最多 1024 个计算机和其他数字设备进行连接，这些设备之间的距离最大为 2.5km。之后，以太网技术在 1980 年建议书的基础上逐渐成熟和完善，并占据了局域网的主导地位。其发展过程大致经过以下阶段。

（1）以太网的产生 1973 年，位于加利福尼亚 Palo Alto 的 Xerox 公司提出并实现了最初的以太网。Robert Metcalfe 研制的实验室原型系统运行速度是 2.94Mbit/s，被公认为以太网之父。这个实验性以太网（在 Xerox 公司中被称为 "X-Wire"）用在了 Xerox 公司早期的一些产品中，包括世界上第一台配备网络功能、带有图形用户接口的个人工作站——Xerox Alto。Xerox 没能成功地将 Alto 或 3Mbit/s 以太网商品化。这两项实验性技术几乎完全保留在 Xerox 公司内部，没有向外部传播。

（2）10Mbit/s 以太网 1979 年，Xerox 与 DEC 公司联合起来，致力于以太网技术的标准化和商品化，并促进该项技术在网络产品中的应用。这是一个很理想的组合：Xerox 拥有专利和技术，而 DEC 是当时最大的网络计算机供应商。为了确保能容易地将商品化以太网集成到廉价芯片中，在 Xerox 的要求下，Intel 公司也加入了这个联盟，负责提供这方面的指导。由它们组成的 DEC-Intel-Xerox（DIX）在 1980 年 9 月开发并发布了 10Mbit/s 版的基于粗同轴电缆的以太网标准（10Base-5）。

1983 年 6 月，IEEE 标准委员会通过了第一个 802.3 标准。这个标准与 DIX 以太网标准相比，除了在一些不太重要的方面有所差别外，基本上使用的是相同的技术。实际上，两项标准文本的许多内容是相同的。

在 20 世纪 80 年代随后的几年中，随着以太网市场的扩大，在这项基本标准中又增加了一系列中继器规范并可支持多种物理介质，即适用于廉价桌面设备的基于细同轴电缆的以太网标准（10Base-2）以及用于建筑物之间连接的基于光纤的以太网标准（10Base-F）等。

随着非屏蔽双绞线结构化布线系统的广泛使用，大多数以太网系统的基础结构发生了变化。在 20 世纪 80 年代期间，多数以太网都采用物理总线拓扑结构，使用粗或细的同轴电缆。这种模式与采用星形拓扑结构的结构化布线是不兼容的。SynOptics Communications 公司意识到这是一个机遇，便开发了在双绞线上传输 10Mbit/s 以太网信息的技术。该公司的一些发起人来自于最初开发以太网的 Xerox Palo Alto 研究中心，其产品 LattisNet 在商业上获得了成功，使这项技术走向了标准化。IEEE 于 1990 年 9 月通过了使用双绞线介质的以太网标准（10Base-T），该标准很快成为办公自动化应用中首选的以太网技术。10Mbit/s 以太网传输介质标准见表 4-2。

表 4-2 10Mbit/s 以太网传输介质标准

标　　准	传 输 介 质	最大传输距离
10Base-5	粗同轴电缆	500m
10Base-2	细同轴电缆	185m
10Base-F	光纤	单模：40km 多模：2km
10Base-T	双绞线	100m

（3）100Mbit/s 快速以太网 1991～1992 年间，Grand Junction 网络公司开发了一种快速以太网，这种网的基本特征如帧格式、软件接口、访问控制方法等，与以往的以太网相同，但是其运行速度达到 100Mbit/s。这是一个巨大的成功，并且孕育了另一项工业标准。随后提出的快速以太网标准促使一批高容量以太网产品的诞生。这是在 DIX 规范提出后的 15 年中，以太网数据传输速率的第一次提升。

1995 年，IEEE 将快速以太网标准定义为 IEEE 802.3u，可支持 100Mbit/s 的数据传输速率，并且支持共享式与交换式两种使用环境，在交换式以太网环境中可以实现全双工通信。IEEE 802.3u 在 MAC 子层仍采用 CSMA/CD 作为介质访问控制协议，并保留了 IEEE 802.3 的帧格式。从技术角度上讲，IEEE 802.3u 并不是一种新的标准，只是对现存 IEEE 802.3 标准中定义的物理层标准作了必要的调整，IEEE 802.3u 标准在物理层和 MAC 子层之间加入了 MII（Media Independent Interface，介质独立性接口），使物理层在实现 100Mbit/s 速率时所使用的传输介质和编码方式的变化不会影响到 MAC 子层，如图 4-13 所示。快速以太网传输介质标准见表 4-3。

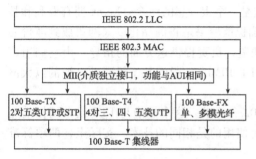

图 4-13 快速以太网协议结构

表 4-3 快速以太网传输介质标准

标　　准	传 输 介 质	最大传输距离
100Base-TX	双绞线	100m
100Base-T4	双绞线	100m
100Base-FX	光纤	单模：40km 多模：2~4km

（4）1Gbit/s 以太网　1998 年完成并通过了千兆以太网标准 IEEE 802.3z。IEEE 802.3z 依然采用了以太网帧格式、介质访问控制方式和组网方法。为了解决传输介质和编码的问题，1Gbit/s 以太网同样采用了与 100Mbit/s 以太网相同的解决方法，定义了千兆介质专用接口 GMII，将 MAC 子层和物理层分开，如图 4-14 所示。千兆以太网传输介质标准见表 4-4。

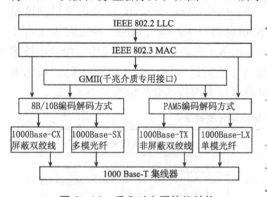

图 4-14 千兆以太网协议结构

表 4-4 千兆以太网传输介质标准

标　　准	传 输 介 质	最大传输距离
1000Base-CX	屏蔽双绞线	25m
1000Base-TX	五类非屏蔽双绞线	100m
1000Base-LX	单模光纤	3km
1000Base-SX	多模光纤	300~550m

（5）10Gbit/s 以太网　2006 年 6 月，10Gbit/s 以太网标准 IEEE 802.3ae 发布，以太网的势头又一次得到了增强。确定万兆以太网的目的是将 IEEE 802.3 协议扩展到 10Gbit/s 的工作速度，万兆以太网不再使用双绞线，而是使用光纤为传输介质，同时万兆以太网只支持全双工工作方式，以此不存在介质争用的问题。

2. 以太网的帧结构

介质访问控制子层的功能是以太网核心技术，它决定了以太网的主要网络性能。下面了解一下以太网的帧结构，其帧结构见表 4-5。

表 4-5 以太网帧结构

前导码	帧首定界符 (SFD)	目的地址 (DA)	源地址 (SA)	长度 (L)	逻辑链路层协议数据单元 (LLCPDU)	正检验序列 (FCS)
7B	1B	6B	6B	2B	46~1500B	4B

（1）前导码　它包括了 7B 的二进制"1""0"间隔的代码，即 1010…10 共 56 位。当帧在媒介上传输时，接收方就能建立起同步，因为在使用曼彻斯特编码情况下，这种"1""0"间隔的传输波形为一个周期性方波。

（2）帧首定界符（SFD）　它是长度为 1B 的 10101011 二进制序列，此码表示一帧实际开始，以使接收器对实际帧的第一位进行定位。也就是说，实际帧是由余下的 DA + SA + L + LLCPDU + FCS 组成。

（3）目的地址（DA）　它说明了帧企图发往目的站的地址，共 6B，可以是单址（代表单个站）、多址（代表一组站）或全地址（代表局域网上的所有站）。当目的地址出现多址时，即代表该帧被一组站同时接收，称为组播（Multicast）；当目的地址出现全地址时，即表示该帧被局域网上所有站同时接收，称为广播（Broadcast）。通常以 DA 的最高位来判断地址的类型，若最高位为"0"则表示单址，为"1"则表示多址或全地址，全地址时 DA 字段为全"1"的代码。

（4）源地址（SA）　它说明发送该帧站的地址，与 DA 一样占 6B。

信息卡

目的地址和源地址均指 MAC 地址，也叫物理地址或硬件地址，由网络设备制造商生产时写在硬件内部。IP 地址与 MAC 地址在计算机里都是以二进制表示的，IP 地址是 32 位，而 MAC 地址则是 48 位。MAC 地址的长度为 48 位（6B），通常表示为 12 个十六进制数，每两个十六进制数之间用冒号隔开，如 08:00:20:0A:8C:6D 就是一个 MAC 地址，其中前 6 位十六进制数 08:00:20 代表网络硬件制造商的编号，它由 IEEE 分配，而后 3 位十六进制数 0A:8C:6D 代表该制造商所制造的某个网络产品（如网卡）的系列号。MAC 地址具有世界唯一性。

（5）长度（L）　它共占两个字节，表示 LLCPDU 的字节数。

（6）数据链路层协议数据单元（LLCPDU）　它的范围是 46~1500B。最小 LLCPDU 长度为 46B 是一个限制，目的是要求局域网上所有的站点都能检测到该帧，即保证网络工作正常。如果 LLCPDU 小于 46B，则发送站的 MAC 子层会自动填充"0"代码补齐。

（7）帧检验序列（FCS）　它处在帧尾，共占 4B，是 32 位冗余检验码（CRC），检验除前导码、SFD 和 FCS 以外的内容，即从 DA 开始至数据单元完毕的 CRC 检验结果都反映在 FCS 中。当发送站发出帧时，一边发送，一边逐位进行 CRC 检验。最后形成一个 32 位 CRC 填在帧尾 FCS 位置一起在媒体上传输。接收站接收后，从 DA 开始同样边接收边逐位进行 CRC 检验。最后接收站形成的检验和若与帧的检验和相同，则表示媒体上该传输帧未被破坏。反之，接收站认为帧被破坏，则会通过一定的机制要求发送站重发该帧。

那么一个帧的长度为 DA + SA + L + LLCPDU + FCS = 6B + 6B + 2B + (46~1500)B + 4B = 64~1518B。即当 LLCPDU 为 46B 时，帧最小，帧长为 64B；当 LLCPDU 为 1500B 时，帧最大，帧长为 1518B。

3. 广播域与冲突域

网络互联设备可以将网络划分为不同的冲突域、广播域。但是，由于不同的网络互联设备可能工作在 OSI 模型的不同层次上。因此，它们划分冲突域、广播域的效果也就各不相同。例如，中继器工作在物理层，网桥和交换机工作在数据链路层，路由器工作在网络层，而网关工作在 OSI 模型的上三层。每一层的网络互联设备要根据不同层次的特点完成各自不同的任务。

下面讨论常见的网络互联设备的工作原理及其在划分冲突域、广播域时的特点。

（1）传统以太网操作 传统共享式以太网的典型代表是总线型以太网。在这种类型的以太网中，通信信道只有一个，采用介质共享（介质争用）的访问方法。每个站点在发送数据之前首先要监听网络是否空闲，如果空闲就发送数据，否则继续监听直到网络空闲。如果两个站点同时检测到介质空闲并同时发送出一帧数据，则会导致数据帧的冲突，双方的数据帧均被破坏。这时，两个站点将采用"二进制指数退避"的方法各自等待一段随机的时间再进行监听、发送。

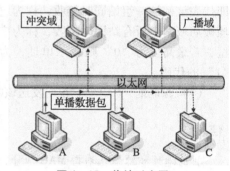

图 4-15 传统以太网

如图 4-15 所示，主机 A 只是想要发送一个单播数据包给主机 B。但由于传统共享式以太网的广播性质，接入到总线上的所有主机都将收到此单播数据包。同时，如果任何第二方，包括主机 B 也要发送数据到总线上都将发生冲突，导致双方数据均发送失败。通常称连接在总线上的所有主机共同构成了一个冲突域。

当主机 A 发送一个目标是所有主机的广播类型数据包时，总线上的所有主机都要接收该广播数据包，并检查广播数据包的内容，如果需要的话则进一步处理。通常称连接在总线上的所有主机共同构成了一个广播域。

（2）中继器 中继器（Repeater）作为一个实际产品出现主要有两个原因：第一，扩展网络距离，将衰减信号再生；第二，实现粗同轴电缆以太网和细同轴电缆以太网的互相连接。

通过中继器虽然可以延长信号传输的距离、实现两个网段的连接，但并没有增加网络的可用带宽。如图 4-16 所示，网段 1 和网段 2 经过中继器连接后构成了一个单个的冲突域和广播域。

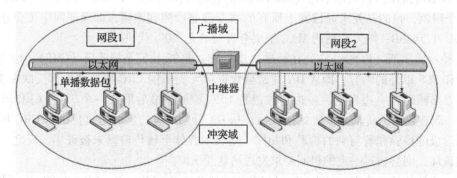

图 4-16 中继器连接的网络

（3）集线器 集线器（Hub）实际上相当于多端口的中继器。集线器通常有 8 个、16 个或 24 个等端口。

集线器同样可以延长网络的通信距离或连接物理结构不同的网络，但主要还是作为一个主机站点的汇聚点，将连接在集线器各个端口上的主机联系起来从而实现互相通信。

如图 4-17 所示，所有主机都连接到中心节点的集线器上构成一个物理上的星形连接。但实际上，在集线器内部，各端口都是通过背板总线连接在一起的，在逻辑上仍构成一个共享的总线。因此，集线器和其端口所接的主机共同构成了一个冲突域和一个广播域。

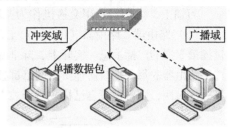

图 4-17　集线器连接的网络

（4）网桥　网桥（Bridge）又称为桥接器。和中继器类似，传统的网桥只有两个端口，用于连接不同的网段。和中继器不同的是，网桥具有一定的"智能"性，可以"学习"网络上主机的地址，同时具有信号过滤的功能。

如图 4-18 所示，网段 1 的主机 A 发给主机 B 的数据包不会被网桥转发到网段 2。因为，网桥可以识别这是网段 1 内部的通信数据流。同样，网段 2 的主机 X 发给主机 Y 的数据包也不会被网桥转发到网段 1。可见，网桥可以将一个冲突域分割为两个。其中，每个冲突域共享自己的总线信道带宽。

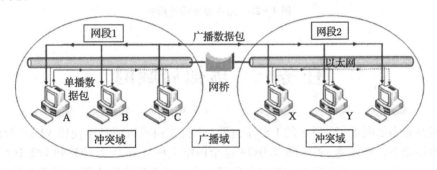

图 4-18　网桥连接的网络

但是，如果主机 C 发送了一个目标是所有主机的广播类型数据包时，网桥要转发这样的数据包，网桥两侧的两个网段总线上的所有主机都要接收该广播数据包。因此，网段 1 和网段 2 仍属于同一个广播域。

（5）交换机　交换机（Switch）也被称为交换式集线器。它的出现是为了解决连接在集线器上的所有主机共享可用带宽的缺陷。

交换机是通过为需要通信的两台主机直接建立专用的通信信道来增加可用带宽的。从这个角度上来讲，交换机相当于多端口网桥。

如图 4-19 所示，交换机为主机 A 和主机 B 建立一条专用的信道，也为主机 C 和主机 D 建立一条专用的信道。只有当某个接口直接连接了一个集线器，而集线器又连接了多台主机时，交换机上的该接口和集线器上所连的所有主机才可能产生冲突，形成冲突域。换句话说，交换机上的每个接口都是自己的一个冲突域。

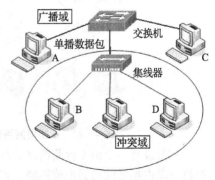

图 4-19　交换机连接的网络

但是，交换机同样没有过滤广播通信的功能。如果交换机收到一个广播数据包后，它会向其所有的端口转发此广播数据包。因此，交换机和其所有接口所连接的主机共同构成了一个广播域。

习惯上，人们将使用交换机作为互联设备的局域网称为交换式局域网。

（6）路由器　路由器（Router）工作在网络层，可以识别网络层的地址——IP地址，有能力过滤第3层的广播消息。实际上，除非做特殊配置，否则路由器从不转发广播类型的数据包。因此，路由器的每个端口所连接的网络都独自构成一个广播域。如图4-20所示，如果各网段都是共享式局域网，则各网段自己构成一个独立的冲突域。路由器的知识将在后面进行详细介绍。

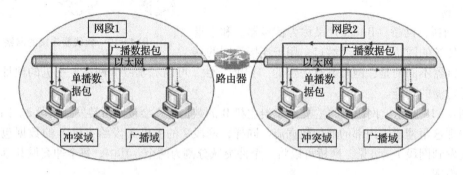

图4-20　路由器连接的网络

任务三　虚拟局域网

某局域网是由如图4-21所示的1台路由器、2台交换机构成且不使用VLAN构建的网络。由于内部网络调整，现在将192.168.1.0/24这个网络上的计算机A转移到192.168.2.0/24上去，如图4-22所示。在不使用VLAN技术的情况下需要改变物理连接，即将A接到右侧的交换机上。并且，当需要新增一个地址为192.168.3.0/24的网络时，还要在路由器上再占用一个LAN接口并添置一台交换机。而由于这台路由器上只带了2个LAN接口，因此为了新增网络还必须将路由器升级为带有3个以上LAN接口的路由器。

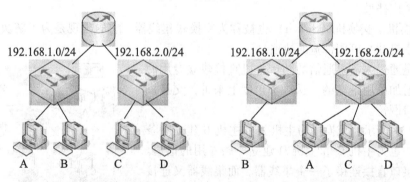

图4-21　调整前网络结构图　　图4-22　调整后网络结构图

现假设有一个由1台路由器、2台交换机构成且使用VLAN的局域网。交换机与交换机、交换机与路由器之间均为汇聚链路，仍然如图4-21所示。现将连接在192.168.1.0/24这个网段的计算机A转属192.168.2.0/24时，无须更改物理布线。只要在交换机上重新划分VLAN，然后将计算机 A 所连的端口加入到 192.168.2.0/24VLAN 中去，然后根据需要设定计算机 A 的 IP 地址、默认网关等信息就可以了。如果 IP 地址的相关设定是由 DHCP 获取的，那么在客户机方面无须进行任何设定修改，就可以在不同网段间移动。

　　利用 VLAN 后，用户可以在免于改动任何物理布线的前提下，自由进行网络的逻辑设计。如果所处的工作环境恰恰需要经常改变网络布局，那么利用 VLAN 的优势就非常明显了。并且，当需要新增一个地址为 192.168.3.0/24 的网段时，也只需要在交换机上新建一个对应的 VLAN，并将所需的端口加入它的访问链路就可以了。如果网络环境中还需要利用外部路由器，则只要在路由器的汇聚端口上新增一个子接口的设定就可以完成全部操作，而不需要消耗更多的物理接口（LAN 接口）。

　　网络环境的成长，往往是难以预测的，很可能经常会出现需要分割现有网络或是增加新网络的情况。VLAN 技术的出现，可以轻易地解决这些问题。

1. 虚拟局域网的概念

　　虚拟局域网（Virtual Local Area Network，VLAN）是指网络中的站点不拘泥于所处的物理位置，而可以根据需要灵活地加入不同逻辑子网中的一种网络技术。

　　基于交换式以太网的虚拟局域网在交换式以太网中，利用 VLAN 技术，可以将由交换机连接成的物理网络划分成多个逻辑子网。也就是说，一个虚拟局域网中站点所发送的广播数据包将仅转发至属于同一 VLAN 的站点。

　　在交换式以太网中，各站点可以分别属于不同的虚拟局域网。构成虚拟局域网的站点不拘泥于所处的物理位置，它们既可以挂接在同一个交换机中，也可以挂接在不同的交换机上。虚拟局域网技术使得网络的拓扑结构变得非常灵活，如位于不同楼层的用户或者不同部门的用户可以根据需要加入不同的虚拟局域网。

2. 虚拟局域网的优点

　　（1）提高网络的性能　对于大型网络，现在常用的 Windows NetBEUI 是广播协议，当网络规模很大时，网上的广播信息会很多，使网络性能恶化，甚至形成广播风暴，引起网络堵塞。通过划分很多虚拟局域网而减少整个网络范围内广播数据包的传输则很容易解决以上问题，因为广播信息是不会跨过 VLAN 的，可以把广播限制在各个虚拟网的范围内，即缩小了广播域，提高了网络的传输效率，从而提高网络性能。

　　（2）提高网络的安全性　因为各虚拟网之间不能直接进行通信，而必须通过路由器转发，这样为高级别的安全控制提供了可能，增强了网络的安全性。在大规模的网络，如大的集团公司有财务部、采购部和客户部等，它们之间的数据是保密的，相互之间只能提供接口数据。用户可以通过划分虚拟局域网对不同部门进行隔离。

　　（3）便于集中化的管理控制　同一部门的人员分散在不同的物理地点，如集团公司的财务部在各子公司均有分部，但都属于财务部管理，虽然这些数据都是要保密的，但需统一结算时，就可以跨地域（也就是跨交换机）将其设在同一虚拟局域网之中，即可实现数据安全和共享。

3. 虚拟局域网的组网原则

　　基于交换式的以太网要实现虚拟局域网主要有三种途径：基于端口的虚拟局域网、基于 MAC 地址（网卡的硬件地址）的虚拟局域网和基于 IP 地址的虚拟局域网。

（1）基于端口的虚拟局域网 基于端口的虚拟局域网是最实用的虚拟局域网，它保持了最普通常用的虚拟局域网成员定义方法，配置也相当直观简单，即局域网中的站点具有相同的网络地址，不同的虚拟局域网之间进行通信需要通过路由器。这种虚拟局域网的不足之处是灵活性不好。例如，当一个网络站点从一个端口移动到另外一个新的端口时，如果新端口与旧端口不属于同一个虚拟局域网，则用户必须对该站点重新进行网络地址配置，否则，该站点将无法进行网络通信。在基于端口的虚拟局域网中，每个交换端口可以属于一个或多个虚拟局域网组，比较适用于连接服务器。

（2）基于 MAC 地址的虚拟局域网 在基于 MAC 地址的虚拟局域网中，交换机对站点的 MAC 地址和交换机端口进行跟踪，在新站点入网时根据需要将其划分至某一个虚拟局域网，而无论该站点在网络中怎样移动，由于其 MAC 地址保持不变，因此用户不需要进行网络地址的重新配置。这种虚拟局域网技术的不足之处是站点入网时需要对交换机进行比较复杂的手工配置，以确定该站点属于哪一个虚拟局域网。

（3）基于 IP 地址的虚拟局域网 在基于 IP 地址的虚拟局域网中，新站点在入网时无须进行太多配置，交换机则根据各站点网络地址自动将其划分成不同的虚拟局域网。在三种虚拟局域网的实现技术中，基于 IP 地址的虚拟局域网智能化程度最高，实现起来也最复杂。

知识点详解

软件定义网络

软件定义网络（Software Defined Network，SDN）是由 Emulex 提出的一种新型网络创新架构，其核心技术 OpenFlow 通过将网络设备控制与数据分离开来，从而实现了网络流量的灵活控制，为核心网络及应用的创新提供了良好的平台。

由于传统网络设备（交换机、路由器）是由设备制造商锁定和控制，所以 SDN 希望将网络控制与物理网络拓扑分离，从而摆脱硬件对网络架构的限制。这样企业便可以像升级、安装软件一样对网络架构进行修改，满足企业对整个网站架构进行调整、扩容或升级的需求。而底层的交换机、路由器等硬件则无须替换，节省大量成本的同时，网络架构的迭代周期将大大缩短。

任务四　无线式局域网

无线网络（见图4-23）是利用无线电波而非线缆来实现计算机设备与网络进行数据传送的系统。它是一种灵巧的数据传输系统，是从有线网络系统自然延伸出来的技术，使用无线射频（Radio Frequency，RF）技术通过电波收发数据，减少使用线缆连接。无线技术正在改变着人们传统的工作、学习和生活方式，越来越多的人加入到无线网络的生活中。未来的发展使得用户不管是在办公室、家里、学校还是在旅途中，都需要始终同其他人保持联系，以获取所需的信息。

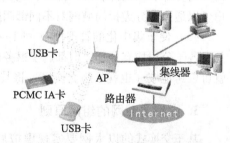

图4-23　无线局域网组网实例

1. 无线局域网的标准及发展简介

无线局域网产品最早在市场上出现大约是在 1990 年。IEEE 802.11 于 1997 年制定的无线局域网标准是无线网络技术发展的一个里程碑。802.11 标准除了集成无线局域网的优点及各种不同性能外，还使得各种不同厂商的无线产品能够相互连接。802.11 标准的颁布使得无线局域网在各种有移动要求的环境中被广泛接受，包括教育、医疗、仓库、电力等不同行业。802.11 标准在 1997 的版本中规定了无线局域网有 3 种物理层介质，两种采用射频技术，频带为 2400 ～ 2483.5MHz。根据各国的规定，另一种是基于光原理在物理层用红外光来传输，其中直接序列扩频（Direck Sequence Spread Spectrum，DSSS），在物理层提供 2Mbit/s 和 1Mbit/s 的传输跳频扩频（Frequency Hopping Spread Spectrum，FHSS）和红外光。在物理层提供 1Mbit/s 传输，可选 2Mbit/s 高传输速率，可同时支持更多的用户，因此许多用户选择 DSSS 局域网产品。

IEEE 802.11 无线局域网标准的特点如下所示。

（1）介质接入控制层功能　无线网络（Wireless Local Area Network，WLAN）可以无缝连接标准的以太网络。标准的无线网络使用的是介质控制信息，而有线网络则使用载体监听访问/冲突检测，使用两种不同的方法均是为了避免通信信号冲突。

（2）漫游功能　IEEE 802.11 无线网络标准允许无线网络用户在不同的无线网桥网段中使用相同的信道，或在不同的信道之间互相漫游，如 Lucent 的 WavePOINT II 无线网桥每隔 100ms 发射一个烽火信号，烽火信号包括同步时钟、网络传输拓扑结构图、传输速度指示及其他参数值，漫游用户利用该烽火信号来衡量网络信道的信号质量，如果信号质量不好，该用户会自动试图连接到其他新的网络接入点。

（3）自动速率选择功能　IEEE 802.11 无线网络标准能使移动用户（Mobile Client）设置在自动速率选择（Auto Rate Selection，ARS）模式下，ARS 功能会根据信号的质量及与网桥接入点的距离自动为每个传输路径选择最佳的传输速率，该功能还可以根据用户的不同应用环境设置成不同的固定应用速率。

（4）电源消耗管理功能　IEEE 802.11 还定义了 MAC 层的信令方式，通过电源管理软件的控制，使得移动用户能具有最长的电池寿命。电源管理在无数据传输时使网络处于休眠（低电源或断电）状态，这样就可能丢失数据包。为解决这一问题，IEEE 802.11 规定了无线访问接入点应具有在缓冲区储存信息，处于休眠的移动用户会定期醒来恢复该信息。

（5）保密功能　仅仅靠普通的直序列扩频编码调制技术不够可靠，如使用无线宽频扫描仪，其信息又容易被窃取。最新的 WLAN 标准采用了一种加载保密字节的方法，使得无线网络具有与有线以太网相同等级的保密性。此密码编码技术早期应用于美国军方无线电机密通信中，无线网络设备的另一端必须使用同样的密码编码方式才可以互相通信，当无线用户利用无线访问接入点连入有线网络时还必须通过接入点的安全认证。该技术不但可以防止空中窃听，而且也是无线网络认证有效移动用户的一种方法。

2. 无线局域网的组成

常见的无线局域网通常由以下三部分组成：

（1）无线访问点　无线访问点（Wireless Access Point，AP）也称为网络桥接器，如图 4-24 所示，其功能是连接传统的有线局域网络与无线局域网络，因此任何一台装有无线网卡的计算机均可通过 AP 去访问有线局域网络甚至广域网络的资源。除此之外，很多 AP 本身具有网管功能，可对接入无线网络的计算机进行必要的控制。

（2）无线网卡　无线网卡（Wireless LAN Card）如图 4-25 所示，与传统的以太网网卡的区别是前者是通过无线电波传送数据，而后者则是通过一般的网线。

图 4-24　无线访问点

图 4-25　USB 接口无线网卡

目前无线网卡的规格大致可分成 2MB、5MB、11MB、54MB、108MB 几种，其总线接口类型有 PCMCIA、USB、PCI 等几种。

（3）天线　与一般电视、GPS、手机等所用的天线（Antenna）不同，无线局域网的工作频率为 2.4GHz，与上述几种设备的频率不同。

天线的功能是将数据通过天线本身的特性传送到更远处，传送的距离与发射源的输出功率、天线本身的增益有关，增益值越高，传送距离越远。通常增益值每增加 8dB 则相对距离可增加原距离的一半。

天线有定向（Uni-direction）与全向（Omni-direction）两种，分别如图 4-26 和图 4-27 所示。前者较适合于远距离应用，而后者则较适合区域性应用。

图 4-26　室外定向天线

图 4-27　室外全向天线

3. 无线局域网的应用

无线局域网是计算机网络与无线通信技术相结合的产物。从专业角度来讲，无线局域网利用了无线多址信道的一种有效方法来支持计算机之间的通信，并为通信的移动化、个性化和多媒体应用提供了可能。通俗地说，无线局域网就是在不采用传统线缆的同时，提供以太网或者令牌网络的功能。

在同一建筑物之内，无线局域网使得计算、协作无论是在线还是移动状态下都能进行。只要在笔记本或平板电脑上安装 PC Card 适配器，用户就能够在办公室内自由移动而保持与网络的连接。将无线局域网技术应用到台式计算机系统，则具有传统局域网无法比拟的灵活性。桌面用户能够安放在线缆所无法到达的地方，台式机的位置能够随时随地进行变换。因此，无线局域网对于那些暂时性的工作小组或者快速发展的组织来说是最合适不过的。

无线局域网的通信范围不受环境条件的限制，网络的传输范围大大拓宽，最大传输范围可达到几十公里。在有线局域网中，在使用铜缆时两个站点的距离被限制在500m，即使采用单模光纤也只能达到3000m，而无线局域网中两个站点间的距离目前可达到50km，距离数公里建筑物中的网络可以集成为同一个局域网。

此外，无线局域网的抗干扰性强、网络保密性好。对于有线局域网中的诸多安全问题，在无线局域网中基本上可以避免。而且相对于有线网络，无线局域网的组建、配置和维护较为容易，一般计算机工作人员都可以胜任网络的管理工作。

上述特点使无线局域网可广泛应用于以下领域。

1）接入网络信息系统：电子邮件、文件传输和终端仿真。

2）难以布线的环境：旧建筑、布线昂贵的露天区域、城市建筑群、校园和工厂。

3）频繁变化的环境：频繁更换工作地点和改变位置的零售商、生产商，以及野外勘测、试验、军事、公安和银行等。

4）使用笔记本式计算机等可移动设备进行快速网络连接。

5）用于远距离信息的传输：在林区进行火灾、病虫害等信息的传输；公安交通管理部门进行交通管理等。

6）专门工程或高峰时间所需的暂时局域网：学校、商业展览、建设工地等人员流动较强的地方利用无线局域网进行信息交流；零售商、空运和航运公司高峰时间所需的额外工作站等。

7）流动工作者可得到信息的区域：需要在医院、零售商店或办公室区域流动时得到信息的医生、护士、零售商、白领工作者。

8）办公室和家庭办公室（Small Office and Home Office，SOHO）用户，以及需要方便快捷地安装小型网络的用户。

目前，无线局域网已经在教育、金融、旅馆以及零售业、制造业等各领域有了广泛的应用。

知识点详解

1. IEEE 802.11 无线局域网标准

1997年，IEEE 802.11标准的制定是无线局域网发展的里程碑，它是由大量的局域网以及计算机专家审定通过的标准。IEEE 802.11标准定义了单一的MAC层和多样的物理层，其物理层标准主要有以下几种。

（1）IEEE 802.11b　1999年9月正式通过的IEEE 802.11b标准是IEEE 802.11协议标准的扩展。它可以支持最高为11Mbit/s的数据传输速率，运行在2.4GHz的ISM频段上，采用的调制技术是CCK（Complementary Code Keying，补充编码键控）。但是随着用户不断增长的对数据传输速率的要求，CCK调制方式就不再是一种合适的方法了。因为对于直接序列扩频技术来说，为了取得较高的数据速率并达到扩频的目的，所选取码片的速率就要更高，这对于现有的码片来说比较困难；对于接收端的接收机来说，在数据高传输速率的情况下，为了达到良好的时间分集效果，要求接收机有更复杂的结构，在硬件上不易实现。

（2）IEEE 802.11a　IEEE 802.11a工作在5GHz频段上，使用OFDM（Orthogonal Frequency Division Multiplexing，正交频分多路复用）调制技术可支持54Mbit/s的传输速率。802.11a与

802.11b 两个标准都存在着各自的优缺点，802.11b 的优势在于价格低廉，但速率较低（最高为11Mbit/s）；而 802.11a 优势在于传输速率高（最高为 54Mbit/s）且受干扰少，但价格相对较高。另外，IEEE 802.11a 与 IEEE 802.11b 工作在不同的频段上，不能工作在同一 AP 的网络里，因此 IEEE 802.11a 与 IEEE 802.11b 互不兼容。

（3）IEEE 802.11g 为了解决上述问题，为了进一步推动无线局域网的发展，2003 年 7 月，IEEE 802.11 工作组批准了 802.11g 标准，新的标准终于浮出水面并成为人们对无线局域网关注的焦点。IEEE 802.11 工作组开始定义新的物理层标准 IEEE 802.11g。该草案与以前的 802.11 协议标准相比有以下两个特点：其在 2.4GHz 频段使用 OFDM 调制技术，使数据传输速率提高到20Mbit/s 以上；IEEE 802.11g 标准能够与 802.11b 系统互相连通，共存在同一 AP 的网络里，保障了后向兼容性。这样原有的 WLAN 系统可以平滑地向高速无线局域网过渡，延长了 IEEE 802.11b 产品的使用寿命，降低用户的投资。

（4）IEEE 802.11n IEEE 已经成立 802.11n 工作小组，以制定一项新的高速无线局域网标准 IEEE 802.11n。802.11n 工作小组由高吞吐量研究小组发展而来，主席由 Matthew B. Shoemaker 担任。

IEEE 802.11n 将 WLAN 的传输速率从 IEEE 802.11a 和 IEEE 802.11g 的 54Mbit/s 增加至108Mbit/s 以上，最高速率可达 320Mbit/s，成为 IEEE 802.11b、IEEE 802.11a、IEEE 802.11g 之后的另一场重头戏。和以往的 IEEE 802.11 标准不同，IEEE 802.11n 协议采用包含 2.4GHz 和5GHz 两个工作频段的双频工作模式。这样 IEEE 802.11n 保障了与以往的 IEEE 802.11a、b、g 标准兼容。

IEEE 802.11n 采用 MIMO（Multiple-Input Multiple-Output，多输入多输出）与 OFDM 相结合，使传输速率成倍提高。另外，天线技术及传输技术，使得无线局域网的传输距离大大增加，可以在保障 100Mbit/s 的传输速率下达到几公里距离。IEEE 802.11n 标准全面改进了 IEEE 802.11 标准，不仅涉及物理层标准，同时也采用新的高性能无线传输技术提升 MAC 层的性能，优化数据帧结构，提高网络的吞吐量。

2. 3G/4G 技术

3G 技术是第三代移动通信技术，是指支持高速数据传输的蜂窝移动通信技术。3G 服务能够同时传送声音及数据信息，速率一般在几百 kbit/s 以上。3G 是指将无线通信与国际互联网等多媒体通信结合的新一代移动通信系统，目前 3G 存在 3 种标准：CDMA2000、WCDMA、TD-SCDMA。3G 下行速度峰值理论上可达 3.6Mbit/s（一说 2.8Mbit/s），上行速度峰值也可达384kbit/s。中国国内支持国际电信联盟的三个无线接口标准分别是中国电信的 CDMA2000、中国联通的 WCDMA、中国移动的 TD-SCDMA。GSM 设备采用的是时分多址，而 CDMA 使用码分扩频技术，先进功率和话音激活至少可提供大于 3 倍 GSM 网络容量，业界将 CDMA 技术作为 3G 的主流技术，3G 的主要特征是可提供移动宽带多媒体业务。

2010 年 9 月，为适应 TD-SCDMA 演进技术 TD-LTE 发展及产业发展的需要，我国加快了 TD-LTE 产业研发进程，工业和信息化部率先规划 2570 ～ 2620MHz（共 50MHz）频段用于 TDD（Time Division Duplexing，时分双工）方式的 IMT 系统，在良好实施 TD-LTE 技术试验的基础上，于 2011 年初在广州、上海、杭州、南京、深圳、厦门 6 个城市进行了 TD-LTE 规模技术试验；2011 年底在北京启动了 TD-LTE 规模技术试验演示网的建设。与此同时，随着国内规模技术试验的顺利进展，国际电信运营企业和制造企业纷纷看好 TD-LTE 发展前景。2012 年 1 月 18 日，国际电信联盟在 2012 年无线电通信全会全体会议上，正式审议通过将 LTE-Advanced 和 Wireless MAN-Advanced（802.16m）技术规范确立为 IMT-Advanced（俗称 "4G"）国际标准，我国主导制定的 TD-LTE-Advanced 同时成为 IMT-Advanced 国际标准。TD-LTE-Advanced 是我国自主知识产权 3G 标准 TD-SCDMA 的发展和演进技术。

学材小结

理论知识

1. 决定局域网性能的三要素是_____、_____和_____。
2. 常见的无线局域网通常由_____、_____和_____三部分组成。
3. 在本章讲述的网络设备中，能够划分冲突域的设备有_____和_____，属于物理层的设备有_____和_____，属于数据链路层的设备有_____和_____。
4. 虚拟局域网的优点包括_____、_____和_____。

实训任务

请简述交换机自动学习地址的过程。

拓展练习

单纯的 AP 功能相对来说比较简单，并缺少路由功能，只类似于无线集线器。因此，市场上销售的大多是无线路由器，它不但具有 AP 功能，同时还具有路由交换、DHCP、网络防火墙等功能。请查阅相关资料了解无线路由器的相关知识。

模块五
网络互联与传输层协议

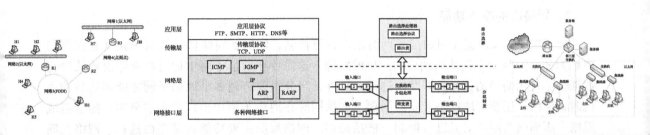

║本模块导读║

　　计算机网络互联是利用网络互联设备及相应的组网技术和协议把两个以上的计算机网络连接起来。计算机网络互联的目的是使一个网络上的用户能够访问其他计算机网络上的资源，使不同网络上的用户能够相互通信和交流信息，以实现更大范围的资源共享和信息交流。在计算机网络的应用中实现网络互联可以突破物理范围限制，扩大服务范围、提高网络效率，便于网络管理、实现不同网络之间互联和互通。由于网络层的 IP 是尽力传输，所以传输层端到端的通信可以确保信息的可靠传输。

　　通过本模块内容的学习，大家可以掌握网络层与网络互联的基本概念、IP 地址、IP 分组转发与路由选择等内容，并能了解传输层的功能和两个主要协议（TCP 和 UDP），最后简单了解下一代网际协议 IPv6。

║本模块要点║

- 掌握网络层与网络互联的基本概念
- 掌握 IP 地址、子网划分、IP 分组转发与路由选择
- 了解传输层的功能和两个主要协议（TCP 和 UDP）
- 了解下一代网际协议 IPv6

任务一 掌握网络层与网络互联的基本概念

子任务1 掌握网络层的基本概念

知识导读

1. 网络层的基本功能

网络层的主要功能是对通信子网的运行进行控制，解决如何将协议数据单元（在网络层中称为分组）从源主机传送到目的主机的问题，这需要在通信子网中通过某种路由算法进行数据分组传输路径的选择，即路由选择。另外，当分组要跨越多个通信子网才能到达目的主机时，网络层还要解决网络互联的问题。如果同时在通信子网中出现过多的分组，则会造成阻塞，因而网络层要对其进行控制。概括地讲，网络层的主要功能就是路由选择、网络互联和阻塞控制。

2. 网络层提供的服务

网络层主要提供两种数据传输服务：面向连接的虚电路服务和无连接的数据报服务。

（1）虚电路服务　虚电路服务在源主机和目的主机通信之前，先建立一条虚电路，然后才能进行通信，通信结束应将虚电路拆除。虚电路服务是网络层向传输层提供的一种使所有分组按顺序到达目的主机的可靠的数据传送方式。

在面向连接的互联方式中，假定每个子网都提供一种面向连接形式的服务，这样连在整个互联的网络中任意两台主机之间都可以建立一条逻辑上的网络连接。当一个本地主机要和远程网络中的某主机建立一条连接时，它发现其目的地在远端，于是选择一个离目的地最近的路由器，并且与之建立一条虚电路，然后该路由器再继续通过路由选择算法选择一个离目的地近的路由器，直到最后到达目的端主机。这样，从源端到目的端的虚电路是由一系列的虚电路连接起来的，这些虚电路之间通过路由器隔开，路由器记录下有关这条虚电路的信息，以便以后转发这条虚电路上的数据分组。数据分组沿着这条路径发送时，每个路由器负责转发输入分组，并按要求转换分组格式和虚电路号。显然，所有的数据分组都必须按顺序沿着这条路径经过各个路由器，最后按序到达目的端主机。这种方式中的路由器主要完成转发和路由选择功能，在建立端到端的连接时，通过路由选择来确定该连接中的下一个跳段的路由器节点，在数据传输时，把输入分组沿着已经建立好的路径向另一个子网转发。

（2）数据报服务　数据报服务是一种面向无连接的服务，它与邮政系统的邮件传递过程类似。在无连接的数据报方式中，每个网络层分组不是按顺序沿着到达目的地的同一条路径发送，它们被分别进行处理，经过多个路由器和子网后到达目的端。一个主机如果要向远端的另一个目的端发送分组，源端会根据路由信息决定转发该分组的路由器地址，收到该分组的路由器根据分组中包含的目的地信息以及当前的路由情况选择下一个路由器，这样该分组会经过多个路由器最后到达目的端。由于每个分组可以根据发送分组时的网络状况动态地选择最合适的路由，故与面向连接的虚电路方式相比，它可以更好地利用网络的带宽。但是，由于分组会走不同的路径，最后到达目的端时没法保证正确的顺序。

数据报服务不需建立和释放连接，目标节点收到分组后也不需发送确认，因而是一种开销较小的通信方式。但发送方不能确切地知道对方是否准备好接收、是否正在忙碌，因而数据报服务的可靠性不是很高。

子任务2 掌握网络互联的基本概念

> 知识导读

1. 网络互联的基本概念

计算机网络互联是利用网络互联设备及相应的组网技术和协议把两个或两个以上的计算机网络连接起来，实现计算机网络之间的互联。计算机网络互联的目的是使一个网络上的用户能够访问其他计算机网络上的资源，使不同网络上的用户能够相互通信和交流信息，以实现更大范围的资源共享和信息交流。

前面的模块中介绍了使用网桥和局域网交换机构建大型的局域网，但是这些方法在扩展性和异构问题上存在局限性。网络互联是指利用一定的技术和方法，由一种或多种通信处理设备将两个或两个以上的网络连接起来，以构成一个更大的网络系统的技术，它是解决不同网络之间用户互联、互通的关键技术。在网络互联时，需要强调两个重要的问题：异构性和扩展性。异构性是指一种类型网络上的用户希望能够同其他类型网络上的用户进行通信。图5-1中给出了一个互联网的例子。

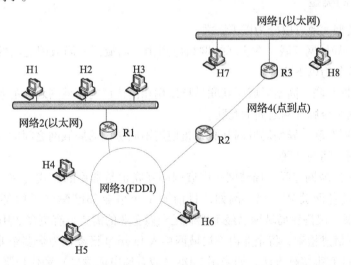

图5-1 一个简单的互联网示意图 （Hn = 主机；Rn = 路由器）

互联网通常称为"网际网"，因为它是由很多更小的网络组成的。图5-1中有以太网、FDDI环和点到点链路，其中的每个网络都是采用单一技术，将这些网络互联起来的节点称为路由器（Router），关于路由器会在后续详细介绍。

注 意

带小写 i 的 "internet" 是一个通用名词，指互联网。带大写 I 的 "Internet" 指世界上最大的互联网——因特网。Internet 是当今世界上最大的互联网和信息资源网络，通过 Internet 提供的服务，人们可以在全球范围实现信息交流。Internet 所采用的协议标准是 TCP/IP。

2. 网络互联的层次

由于网络体系结构的分层设计，所以实现网络互联可在不同的层次上进行，按 OSI 模型的层次划分，可将网络互联分为 4 个层次，如图 5-2 所示，与之对应的网络互联设备分别如下。

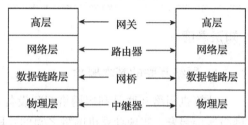

图 5-2　网络互联的层次图

1）中继器（Repeater）：在物理层实现互联，适用于完全相同的两类网络的连接，通过对数据信号的复制、调整和放大来扩大网络传输的距离。

2）网桥（Bridge）：在数据链路层实现互联，是连接两个局域网的一种存储转发设备。它在数据链路层对数据帧进行存储转发，实现网络互联。

3）路由器（Router）：在网络层实现互联，能够将使用相同或不同协议的网段或网络连接起来以实现网络层的互联。路由器适用于大规模的网络和复杂的网络拓扑结构，能实现负载共享和最优路径。

4）网关（Gateway）：传输层及以上各层协议不同的网络之间的互联，属于高层互联。网关实质上是一个网络通向其他网络的 IP 地址。网关将具有不同体系结构的网络连接在一起。

3. 网络互联的类型

网络互联的类型大致可以分为以下四类。

（1）局域网—局域网互联　在实际的网络应用中，局域网—局域网之间的互联是最常见的一种。它可以大致分为以下两种。

1）同型局域网互联。同型局域网互联是指使用相同协议的局域网之间的互联，如两个以太网之间的互联或两个令牌环网之间的互联。

2）异型局域网互联。异型局域网互联是指使用不同协议的局域网之间的互联，如一个以太网和一个令牌环网之间的互联。

（2）局域网—广域网互联　局域网—广域网的互联也是常见的方式之一，它们之间的连接可以通过路由器或者网关来实现。例如，目前不少企事业都已建好了内部局域网，但随着 Internet 的迅速发展，仅搭建局域网已经不能满足众多企业的需要，有更多的用户需要在 Internet 上发布信息或进行信息检索，将企业内部局域网接入 Internet 已经成为众多企业的迫切要求。将局域网接入 Internet 有很多方法，如采用 ISDN（或普通电话拨号）和代理服务器软件 WinGate（或网关服务器软件 SyGate）、DDN 专线及 ADSL 等。

（3）局域网—广域网—局域网互联　局域网—广域网—局域网互联是指将两个分布在不同地理位置的局域网通过广域网实现互联，这也是常见的网络互联类型之一。局域网—广域网—局域网互联也可以通过路由器或者网关来实现。局域网—广域网—局域网互联模式正在改变传统的接入模式，即主机通过广域网的通信子网这种接入模式，而大量的主机通过组建局域网的方式接入广域网将是接入广域网的重要方法。

（4）广域网—广域网互联　广域网—广域网互联也是目前常见的一种网络互联的方式，如帧中继与 X.25 网、DDN 均为广域网，它们之间的互联属于广域网的互联。同样，广域网与广域网互联可以通过路由器或者网关来实现。广域网是通过专用的或交换式的连接将地域分布广泛的计算机或者局域网互联的网络。通常广域网的互联比上述的其他类型互联要容易，这是因为广域网的协议层次常处于 OSI7 层模型的低层，不涉及高层协议。

任务二　掌握网络层协议以及路由器的基本功能

子任务1　认识网络层协议

知识导读

　　网络层的主要协议是网际协议（Internet Protocol，IP），与 IP 配合使用的还有网际控制报文协议（Internet Control Message Protocol，ICMP）、网际组管理协议（Internet Group Management Protocol，IGMP）、地址解析协议（Address Resolution Protocol，ARP）和反向地址解析协议（Reverse Address Resolution Protocol，RARP）。图 5-3 中给出了 IP 与 4 个配套协议之间的关系。ARP 和 RARP 放在下面是因为 IP 要经常使用到这两个协议，ICMP 和 IGMP 放在上面则是因为这两个协议要使用 IP。

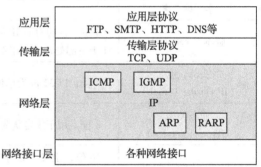

图 5-3　网络层的协议

1. IP 和 IP 分组的格式

　　IP 是 TCP/IP 体系中两个最主要的协议之一，也是最重要的因特网标准协议之一。IP 是网络层的协议，用来互联多个计算机网络使之能够进行通信。由 IP 控制的协议数据单元称为 IP 分组。IP 的基本任务是屏蔽下层各种物理网络的差异，向上层（主要是传输层）提供不可靠的数据投递，尽最大努力发送的、无连接的传输服务。相反，上层的数据经 IP 形成 IP 分组，网络接口模块负责将 IP 分组封装到具体网络的帧（LAN）或者分组（X.25 网络）中的信息字段，最后通过物理网络进行传输。

　　IP 是一个无连接的协议。无连接是指主机之间不建立用于可靠通信的端到端连接，源主机只是简单地将 IP 分组发送出去，而 IP 分组可能会丢失、重复、延迟时间长或者次序混乱。要实现分组的可靠传输，就必须依靠高层的协议或应用程序。目前因特网上广泛使用的 IP 为 IPv4，IPv4 分组由头部和有效数据两部分组成，如图 5-4 所示。

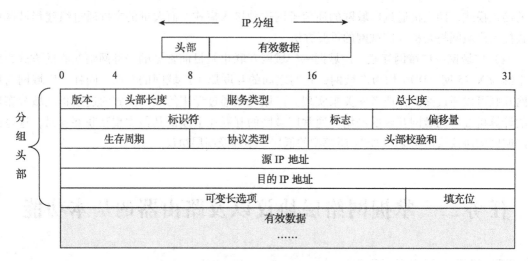

图 5 - 4 IPv4 分组格式

IP 分组头部的长度必须是 32 位（4B）的整数倍，可以为 20~60B，由一个 20B 的固定长度和一个可变长度的扩展部分组成。IP 分组头部字段简介见表 5-1，协议字段取值见表 5-2。

表 5 - 1 IP 分组头部字段简介

字 段 名	字 段 说 明
版本（Version）	4 位，说明对应 IP 的版本号（此处取值为 4）。将它放在分组的开始是为了便于头部处理软件了解其后的分组格式
头部长度（IP Header Length）	4 位，以 32 位为单位的 IP 分组的头部长度
服务类型（Type of Service）	8 位，用于规定优先级、传送速率、吞吐量和可靠性等参数
总长度（Total Length）	16 位，定义了以字节为单位的分组头部和数据两部分的总长度。范围是 20~65535B
标识符（Identifier）	16 位，它是分组的唯一标识，用于分组的分段和重组
标志（Flag）	3 位，是一个控制字段。包含：保留位（1 位），必须置为 0；不分段位（DF，Don't Fragments）（1 位），取值为 0（允许分组分段）、1（分组不能分段）；更多段位（MF，More Fragments）（1 位），取值为 0（数据包后面没有包，该包为最后的包）、1（数据包后面有更多的包）
偏移量（Fragment Offest）	13 位，以 64 位为单位表示的分段偏移。当数据分组时，它和更多段位进行连接，帮助目的主机将分段的 IP 分组重新组合起来
生存周期（Time to Live，TTL）	8 位，允许分组在互联网中传输的存活期限。防止分组无休止地要求网络搜寻不存在的目的地址。源主机为分组设定一个生存时间，如 64，每经过一个路由器就把该值减 1，如果减到 0 则表示路由已经太长但仍然找不到目的主机的网络，就丢弃该分组，因此这个生存时间的单位不是秒（s），而是跳（hop）
协议（Protocol）类型	8 位，指出发送分组的上层协议。协议字段中对应的常用上层协议的值见表 5-2

（续）

字　段　名	字　段　说　明
头部校验和 （Header Checksum）	16 位，用于检验分组头部的正确性，只校验 IP 分组头部，数据的校验由更高层协议负责。该值是根据头部字段计算出来的。接收数据时，如果校验和正确，则接收此分组，否则丢弃该分组。头部校验和每经过一个节点都要重新计算，因为 TTL 字段的值每经过一个节点都会发生改变。校验和计算的方法是：在发送端，首先将 IP 分组的头部划分为许多 16 位字的序列，并将校验和字段置为 0，用反码运算将所有 16 位字相加后，将所得的和的反码写入校验和字段。接收端收到数据后，将头部所有 16 位字再使用反码运算相加一次。将得到的和取反码，即得出接收端校验和的计算结果。若头部未发生变化，则此结果必为 0，则接收此分组，否则认为出错并丢弃该分组
源 IP 地址	32 位，指出发送分组的源主机 IP 地址
目的 IP 地址	32 位，指出接收分组的目的主机 IP 地址
可变长选项	可变长度，提供任选服务，如错误报告和特殊路由等
填充位	可变长度，保证 IP 分组头部是 32 位的整数倍

表 5-2　协议字段取值

协　议　名　称	取　　值
ICMP	1
IGMP	2
TCP	6
UDP	17
IPv6	41
OSPF	89

2. IP 地址

在 Internet 中，IP 地址用来唯一标识网络中的一个特定主机。IP 地址是一个 32 位的二进制数，通常被表示成 4 个点分十进制整数，如 192.168.1.1。IP 地址由网络号（Network ID）和主机号（Host ID）两部分组成，网络号用来标识互联网中的一个特定网络，而主机号则用来标识该网络中的一个特定主机，如图 5-5 所示。IP 地址现在由因特网名字与号码指派公司

网络号	主机号

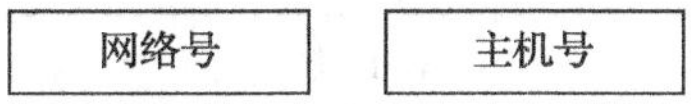

图 5-5　IP 地址的组成

（Internet Corporation for Assigned and Numbers，ICANN）分配。我国用户可向亚太网络信息中心（Asia Pacific Network Information Center，APNIC）申请 IP 地址（需要缴费）。

信息卡

IP 地址的编址方法经过了三个阶段，分别如下所示。

- 分类的 IP 地址：这是最基本的编址方法，1981 年就通过了其标准协议。
- 子网划分：这是对分类 IP 地址的改进，1985 年通过其标准。
- 构成超网：这是无分类编址方法，1993 年提出后很快得到推广应用。

（1）分类的 IP 地址　IP 地址被分为五类，每种类型都定义不同规模的网络部分和主机部分。一个 IP 地址的类型由最高位的几位来标识，如图 5-6 所示。如果第一位是 0，则为 A 类地址；如果第一位是 1，第二位是 0，则为 B 类地址；如果前两位是 1，第三位是 0，则为 C 类地址；如果前三位是 1，第四位是 0，则为 D 类地址；如果前四位是 1，第五位是 0，则为 E 类地址。表 5-3 和表 5-4 中给出了 A、B、C、D、E 类 IP 地址的使用范围。

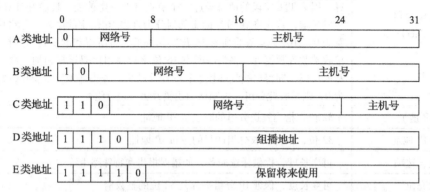

图 5-6　IP 地址的五种类型

表 5-3　IP 地址分类表

IP 地址 类型	第一个可用 的网络号	最后一个可 用的网络号	最大网络数	每个网络中 的最大主机数	适用的网络类型
A 类	1	126	$2^7 - 2 = 126$	$2^{24} - 2 = 16777214$	适合超大型的网络，如国家级网络
B 类	128.0	191.255	$2^{14} = 16384$	$2^{16} - 2 = 65534$	适合大、中型网络，如大型企业或政府机构
C 类	192.0.0	223.255.255	$2^{21} = 2097152$	$2^8 - 2 = 254$	适合小型网络，如一般校园网或中小型企业网

表 5-4　五类 IP 地址的范围

IP 地址类型	IP 地址范围
A 类	1. x. x. x ～ 126. x. x. x
B 类	128. 0. x. x ～191. 255. x. x
C 类	192. 0. 0. x ～ 223. 255. 255. x
D 类	224. 0. 0. 1 ～239. 255. 255. 255
E 类	240. x. x. x ～255. 255. 255. 255

注　意

A 类 IP 地址的最大网络数减 2（0 和 127 号不能使用）是因为 0 和 127 这两个网络号有特殊用途；每个网络中的最大主机数减 2 是因为主机号为全"0"的 IP 地址表示该网络的网络地址，主机号为全"1"的 IP 地址是该网络的直接广播地址，同理适用于 B、C 类 IP 地址。下面将详细解释特殊 IP 地址。

在 IP 地址中有一些特殊的 IP 地址需要注意：

1）在 A 类、B 类、C 类 IP 地址中，主机号为全"0"的 IP 地址不分配给任何主机，仅用于表示该网络的网络地址。例如，124.0.0.0 是一个 A 类网络地址，135.1.0.0 是一个 B 类网络地址，202.207.2.0 是一个 C 类网络地址。

2）在 A 类、B 类、C 类 IP 地址中，主机号为全"1"的 IP 地址是该网络的直接广播地址。它只可以作为目的 IP 地址，表示该分组要发送给网络上的所有主机。例如，202.207.2.255。这类广播地址不要求源主机的 IP 地址和目的广播地址属于同一个网络。

3）32 位为全"1"的 IP 地址（255.255.255.255），称为有限广播地址或本地广播地址，它只可以作为目的 IP 地址，表示该分组发送给予源主机属于同一个网络的所有主机，但是这类广播仅限于本地网络，不会扩散到其他网络中。

4）32 位为全"0"的 IP 地址（0.0.0.0），通常由无盘工作站启动时使用。无盘工作站启动时不知道自己的 IP 地址，便用 0.0.0.0 作为源 IP 地址，255.255.255.255 作为目的 IP 地址，发送一个本地广播请求来获得一个 IP 地址。

5）回环地址（127.0.0.1），常用于本机上的软件测试和本机网络应用程序之间的通信地址。

6）在 A 类、B 类、C 类地址中，还有一些特定地址没有分配，这些地址被称为私有地址。当一些组织内部使用 TCP/IP 联网，但是并未接入 Internet 时，就可以把这些私有地址分配给主机。私有地址空间见表 5-5。

表 5-5 私有地址空间

IP 地址类型	私有 IP 地址范围	所包含的网络数
A 类	10.0.0.0 ~ 10.255.255.255	1
B 类	172.16.0.0 ~ 172.31.255.255	16
C 类	192.168.0.0 ~ 192.168.255.255	256

（2）网络地址转换（Network Address Translation，NAT）　随着接入 Internet 的计算机数量不断增加，IP 地址资源也就愈加得捉襟见肘。事实上，除了中国教育和科研计算机网外，一般用户几乎申请不到整段的 C 类 IP 地址。在其他 ISP 中，即使是拥有几百台计算机的大型局域网用户，当他们申请 IP 地址时，所分配的地址也不过只有几个或十几个 IP 地址。显然，这样少的 IP 地址根本无法满足网络用户的需求，于是就产生了网络地址转换技术。

1）NAT 的定义。NAT 通过把内部网络的私有 IP 地址转换成外部网络的合法 IP 地址，从而对外隐藏了内部管理的 IP 地址。这样，通过在内部使用非注册的 IP 地址，并将它们转换为一小部分外部注册的 IP 地址，从而减少了 IP 地址注册的费用以及节省了目前越来越缺乏的地址空间（即 IPv4 地址）。同时，这也隐藏了内部网络结构，从而降低了内部网络受到攻击的风险。一个局域网只需使用少量 IP 地址（甚至是 1 个）即可实现私有地址网络内所有计算机与 Internet 的通信需求。

2）NAT 的实现方式。NAT 的实现分为三种方式：静态 NAT（Static NAT）、NAT 池（Pooled NAT）和端口 NAT（Port-Level NAT）。

静态 NAT 将内部网络中的私有 IP 地址永久映射成外部网络中某个合法的公有 IP 地址，IP 地址对是一对一的，是一成不变的，某个私有 IP 地址只转换为某个公有 IP 地址。借助静态转换可以实现外部网络对内部网络中某些特定设备（如服务器）的访问。

NAT 池在外部网络中定义了一系列的合法地址，采用动态分配的方法映射到内部网络。NAT 池将内部网络的私有 IP 地址转换为公用 IP 地址时，IP 地址对是不确定的，并且是随机的，所有被授权访问 Internet 的私有 IP 地址可随机转换为任何指定的合法 IP 地址。也就是说，只要指定哪些内部地址可以进行转换以及用哪些合法地址作为外部地址时，就可以进行动态转换。动态转换可以使用多个合法外部地址集。当 ISP 提供的合法 IP 地址略少于网络内部的计算机数量时，采用动态转换的方式可以解决这个问题。

端口 NAT 是把内部地址映射到外部网络的一个 IP 地址的不同端口上。端口 NAT 是人们比较熟悉的一种转换方式。普遍应用于接入设备中，可以将中小型的网络隐藏在一个合法的 IP 地址后面。与动态地址 NAT 不同的是，它将内部连接映射到外部网络中一个单独的 IP 地址上，同时在该地址上加入一个由 NAT 设备选定的 TCP 端口号。在 Internet 中使用端口 NAT 时，所有不同的信息流看起来好像来源于同一个 IP 地址。这个优点在小型办公室内非常实用，通过从 ISP 处申请的一个 IP 地址，将多个连接通过端口 NAT 接入 Internet。

NAT 功能通常被集成到路由器、防火墙、单独的 NAT 设备中，当然，现在比较流行的操作系统或其他软件（主要是代理软件，如 WinRoute），大多也有 NAT 的功能。NAT 设备（或软件）维护一个状态表，用来把内部网络的私有 IP 地址映射到外部网络的合法 IP 地址上去。每个数据包在 NAT 设备（或软件）中都被翻译成正确的 IP 地址发往下一级。与普通路由器不同的是，NAT 设备实际上对包头进行修改，将内部网络的源地址变为 NAT 设备自己的外部网络地址，而普通路由器仅在将数据包转发到目的地前读取源地址和目的地址。借助于 NAT，私有地址的内部网络通过路由器发送数据包时，私有地址被转换成合法的 IP 地址。

（3）子网划分与子网掩码　IP 地址的最初目的是希望其网络部分能够唯一地确定一个物理网络，结果这种方法有自身的缺点。假设一个大校园中有很多内部网络，并决定连接到因特网上，对于每个网络来说，不管多么小，都至少需要一个 C 类网络地址。而对于某些多于 255 个主机的网络来说，甚至需要一个 B 类地址。如果给每一个物理网络分配一个网络号，消耗 IP 地址空间的速度会非常快。针对 IP 地址空间的浪费问题采用一种子网划分的方法来解决。所谓子网划分，就是把一个有 A、B 和 C 类的网络地址，划分成若干个小的网段，这些被划分得更小的网段称为子网。划分子网是减少分配网络号总数的一个很好并且简单的方法。

划分子网的方法：在表示主机部分的二进制数中划分出一定的位数用作本网的各个子网，剩余的部分作为相应子网的主机部分。向主机部分借 n 位则可以形成 $2^n - 2$ 个子网。表 5-6 中给出了用 A、B、C 类地址划分子网时，每类地址形成的子网数以及每个子网所包含的最大主机数。

通常管理员根据需要来划分子网，这就为 IP 地址的使用提供了很大的灵活性。划分子网以后，IP 地址由原来的两层结构变为三层结构，如图 5-7 所示。划分子网时要求最少向主机部分借 2 位，最多可借用的位数根据网络地址的类型有所不同，但原则上是至少给主机部分保留 2 位，即 A 类地址最多借 22 位，B 类地址最多借 14 位，C 类地址最多借 6 位。

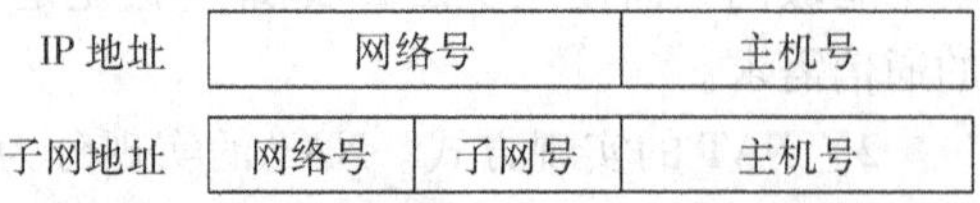

IP 地址	网络号		主机号
子网地址	网络号	子网号	主机号

图 5-7　子网地址结构与 IP 地址结构对比图

表5-6　子网数以及每个子网的最大主机数

IP 地址类型	借 n 位后形成的子网数	每个子网的最大主机数
A 类	$2^n - 2$	$2^{24-n} - 2$
B 类	$2^n - 2$	$2^{16-n} - 2$
C 类	$2^n - 2$	$2^{8-n} - 2$

注意

　　在划分了子网以后，形成的子网数减 2 是因为第一个子网和最后一个子网（子网部分为全"0"和子网部分为全"1"的子网）是不能用的。第一个子网的网络地址和原网（未划分子网的网络）的网络地址混淆，最后一个子网的广播地址和原网的广播地址混淆。

　　每个子网所包含的最大主机数减 2 是因为主机部分为全"0"的地址表示该子网的网络地址，主机部分为全"1"的地址表示该子网的广播地址，这两个地址也都是不能分配给任何主机的。

　　子网划分不仅仅是单纯地将 IP 地址加以分割，其关键在于分割后的子网必须能够正常地与其他网络相互连接，也就是在路由过程中仍然能识别这些子网。问题是，子网划分后如何判断源主机地址中的前几位是哪个子网地址？子网掩码正是解决这一问题的技术。IP 标准规定：每一个使用子网的网点都选择一个 32 位的位模式，若位模式中的某位为 1，则对应 IP 地址中的某位为网络地址（包括类别、网络地址和子网地址）中的一位；若位模式中某位为 0，则对应 IP 地址中的某位为主机地址中的一位。例如，位模式 11111111.11111111.00000000.00000000（255.255.0.0）中，前两个字节全为 1，代表对应 IP 地址中最高的两个字节为网络号，后两个字节全为 0，代表对应 IP 地址中后两个字节为主机地址。这种位模式就叫作子网掩码。

　　子网掩码是由一串 32 位二进制数组成，用于区分 IP 地址中的网络地址和主机地址。子网掩码的表示形式和 IP 地址的表示类似，也是用圆点"."分隔开的 4 段共 32 位二进制数。为了方便人们记忆，通常使用十进制数来表示。

　　用子网掩码判断 IP 地址的网络地址与主机地址的方法是用 IP 地址与相应的子网掩码进行"AND（与）"运算，这样可以区分出网络地址部分和主机地址部分。对于连接在一个子网上的主机和路由器，其子网掩码都是相同的。但是如果一个路由器连接在两个子网上，它就会有两个网络地址和两个子网掩码。

　　为了使不划分子网时也能使用子网掩码，这里引入了缺省子网掩码的概念。缺省子网掩码中 1 位的位置和 IP 地址中的网络号字段正好对应。因此缺省子网掩码和某个不划分子网的 IP 地址进行"AND"运算，就能得出该 IP 地址的网络地址。表5-7 中给出了三类 IP 地址的缺省子网掩码。

表5-7　IP 地址的缺省子网掩码

IP 地址类型	二进制子网掩码表示	十进制子网掩码表示
A 类	11111111.00000000.00000000.00000000	255.0.0.0
B 类	11111111.11111111.00000000.00000000	255.255.0.0
C 类	11111111.11111111.11111111.00000000	255.255.255.0

　　在进行网络地址规划时，进行子网划分的步骤如下所示。

步 骤

步骤1 根据具体情况确定子网数。

步骤2 根据子网数和所获得的 IP 地址空间确定子网掩码。

步骤3 根据 IP 地址空间和子网掩码确定每个子网的地址范围、网络地址和广播地址。

步骤4 在指定地址范围内给每个子网的主机分配 IP 地址。

【**案例 5-1**】一个组织申请到一个 C 类地址 202.207.157.0，该组织有 5 个部门，每个部门有二十几台主机，确定子网掩码以及每个子网的地址范围、网络地址和广播地址。根据上面划分子网的步骤进行：

1）根据具体情况确定子网数。5 个部门每个部门都需要一个子网，所以子网数为 5，因此至少要向主机部分借 3 位作为子网部分，形成 $2^3-2=6$ 个子网。剩余的 5 位为主机部分。因此每个子网最多有 $2^5-2=30$ 个地址分配给主机。

2）确定子网掩码。C 类地址，向主机借 3 位，其子网掩码为 11111111.11111111.11111111.11100000，即 255.255.255.224。

3）根据 IP 地址空间和子网掩码确定每个子网的网络地址和广播地址，见表 5-8。

4）在指定地址范围内给每个子网的主机分配 IP 地址。由于子网 0 和子网 7 是不能使用的，所以可将子网 1~6 中的任何 5 个地址分配给相应的部门。

表 5-8　子网的地址范围、网络地址和广播地址

子 网 号	子网网络地址	子网广播地址
0	11001010. 11001111. 10011101. [000] 00000 202.　207.　157.　0	11001010. 11001111. 10011101. [000] 11111 202.　207.　157.　31
1	11001010. 11001111. 10011101. [001] 00000 202.　207.　157.　32	11001010. 11001111. 10011101. [001] 11111 202.　207.　157.　63
2	11001010. 11001111. 10011101. [010] 00000 202.　207.　157.　64	11001010. 11001111. 10011101. [010] 11111 202.　207.　157.　95
3	11001010. 11001111. 10011101. [011] 00000 202.　207.　157.　96	11001010. 11001111. 10011101. [011] 11111 202.　207.　157.　127
4	11001010. 11001111. 10011101. [100] 00000 202.　207.　157.　128	11001010. 11001111. 10011101. [100] 11111 202.　207.　157.　159
5	11001010. 11001111. 10011101. [101] 00000 202.　207.　157.　160	11001010. 11001111. 10011101. [101] 11111 202.　207.　157.　191
6	11001010. 11001111. 10011101. [110] 00000 202.　207.　157.　192	11001010. 11001111. 10011101. [110] 11111 202.　207.　157.　223
7	11001010. 11001111. 10011101. [111] 00000 202.　207.　157.　224	11001010. 11001111. 10011101. [111] 11111 202.　207.　157.　255

（4）可变长子网掩码（Variable Length Subnet Mask，VLSM）　在上面的子网划分中，每个子网内的主机数都相差不多，所以采用的子网掩码也相同，但是在现实中，子网之间的规模差

距很大，如果都按照规模大的子网来确定，则会造成地址空间的浪费，可变长子网掩码可以解决上述问题。可变长子网掩码规定了如何在一个进行了子网划分的网络中的不同部分使用不同的子网掩码。这对于网络内部不同网段需要不同大小子网的情形来说非常有效。VLSM 实际上是一种多级子网划分技术。

【案例5-2】某公司有三个部门，每个部门拥有的主机数分别是60、10、12，该公司申请到了一个完整的 C 类 IP 地址段 210.31.233.0，子网掩码 255.255.255.0。按照之前所讲述子网划分的方法，至少要向主机部分借 3 位，划分出 $2^3 - 2 = 6$ 个子网，剩余的 5 位为主机部分，每个子网最多有 $2^5 - 2 = 30$ 个地址分配给主机，但是这并不能满足有 60 台主机部门的需要；如果向主机部分借 2 位，剩余的 6 位为主机部分，可以划分出 $2^2 - 2 = 2$ 个子网，每个子网最多有 $2^6 - 2 = 62$ 台主机，但这又不能满足子网数的要求。因此采用 VLSM 方法可以解决这个问题。步骤如下：

1）先按借位少的来划分，向主机部分借 2 位，划分 $2^2 - 2 = 2$ 个子网，子网掩码是 255.255.255.192。其中，第一个和最后一个子网不可用。将 1 号子网分配给主机数为 60 的部门。第一步子网划分的结果见表 5-9。

表 5-9 第一步子网划分的子网号

子 网 号	子网网络地址	二进制表示			
0（不可用）	210.31.233.0	11010010 210.	00011111 31.	11101001 233.	00 000000 0
1	210.31.233.64	11010010 210.	00011111 31.	11101001 233.	01 000000 64
2	210.31.233.128	11010010 210.	00011111 31.	11101001 233.	10 000000 128
3（不可用）	210.31.233.192	11010010 210.	00011111 31.	11101001 233.	11 000000 192

2）将 2 号子网 210.31.233.128，子网掩码是 255.255.255.192 进一步划分。在 2 号子网的基础上继续向其主机部分借 2 位，划分出 $2^2 - 2 = 2$ 个子网，子网掩码是 255.255.255.240。这时，主机部分还剩下 4 位，每个子网最大主机数为 $2^4 - 2 = 14$ 台，满足要求。将 210.31.233.144 和 210.31.233.160 这两个子网分配给剩余两个部门。在本例中子网号为全 0 和全 1 的子网都不可用。第二步子网划分的结果见表 5-10。

表 5-10 第二步子网划分的子网号

子 网 号	子网网络地址	二进制表示			
0（不可用）	210.31.233.128	11010010 210.	00011111 31.	11101001 233.	10 00 0000 128
1	210.31.233.144	11010010 210.	00011111 31.	11101001 233.	10 01 0000 144
2	210.31.233.160	11010010 210.	00011111 31.	11101001 233.	10 10 0000 160
3（不可用）	210.31.233.176	11010010 210.	00011111 31.	11101001 233.	10 11 0000 176

注 意

不是所有的路由协议都支持可变长子网掩码。

（5）无类域间路由（Classless Inter Domain Routing，CIDR）　随着因特网的快速发展，分类的 IP 地址使得主干网上路由器中路由表的项目数急剧膨胀。IP 地址空间即将耗尽（特别是 B 类地址）。为了解决这两个问题，在 VLSM 的基础上又研究出了无分类编址的方法，它的正式名字是无类域间路由。"无类"的意思是 IP 地址的分类以及子网划分的概念均被取消，因此可以更加有效地分配 IPv4 地址空间。这样可以减少 Internet 主干路由器中路由信息的数量。

CIDR 使用各种长度的"网络前缀"（Network Prefix）来代替分类 IP 地址中的网络号和子网号。CIDR 网络前缀的长度不一，从 13 ~ 27 位不等，而不是分类地址的 8 位、16 位或 24 位。这意味着地址块可以成群分配，主机数量既可以少到 32 个，也可以多到 50 万个以上。

在 CIDR 中，IP 地址 = ｛<网络前缀>，<主机号>｝。CIDR 使用"斜线记法"，在 IP 地址后面加一个斜线"/"，然后写上网络前缀所占的位数（对应于三级编址中子网掩码中 1 的位数）。例如，129.16.58.24/20 表示在这个 IP 地址中，前 20 位是网络前缀，后 12 位是主机号。

CIDR 将网络前缀都相同的连续 IP 地址组成"CIDR 地址块"，如 128.14.32.0/20 表示的地址块有 2^{12} 个地址。最小地址和最大地址见表 5-11。全 0 和全 1 的主机号地址一般不使用，通常只使用它们之间的地址。

表 5-11　最小地址和最大地址

| 最小地址 | 128.14.32.0 | 10000000 00001110 00100000 00000000 |
| 最大地址 | 128.14.47.255 | 10000000 00001110 00101111 11111111 |

CIDR 地址块可以表示很多地址，这种地址的聚合常称为路由聚合，它使得路由表中的一个项目可以表示很多个（如上千个）原来传统分类地址的路由。路由聚合也称为构成超网（Supernetting）。

3. ARP 和 RARP

以太网中的数据帧从一个主机到达网内的另一台主机是根据 48 位的硬件地址（MAC 地址）来确定接口，而不是根据 32 位的 IP 地址。内核（如驱动）必须知道目的端的硬件地址才能发送数据。ARP 是以太网的地址解析协议，用于将 IP 地址转换为硬件地址。它工作在数据链路层，在本层和硬件接口联系，同时对上层提供服务。ARP 的工作原理如下所示。

1）首先，每台主机都会在自己的 ARP 缓存表中建立一个 ARP 列表，以表示 IP 地址和 MAC 地址的对应关系。

2）当源主机需要将一个分组发送到目的主机时，会首先检查自己 ARP 列表中是否存在该 IP 地址对应的 MAC 地址，如果有，就直接将分组发送到这个 MAC 地址；如果没有，就向本地网段发起一个 ARP 请求的广播包，查询此目的 IP 地址对应的 MAC 地址。此 ARP 请求分组中包括源主机的 IP 地址、MAC 地址以及目的主机的 IP 地址。

3）网络中所有的主机收到这个 ARP 请求后，会检查分组中的目的 IP 地址是否和自己的 IP 地址一致。如果不相同就忽略此分组；如果相同，该主机首先将发送端的 MAC 地址和 IP 地址添加到自己的 ARP 列表中，如果 ARP 表中已经存在该 IP 地址的信息，则将其覆盖。然后，该主机给源主机发送一个 ARP 响应分组，告诉对方自己是它需要查找的 MAC 地址。

4）源主机收到这个 ARP 响应分组后，将得到的目的主机的 IP 地址和 MAC 地址添加到自己的 ARP 列表中，并利用此信息开始进行数据的传输。如果源主机一直没有收到 ARP 响应分组，则表示 ARP 查询失败。

RARP 用于实现从物理地址到 IP 地址的映射。具有本地硬盘的系统引导时，一般是从硬盘上的配置文件中读取 IP 地址，但是无盘机，如无盘工作站，它是从 ROM 来引导的，ROM 中只有引导信息，不包含 IP 地址，这就需要使用 RARP 来获得 IP 地址。具体过程：无盘工作站从接口卡上读取唯一的物理地址，然后创建一份 RARP 请求（0.0.0.0 作为源 IP 地址，255.255.255.255 作为目的 IP 地址），并在本地网络上广播。本地网络上的 RARP 服务器响应该请求，以单播方式给无盘工作站返回一个 IP 地址。

4. ICMP

IP 尽力传递并不表示分组一定能够正确地投递到目的主机，由于 IP 是无连接的，且不进行差错检验，当网络上发生错误时，如通信线路出错、网关或主机出错、目的主机不可到达、分组生存周期（TTL 时间）结束、系统拥塞等，IP 不能检测错误，为了弥补这个缺点，因特网中增加了 ICMP 为 IP 提供差错报告。ICMP 是在网络层运行的协议，一般视为 IP 的辅助协议，主要用于网络设备和节点之间的控制及差错报告的传输。从因特网的角度来看，因特网是由收发分组的主机和中转分组的路由器组成，所以在 IP 路由的过程中，若主机或路由器发生任何异常，便可利用 ICMP 来传送相关的信息。鉴于 IP 网络本身的不可靠性，ICMP 的目的仅仅是向源主机告知网络环境中出现的问题，至于要如何解决问题则不是 ICMP 的管辖范围。ICMP 并不是 IP 的上一层协议，仅使用 IP 的转发功能。

5. IGMP

在因特网上向多个目的站点发送同样的数据有两种方法：一种是单播，也就是一次向一个目的站点发送，连续发送多次；另一种方法是多播。多播要靠路由器来实现，这些路由器必须增加可以识别多播的软件。能够运行多播协议的路由器称为多播路由器。多播路由器可以是一个单独的路由器，也可以是运行多播软件的普通路由器。多播使用 D 类组播 IP 地址，多播地址只能作为目的地址，不能作为源地址使用。

IP 只是负责网络中点到点的分组传输，而点到多点（多播）的分组传输则要依靠 IGMP 来完成。IGMP 帮助多播路由器识别加入一个多播组的成员主机。IGMP 信息封装在 IP 分组中，其 IP 的协议号为 2。

子任务 2　掌握路由器的两个基本功能

知识导读

1. 路由器

路由器是网络层互联设备，被广泛地用于局域网和广域网中。路由器有自己的操作系统，运行各种网络层协议（如 IP、IPX 协议、AppleTalk 协议等），它能够将使用相同或不同协议的网段或网络连接起来，用于实现网络层的功能。从概念上来讲，它与网桥相类似，但它的作用层次高于网桥，所以路由器转发的信息以及转发的方法与网桥均不相同，而且使用路由器连接起来的网络与网桥也有本质的区别。用网桥互联的网络是一个单个的逻辑网，而路由器互联的是多个不同的子网。每个子网具有不同的网络地址（逻辑地址，如IP地址）。一个子网可以对应一个独立的物理网段，也可以不对应（如虚拟网）。路由器负责将分组从源主机经过最佳路径传送到目的主机。为此，路由器必须具备两个功能，那就是确定通过互联网到达目的网络的最佳路径和完成分组的传送，即路由选择和数据转发。图5-8中给出了典型路由器的结构。路由器的功能只涉及网络层，路由器没有传输层和应用层。

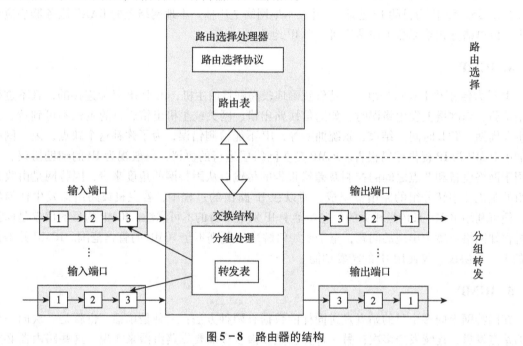

图5-8 路由器的结构

路由选择部分也叫作控制部分，其核心为路由选择处理器，路由选择处理器的任务：根据路由选择协议构造路由表；定期地和相邻路由器交换路由信息而不断更新和维护路由表。

分组转发部分由三部分组成：交换结构、一组输入端口和一组输出端口。交换结构根据转发表对分组进行处理，将某个输入端口进入的分组从一个合适的输出端口转发出去。输入端口由物理层、数据链路层和网络层（对应输入端口的1、2、3）三个处理模块组成，物理层进行比特接收。数据链路层则按照链路层协议接收传送分组的帧。数据链路层剥去帧首部和尾部后，将分组送到网络层。若收到的分组是路由器之间交换的路由信息，则交给路由选择处理器；若收到的是数据分组，则按照分组中目的地址查找转发表，根据得出结果，选择合适端口转发出去。分组在交换的队列中排队等待处理，这会产生一定的延时。输入端口中查找和转发功能在路由交换功能中最重要。输出端口将交换结构传送过来的分组先进行缓存，数据链路层处理模块将分组加上链路层的首部和尾部，交给物理层后发送到外部线路。

2. 第三层交换机

传统路由器在网络中起着隔离网络、隔离广播、路由转发、防火墙的作用，并且随着网络的不断发展，它的工作量也在迅速增长。现在出于安全和管理方便等方面的考虑，虚拟技术在网络中大量应用。虚拟网络技术可以在逻辑上隔离各个不同的网段、端口甚至主机，而各个不同虚拟网络间的通信都要通过路由器来转发。由于网络中数据流量很大，虚拟网络间大量信息的交换都要通过路由器来转发，这时路由器便成了网络的瓶颈。图5-9中给出了路由器作为主干节点的拓扑结构。

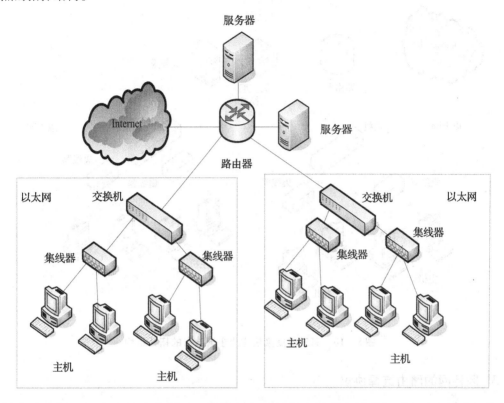

图5-9　路由器作为主干节点的拓扑结构

为了解决这个瓶颈，现在许多网络在建设时都采用了第三层交换设备，如第三层交换机。第三层交换机实际上是将传统交换机与传统路由器结合起来的网络设备，它既可以完成传统交换机的端口交换功能，又可以完成部分路由器的路由功能。第三层交换机是一个带有第三层路由功能的第二层交换机，但它是二者的有机结合，并不是简单地把路由器设备的硬件及软件叠加在局域网交换机上。在局域网中进行子网连接，尤其是在不同子网间数据交换频繁的环境中，最好选择第三层交换机。路由器虽然功能强大，但它的数据转发效率远低于第三层交换机，更适合于数据交换不是很频繁的不同类型网络之间互联，如局域网与Internet的互联。第三层交换机的特点如下：

1）数据交换速度更快。

2）不像传统的外接路由器那样需增加端口，它保护了用户的投资。

3）与相同路由器比较，其价格低很多。

图5-10中给出了第三层交换机作为主干节点的拓扑结构。这种结构可以提高网络的整体性能。因为在这种结构中，第三层交换机在服务器、路由器和交换机之间的数据交换能力平均可以达到1Mbit/s。一般情况下，一个网络系统内部的数据交换量应该占80%，这样数据交换任务由第三层交换机完成，20%左右的与外部的通信量由路由器完成。

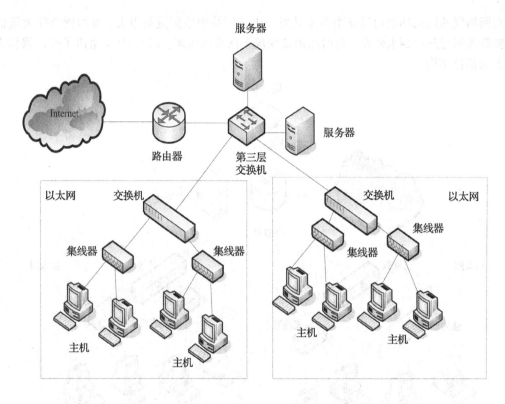

图 5 - 10   第三层交换机作为主干节点的拓扑结构

3. 因特网的路由选择协议

路由选择也称为路径选择，是路由器的基本功能之一。当两台连在不同子网上的计算机需要通信时，必须经过路由器转发，由路由器把分组通过互联网沿着一条路径从源主机传送到目的主机。在这条路径上可能需要通过一个或多个路由器，所经过的每台路由器都必须知道怎么把分组从源主机传送到目的主机，需要经过哪些中间设备。为此，路由器需要确定到达目的主机下一跳路由器的地址，也就是要确定一条通过互联网到达目的主机的最佳路径。

路由选择实现的方法是路由器通过运行路由选择协议（路由选择协议的核心就是路由算法，即需要何种算法来获得路由表中的各项），建立并维护一个路由表，在路由表中包含目的地址和下一跳路由器地址等多种路由信息。路由表中的路由信息告诉每一台路由器应该把分组转发给谁，它的下一跳路由器地址是什么。路由器根据路由表提供的下一跳路由器地址，将分组转发给下一跳路由器。通过一级一级地把分组转发到下一跳路由器的方式，最终将分组传送到目的主机。路由表中的信息有三个来源：静态路由、缺省路由和动态路由。

（1）静态路由   静态路由选择也称为非自适应路由选择。静态路由是由人工来管理的。根据互联网络的拓扑结构和连接方式，网络管理人员可以为路由器手工配置路由，由于静态路由在正常工作时不会发生自动变化。因此，到达某一个目的网络的 IP 分组其路径是固定的，当网络的拓扑结构发生变化时，网络管理人员必须手工对路由器的静态路由做出更新，而且路由器彼此不会交换这部分路由信息。

静态路由的主要优点是安全可靠、简单直观、效率高，避免了动态路由选择的开销。由于需要网络管理人员进行手工配置和更新，因此它在互联网络结构不太复杂的情况下使用是一种很好的选择。

但是，对于复杂的互联网络拓扑结构，静态路由的配置会让网络管理人员感到头痛。这种情况下，静态路由的配置不但工作量大，而且很容易出现路由环，致使 IP 分组在互联网络中兜圈子。另外，在静态路由配置完毕后，去往某一网络的 IP 分组将沿着固定的路径传递。一旦该路径出现了故障，目的网络就变得不可到达，即使存在着另外一条到达该目的网络的备份路径，除非网络管理人员对静态路由重新配置。

（2）缺省路由 Internet 上有无数的网络，某个路由器不可能也没有必要获得所有网络的路由信息。当路由表中没有明确列出到达目的网络的下一跳时，分组将选择缺省路由所指定的下一跳路由器。如果没有缺省路由，则分组将会因为在路由表中找不到匹配项而被丢弃。使用缺省路由可以减短路由表的长度。它的下一跳通常直接或间接地指向 ISP 提供的广域网出口。

（3）动态路由 动态路由选择也称为自适应路由选择。与静态路由不同，动态路由可以通过路由器自身的学习，自动修改和刷新路由表。当网络管理人员通过配置命令启动动态路由后，无论何时从互联网络中收到新的路由信息，路由器都会利用路由管理进程自动更新路由表。动态路由的功能是基于路由选择协议实现的，为了使用动态路由，互联网络中的路由器必须运行相同的路由选择协议，执行相同的路由选择算法。路由选择协议规定了一系列规则，一般包含什么时候发送路由信息、给谁发送路由信息、如何发送路由信息、发送的路由信息中包含哪些内容、如何建立和维护路由表等。运行路由协议的路由器遵循这些规则，彼此交换路由信息，建立并维护路由表。路由选择协议根据其运行范围可分为两种：内部网关协议（Interior Gateway Protocol，IGP）和外部网关协议（Exterior Gateway Protocol，EGP）。其中，内部网关协议通常分为两种，一种叫作路由信息协议（Routing Information Protocol，RIP），另一种叫作开放式最短路径优先协议（Open Shortest Path First，OSPF）。RIP 利用向量—距离算法，而 OSPF 则使用链路—状态算法。常用的外部网关协议是边界网关协议（Border Gateway Protocol，BGP）。

4. 数据转发

数据转发通常也称为数据交换（Switching）。一个主机发送一个分组，首先会将分组的目的 IP 地址和该主机自己的子网掩码按位做"AND"运算，得出目的网络地址，如果得出的目的网络地址与该主机的网络地址相等，则说明目的主机与该主机连接在同一个网络中，这时可以将分组直接交付给目的主机，不必找下一跳路由器来转发。如果源主机和目的主机在同一个网络中，那么数据转发的过程非常简单。首先利用 ARP 获得对方的物理地址，然后利用物理地址，根据所在物理网络的类型，将要发送的 IP 分组封装成帧，交给数据链路层发送即可。

如果源主机和目的主机属于不同的网络，则 IP 分组必须经过一个或多个路由器的转发才能将分组传送到目的主机。因此，路由器的另一个基本功能就是数据转发，即路由器从输入端口接收到分组，按照分组的目的网络地址查找路由表，将该分组从某个合适的输出端口转发给下一跳路由器，下一跳路由器也按照这种方法处理分组，直到该分组到达目的主机。图5-11 是一个包含三个子网的网络拓扑图。如图 5-11 所示，假设 H1 要向 H2 发送分组，首先 H1 将 H2 的地址 128.96.34.139 与自己的子网掩码 255.255.255.128 按位做"AND"运算，得到目的网络地址 128.96.34.128，这与 H1 的网络地址 128.96.34.0 不匹配，则说明 H1 与 H2 不在一个子网上。因此，H1 不能将分组直接交付给 H2，而必须交给 R1 进行转发。这里需要利用 ARP 找到 R1 的 MAC 地址。

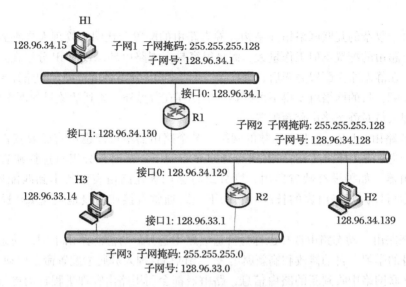

图 5-11 IP 分组转发拓扑图

R1 收到分组后将 H2 的地址 128.96.34.139 与其路由表中的第一条记录的子网掩码 255.255.255.128 按位做"AND"运算，将结果 128.96.34.128 与这条记录的目的网络地址 128.96.34.0 比较，结果不匹配。继续比较下一条记录。用第二条记录的子网掩码 255.255.255.128 与 H2 的地址 128.96.34.139 按位做"AND"运算，其结果 128.96.34.128 与第二条记录的目的网络地址匹配，说明这个网络就是目的网络。于是，R1 将分组从接口 1 直接交付给 H2（它们在同一个子网中）。交付分组时需要利用 ARP 找到 H2 的 MAC 地址。

在每个路由表中至少有以下几项：目的网络地址、子网掩码、下一跳以及接口名。目的网络地址和子网掩码是整个路由表的关键，能唯一确定到某一目的地的路由，用 IP 分组的目的 IP 地址和子网掩码做"AND"运算便得出目的网络地址。下一跳是下一跳路由器的 IP 地址，接口名指出应向该路由器的哪个网络接口转发 IP 分组。

在表 5-12 中，第一条记录表明，路由器 R1 收到一个 IP 分组，用 IP 分组的目的 IP 地址和该条记录子网掩码（255.255.255.128）做"AND"运算，得出的目的网络地址如果与该记录的目的网络地址相匹配（128.96.34.0），那么路由器便将分组通过接口 0 直接转发给目的主机。同理适用于第二条记录。第三条记录表明用 IP 分组的目的 IP 地址和该条记录子网掩码（255.255.255.0）做"AND"运算，得出的目的网络地址如果与该记录的目的网络地址相匹配（128.96.33.0），则需要通过接口 1 将分组转发给 IP 地址是 128.96.34.130 的下一跳路由器 R2。

表 5-12 R1 的路由表

目的网络地址	子网掩码	下一跳	接口名
128.96.34.0	255.255.255.128		接口 0（直接交付）
128.96.34.128	255.255.255.128		接口 1（直接交付）
128.96.33.0	255.255.255.0	128.96.34.130（R2）	接口 1（间接交付）

综上所述路由器收到一个分组后的处理过程如下：

步 骤

步骤1 路由器在接收端口收到数据链路层的帧，根据帧中的协议类型确定帧的数据是 IP 分组，于是交给 IP 实体处理。IP 实体首先检验 IP 分组头部中各个字段的正确性，包括版本号、校验和、长度等，如果发现错误则丢弃该分组；如果全部正确则查看 TTL 的值。如果 TTL 大于 1，则把 TTL 值减 1；如果 TTL 减 1 后的值为 0，则直接丢弃该分组；否则路由器重新计算 IP 头部中的校验和。如果 IP 分组的头部带有 IP 选项，还要根据选项的内容进行处理。在处理过程中，凡是出现错误、路径不通等情况，IP 实体都要向发送分组的源主机发送一个 ICMP 错误报文，报告不能转发及其原因。如果没有上述问题则执行步骤2。

步骤2 路由器查看 IP 分组头部的目的 IP 地址，依次与路由器的每一个接口（路由器通常有两个或多个接口，因为它们被连接在两个或更多的网络之间）的网络地址进行比较，如果匹配就意味着目的主机与该接口在相同的网络，路由器根据该接口所连接物理网络的类型和目的物理地址，将分组封装成帧，直接从该接口传送到目的主机，这种方式叫作直接交付。如果目的主机不属于任何一个和该路由器直接相连的网络，则执行步骤3。

步骤3 路由器查找路由表，看是否有匹配的路由项，如果有则将分组转发给下一跳路由器。如果没有匹配的路由项，一般会转发给缺省路由器（转发的过程包括利用 ARP 获得下一跳路由器的物理地址，将分组封装成帧发送出去），这种方式叫作间接交付。如果没有缺省路由，则报告分组转发错误。

步骤4 下一跳路由器重复执行前三个步骤，直到分组被送到目的主机或被丢弃。

注 意

数据转发与路由选择的区别：数据转发过程包括接收一个分组，查看它的目的地址，然后查看转发表，按表中决定的路径把分组转发出去；路由选择则是构造路由表的过程。路由表通过路由选择算法得到，而转发表则是根据路由表得出。即路由选择协议负责搜索分组从某个节点到目的节点的最佳传输路径，以便构造路由表，由路由表再构造出分组转发表。数据是根据转发表进行转发的。但是许多文献中并没有严格区分"转发"和"路由选择"。转发分组时也是说查找"路由表"，但是这并不影响对问题的理解。在本书中，转发数据时也说查找路由表。

任务三 认识传输层协议

知识导读

1. 传输层的功能

TCP/IP 参考模型中的传输层对应于 OSI 参考模型的传输层。传输层的主要功能是为两个主机中的应用进程（运行着的应用程序）提供通信服务，通常被称为端到端的通信。传输层从应用层接收报文，并且当所发送的报文较长时，传输层首先要把它分割成若干个报文段（传输层所传送的协议数据单元是报文段，Segment），然后再交给网络层进行传输。另外，传输层还负责报文错误的确认和恢复，以确保信息的可靠传输。传输层利用网络层所提供的服务向应用层的进程提供有效、可靠的服务，而完成这一工作的硬件和软件称为传输实体。传输实体可能在操作系统内核中或在一个单独的用户进程内，也可能是包含在网络应用的程序库中，或是位于网络接口卡上。

传输层为两个主机中的应用进程提供通信服务，与网络层中的 IP 的区别在于：IP 是负责计算机级的通信，也就是提供主机到主机的通信服务，作为网络层协议，IP 只能将分组交付给目的主机。但是，这是一种不完整的交付，这个分组还必须送交到正确的应用进程，这就是传输层协议所要做的事。另外，除了在作用范围上有所区别，传输层还比网络层提供更可靠的传输服务，分组丢失、数据残缺均会被传输层检测到并采取相应的补救措施。

传输层提供了两个主要的协议：传输控制协议（Transmission Control Protocol，TCP）和用户数据报协议（User Datagram Protocol，UDP）。

2. 端口的概念

当前的操作系统都支持多用户、多任务的运行环境。一台计算机在同一时间可以运行多个进程。在网络上，主机是用 IP 地址来标识的，而主机上的具体某一个进程则使用端口号来进行标识。端口是个非常重要的概念，因为应用层的各种进程都是通过相应的端口与传输实体进行交互的。因此，在传输协议数据单元的首部中都要写入源端口号和目的端口号。当传输层收到网络层交上来的数据后，就要根据其目的端口号来决定应当通过哪一个端口上交给目的应用进程。在 TCP/IP 族中，端口号由 16 位二进制数表示，换算为十进制，则是 0 ~ 65536 的整数。端口号只具有本地意义，即端口号只是为标识本计算机应用层中的各个进程，不同计算机的相同端口号是没有联系的。

端口号分为两类。一类是由因特网指派名字和号码公司 ICANN 负责分配给一些常用的应用层程序固定使用的熟知端口（Well-known Port），其数据一般为 0 ~ 1023，表 5 - 13 中列出了部分常见的熟知端口。"熟知" 就表示这些端口号是 TCP/IP 体系确定并公布的，因而是所有用户进程都知道的。当一种新的应用程序出现时，必须为它指派一个熟知端口，否则其他的应用进程都无法和它进行交互。在应用层中，各种不同的服务器进程不断地检测分配给它们的熟知端口，以便发现是否有某个客户进程要和它通信。另一类是一般端口，用来随时分配给请求通信的客户进程，一般来说，客户进程所使用的端口号都是临时产生的，通信完成后便释放，所以又称为短暂端口号。

表 5 - 13 常见熟知端口号

协 议 名 称	端 口 号	使用的传输层协议
FTP（文件传输协议）	21	TCP
TELNET（远程登录）	23	TCP
SMTP（简单邮件传输协议）	25	TCP
HTTP（超文本传输协议）	80	TCP
DNS（域名解析）	53	UDP
SNMP（简单网络管理协议）	161	UDP
DHCP（动态主机配置协议）	67	UDP
TFTP（快速文件传输协议）	69	UDP

信息卡

不同层次对应的标识符号：数据链路层是物理地址（硬件地址或 MAC 地址），网络层是 IP 地址，传输层是端口号，应用层是主机名字。

子任务1 认识传输控制协议（TCP）

知识导读

1. TCP 的基本功能

尽管计算机通过 IP（安装 IP 软件）保证了计算机之间可以进行通信，但它还不能解决分组在传输过程中可能出现的问题，如分组丢失或重复、延迟时间大、次序混乱等。因此，若要解决这些可能出现的问题，连接在 Internet 的计算机还需要 TCP（安装 TCP 软件）来提供可靠并且无差错的通信服务。

TCP 在 IP 的基础上提供一种端到端的面向连接的可靠数据流服务。它既适用于可靠的网络服务环境，也适用于不可靠的网络服务环境。其可靠性体现在它可以保证数据按序、无丢失、无重复的到达目的端。为达到可靠传送的目的，TCP 将其传送的协议数据单元（报文段）发送出去后必须等待对方的应答。若对方应答确认正确接收，则发送方将该报文段从缓冲区队列中除去；若超时后仍未收到应答信号，则需要重新发送该报文段。接收方收到对方发来的报文段后，经检查无错、无重复，才放入缓冲区队列。

众所周知，Internet 是一个庞大的国际性网络，网络上的拥挤和空闲时间总是交替不定的，加上传送的距离远近不同，所以传输数据所用时间也会变化不定。TCP 具有自动调整"超时值"的功能，能很好地适应 Internet 上各种各样的变化，确保传输数值的正确。因此，从上面可以了解到，IP 只保证计算机能发送和接收分组，而 TCP 则可提供一个可靠的、全双工的信息流传输服务。

综上所述，虽然 IP 和 TCP 这两个协议的功能不尽相同，也可以分开单独使用，但它们是在同一时期作为一个协议来设计的，并且在功能上也是互补的。只有两者的结合，才能保证Internet 在复杂的环境下正常运行。凡是要连接 Internet 的计算机，都必须同时安装和使用这两个协议，因此在实际中常把这两个协议统称作 TCP/IP。

2. TCP 报文段的格式

TCP 使用 IP 来携带数据信息，每一个 TCP 报文段封装在一个 IP 分组后通过网络进行传输。TCP 首部和相关的数据紧跟在 IP 分组的头部信息之后，即通过在 IP 分组中的封装进行发送（在 IP 分组头部的协议字段中，TCP 为 6），如图 5-12 所示。

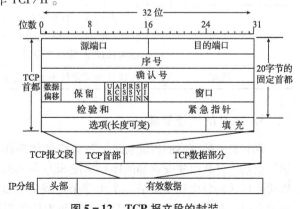

图 5-12 TCP 报文段的封装

TCP 首部各个字段的简介见表 5-14。

表 5-14 TCP 首部字段简介

字 段 名	字 段 简 介
源端口和目的端口	各占 2B。端口是传输层与应用层的服务接口
序号	4B。TCP 连接传送的数据流中，每一个字节都编上一个序号。序号字段的值则是指本报文段所发送的数据的第一个字节的序号
确认号	4B，是期望收到对方下一个报文段数据的第一个字节的序号
数据偏移	4 位，它指出 TCP 报文段的数据起始处距离 TCP 报文段的起始处有多远。"数据偏移"（单位不是字节）是 32 位
保留	6 位，保留为今后使用，目前应置为 0
紧急位 URG	当 URG = 1 时，表明紧急指针字段有效。它告诉系统此报文段中有紧急数据，应尽快传送（相当于高优先级的数据）
确认位 ACK	只有当 ACK = 1 时，确认号字段才有效；当 ACK = 0 时，确认号无效
推送位 PSH（Push）	TCP 收到推送位置 1 的报文段，就尽快地交付给接收应用进程，而不再等到整个缓存都填满后再向上交付
复位位 RST（Reset）	当 RST = 1 时，表明 TCP 连接中出现严重差错（如主机崩溃或其他原因），必须释放连接，然后再重新建立传输连接
同步位 SYN	同步位 SYN 置为 1，就表示这是一个连接请求或连接接受报文
终止位 FIN（Final）	用来释放一个连接。当 FIN = 1 时，表明此报文段发送端的数据已发送完毕，并要求释放传输连接
窗口	2B。窗口字段用来控制对方发送的数据量，单位为字节。TCP 连接的一端根据设置的缓存空间大小确定自己的接收窗口大小，然后通知对方以确定对方发送窗口的上限
检验和	2B。检验和字段检验的范围包括首部和数据这两部分。计算检验和时，要在 TCP 报文段的前面加上 12B 的伪首部
紧急指针	16 位。紧急指针指出在本报文段中紧急数据共有多少个字节（紧急数据放在本报文段数据的最前面）
选项	长度可变。TCP 只规定了一种选项，即最大报文段长度（Maximum Segment Size，MSS）。MSS 告诉对方 TCP："我的缓存所能接收的报文段的数据字段的最大长度是 MSS 个字节"
填充	这是为了使整个首部长度是 4B 的整数倍

3. TCP 的连接管理

TCP 是一种可靠的传输协议。其可靠性体现在它可以保证数据有序、无丢失、无重复地到达目的端。TCP 报文段首部的序号字段 SEQ 与确认字段 ACK 为这种可靠传输提供了保障。TCP 将所要传送的整个报文看成一个个字节组成的数据流，并使每一个字节对应于一个序号。在连接建立时，双方要商定初始序号。TCP 每次所发送报文段首部中的序号字段数值表示该报文段中数据部分第一个字节的序号。

接收方在收到发送方发来的数据后依据序号重新组装所收到的报文段。为什么要依靠序号来重组报文段呢？因为在一个高速链路与低速链路并存的网络上，可能会出现高速链路上的报文段比低速链路上的报文段提前到达的情况，此时就必须依靠序列号来重组报文段，以保证数据可以按序上交应用进程。这就是序列号的作用之一。

TCP 的确认是对所接收数据的最高序号（即所收到数据中的最后一个序号）进行确认。但返回的确认序号 ACK 是已收到数据的最高序号再加 1，该确认号既表示对已收数据的确认，同时表示期望下次收到第一个数据字节的序号。图 5-13 中显示了 TCP 报文段传输时，SEQ 和 ACK 所扮演的角色。

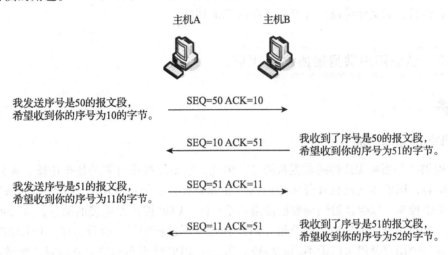

图 5-13　SEQ 和 ACK 的作用

TCP 是面向连接的协议。面向连接的协议在源主机和目的主机之间建立一条虚路径。属于一个报文的所有报文段都沿着这条虚路径发送。在 TCP 通信中，整个过程分为三个阶段：连接建立、数据传送和连接释放。主动发起连接建立的应用进程叫作客户方，而被动等待连接建立的应用进程叫作服务器方。一个 TCP 连接从客户方向服务器方执行一个主动打开操作开始，TCP 连接的建立采用"三次握手"的机制。"三次握手"是指客户和服务器之间要交换三次消息，即呼叫方提出连接请求、被呼叫方确认请求、然后呼叫方再确认请求，如图 5-14 所示。三次握手的目的是使报文段的发送和接收同步，并提供在两个主机之间建立虚拟连接所需的控制信息。

TCP 以全双工方式传送数据。当两个机器中的两个 TCP 进程建立连接后，它们应当都能够同时向对方发送报文段。在连接建立过程中要解决以下三个问题。

1）每一方能够确认对方的存在。

2）双方能够协商一些参数（如最大报文段长度、最大窗口大小、服务质量等）。

3）双方能够对传输实体资源（如缓存大小、连接表中的项目等）进行分配。

TCP 的"三次握手"算法如图 5-14 所示，具体步骤如下。

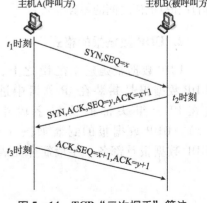

图 5-14　TCP"三次握手"算法

1）A 的 TCP 向 B 发出连接请求报文段，其首部中的同步位 SYN 置为 1（表示这是一个连接请求或连接接受报文），并选择序号 x，表明传送数据时的第一个数据字节的序号是 x。

2）B 的 TCP 收到连接请求报文段后，如同意，则发送确认。B 在确认报文段中应将 SYN 置为 1，其确认号为 $x+1$，同时也为自己选择序号 y。

3）A 收到此报文段后，向 B 给出确认，其确认号为 $y+1$。

4）A 的 TCP 通知上层应用进程，连接已经建立。

5）B 的 TCP 收到主机 A 的确认后，也通知其上层应用进程，连接已经建立。

建立连接以后就是数据传输阶段。传输数据的双方中的任何一方都可以关闭连接。当一个方向的连接被终止时，另外一方还可继续向对方发送数据。当数据传输必须保证完整性、可控制性和可靠性时，如文件传输，可以选择使用 TCP 传输。

子任务 2　认识用户数据报协议（UDP）

知识导读

1. UDP 的基本功能

UDP 提供一种面向无连接的数据报服务，因此，它不能提供可靠的数据传输。而且 UDP 不进行差错检验，UDP 也无法保证任何分组的传递和验证，必须由应用层的应用程序来实现可靠性机制和差错控制，以保证端到端数据传输的正确性。UDP 提供无连接的服务，这表示 UDP 发送出的每一个用户分组都是独立的分组。用户分组并不进行编号，也没有建立连接和释放连接的过程，每一个用户分组可以走不同的路径。当一个 UDP 分组在网络中移动时，发送过程并不知道它是否到达目的地，除非应用层确认了它已到达的事实。

UDP 提供的服务与 IP 一样，是不可靠的、无连接的服务。但它不同于 IP，因为 IP 是网络层协议向传输层提供无连接的服务，而 UDP 是传输层协议，它向应用层提供无连接的服务。

UDP 是对 IP 组的扩充，它增加了一种可以让发送方区分一台计算机上多个接收者的机制。UDP 实现功能较为简单，但由于其灵活、开销小等特点，使得它更适合某些应用。当强调传输性能而不是传输的完整性时，如音频和多媒体应用，并不要求音频、视频绝对正确，只要保证连贯性就可以了，这种情况下，UDP 是最好的选择。UDP 和 TCP 传递数据的差异类似于邮寄明信片和打电话之间的差异。

2. UDP 数据报的格式

UDP 数据报是建立在 IP 之上，也就是说 UDP 数据报是封装在 IP 分组中进行传输的（在 IP 分组头部的协议字段中，UDP 为 17），UDP 数据报的封装如图 5-15 所示。UDP 数据报首部各个字段简介见表 5-15。

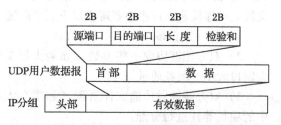

图 5-15　UDP 数据报的封装

表 5 – 15 UDP 首部字段简介

字 段 名	字 段 简 介
源端口	源主机上运行的进程所使用的端口号。16 位，这就表示端口号的范围为 0 ~ 65535。若源主机是客户端（当客户进程发送请求时），则在大多数情况下，这个端口是短暂端口号；若源主机是服务器端，则在大多数情况下，这个端口号是熟知端口号
目的端口	目的主机上运行的进程使用的端口号。16 位。若目的主机是客户端（当客户进程发送请求时），则在大多数情况下，这个端口是短暂端口号；若目的主机是服务器端，则在大多数情况下，这个端口号是熟知端口号
长度	用户数据报的总长度，即首部加上数据后的总长度，也是 16 位。这表示总长度最长为 65535B，但最小长度不是 0B，而是 8B，它指出用户数据报只有首部而无数据
检验和	这个字段用来检验整个用户数据报出现的差错

任务四　下一代网际协议 IPv6

知识导读

1. IPv6 的概述

IP 是因特网的核心协议。现在使用的 IP（即 IPv4）是在 20 世纪 70 年代末期设计的，无论从计算机本身发展还是从因特网规模和网络传输速率来看，现在的 IPv4 已经很不适应了，这里最主要的问题就是 32 位的 IP 地址不够用。要解决 IP 地址耗尽的问题，我们可以采用以下三个措施：

1）采用无分类编址 CIDR，使 IP 地址的分配更加合理。

2）采用网络地址转换 NAT 方法，可以节省许多全球 IP 地址。

3）采用具有更大地址空间的新版本 IP，即 IPv6。

尽管上述前两项措施的采用使得 IP 地址耗尽的日期延后了不少，但却不能从根本上解决 IP 地址即将耗尽的问题，因此，治本的方法应当是上述第三种方法。

信息卡

IETF（Internet Engineering Task Force，因特网工程任务组）早在 1992 年 6 月就提出了下一代的 IP，即 IPng（IP Next Generation）。IPng 现在正式称为 IPv6。

2. IPv6 的地址空间

IPv6 使用 128 位地址，即从数量级上达到 2^{128} 个地址，地址空间大于 3.4×10^{38}。

（1）IPv6 地址表示方法

1）冒号十六进制形式。即 X:X:X:X:X:X:X:X，其中 X 是一个 4 位十六进制整数。每个地址包括 8 个整数，每个整数包含 4 个数字，每个数字包含 4 位，共计 128 位（$8 \times 4 \times 4 = 128$）。例如，1030:0000:0000:0000:08B4:0007:200C:123A。在每个 4 位一组的十六进制数中，如高位为 0 则可省略，这一点与 IPv4 的规定一样。例如，将 08B4 写成 8B4，0007 写成 7，0000 写成 0，这主要是为了书写和辨认时的方便。所以，1030:0000:0000:0000:08B4:0007:200C:123A 可以缩写成 1030:0:0:0:8B4:7:200C:123A。

2）重叠冒号形式。由于 IPv6 地址规定有 8 段 128 位之多，即使按上述方法把 "0" 的写法简化了，但是如果小段全为 "0" 的段数较多，这样也显得有点麻烦或者意义不大，于是为了进一步简化，规范中导入了 "重叠冒号" 的规则，即用重叠冒号置换地址中的连续 16 位的 0。例如，上例在地址中间仍有 3 段为 "0"，将连续 3 个 0 用 ":" 置换后，就可以表示成 1030::8B4:7:200C:123A，这样就更加简化了。但是重叠冒号规则在一个地址中只能使用一次，也就是说在不连续段中不能重复使用它来替换其中的多个 "0"。例如，有这样一个 IPv6 地址 0:0:0:1A2B:123C:0:0:0，按上述冒号置换原则，可以缩写成::1A2B: 123C:0:0:0 或者 0:0:0:1A2B:123C::，但却不能写成::1A2B:123C::，因为这种写法中两次用到了冒号置换原则。

（2）IPv6 地址分类

1）单点传送地址（Unicast Address），也叫单播地址。单播就是传统的点对点通信。IPv6 中的单点传送地址是连续的，以位为单位的可掩码地址，与带有 CIDR 的 IPv4 地址很类似，一个标识符仅标识一个接口的情况。

2）多点传送地址（Multicast Address），也叫多播地址。多播是一点对多点的通信，数据报发送到一组计算机中的每一台。IPv6 没有广播的术语，而是将广播看作是多播的一个特例。

3）任意点传送地址（Anycast Address），也叫任播地址。这是 IPv6 增加的一种类型。任播的目的站是一组计算机，但数据报在交付时只交付给其中的一台，通常是距离最近的一个。

信息卡

IPv6 将实现 IPv6 的主机和路由器均称为节点。IPv6 地址是分配给节点上面的接口。一个接口可以有多个单播地址。一个节点接口的单播地址可用来唯一标志该节点。

3. IPv6 的基本首部

IPv6 将首部长度变为固定的 40B，称为基本首部（Base Header）。IPv6 数据报在基本首部后允许有零个或多个扩展首部，再后面是数据，如图 5-16 所示。但是，所有的扩展首部都不属于 IPv6 数据报的首部。所有的扩展首部和数据结合起来叫作数据报的有效载荷。IPv6 基本首部的各个字段简介见表 5-16。

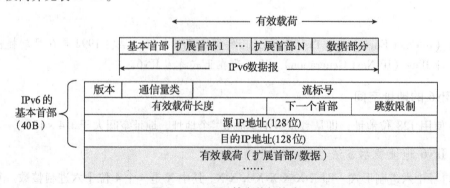

图 5-16　IPv6 基本首部格式

表 5 - 16 IPv6 基本首部字段简介

字 段 名	字 段 说 明
版本	4 位。它指明了协议的版本，对于 IPv6，该字段总是 6
通信量类	8 位。这是为了区分不同的 IPv6 数据报的类别或优先级
流标号	20 位。"流"是互联网络上从特定源点到特定终点的一系列数据报，"流"所经过的路径上的路由器都保证指明的服务质量。所有属于同一个流的数据报都具有同样的流标号
有效载荷长度	16 位。它指明 IPv6 数据报除基本首部以外的字节数（所有扩展首部都算在有效载荷之内），其最大值是 64 KB
下一个首部	8 位。它相当于 IPv4 的协议字段或可选字段
跳数限制	8 位。源站在数据报发出时即设定跳数限制（最大为 255 跳）。每个路由器在转发数据报时将跳数限制字段中的值减 1。当跳数限制的值为零时，就要将此数据报丢弃
源 IP 地址	128 位。它是数据报发送站的 IP 地址
目的 IP 地址	128 位。它是数据报接收站的 IP 地址

4. IPv4 向 IPv6 的主要过渡技术

IPv6 作为 Internet 协议的下一版本，对 IPv4 的取代最终将不可避免。作为互联网体系结构的核心，IPv6 的一个重要设计目标是与 IPv4 兼容。IPv6 节点之间的通信依赖于现有 IPv4 网络的设施，而且 IPv6 节点也必不可少地要与 IPv4 节点通信，因此 IPv6 和 IPv4 共同存在、共同运行的局面将持续相当长的时间。

若要建立 IPv6 网络，首先要处理现有 IPv4 网络和未来 IPv6 网络之间的关系，从而最终实现 IPv4 向 IPv6 的平滑过渡。可以这么说，能否成功解决好 IPv4 到 IPv6 的过渡问题，是 IPv6 网络在未来能否成功的关键。目前，人们已经研究了许多过渡技术和方案，其中主要有双协议栈、隧道和 NAT-PT 三种方式。

（1）双协议栈（Dual Stack）技术　主机同时运行 IPv4 和 IPv6 两套协议栈，同时支持两套协议。IPv4 和 IPv6 是功能相近的网络层协议，两者都基于相同的物理平台，而且加载于其上的传输层协议 TCP 和 UDP 没有任何区别。如图 5 - 17 所示的协议栈结构可以看出，如果一台主机同时支持 IPv4 和 IPv6 两种协议，那么该主机既能与支持 IPv4 的主机通信，又能与支持 IPv6 的主机通信，这就是双协议栈技术的工作机理。

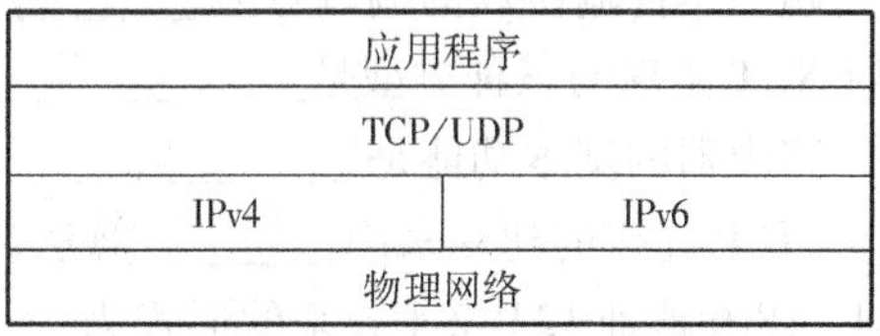

应用程序	
TCP/UDP	
IPv4	IPv6
物理网络	

图 5 - 17 IPv4 和 IPv6 双协议栈的协议结构

（2）隧道（Tunnel）技术　隧道技术是指将一种协议报文封装在另一种协议报文中，这样，一种协议就可以通过另一种协议的封装进行通信。IPv6 隧道技术是将 IPv6 报文封装在 IPv4 报文中，这样 IPv6 数据包就可以穿越 IPv4 网络进行通信，因此，它是使用 IPv6 和向 IPv6 过渡的最有效方法。利用隧道技术可以通过现有的运行 IPv4 的 Internet 骨干网络（即隧道）将局部的 IPv6 网络连接起来，隧道两端的设备要同时支持 IPv4 和 IPv6，即隧道的两端要求是支持双协议栈的设备。

（3）NAT-PT（Network Address Translation-Protocol Translation）技术 在长期的 IPv4 和 IPv6 共存发展的过程中，寻求一种能够使 IPv4 主机和 IPv6 主机之间相互通信的方法是很有必要的，上面两种方案显然不能完成这个任务，那么必然要用到转换网关。

转换网关从概念上类似 IPv4 的地址翻译（NAT）。这里所说的转换网关则是在 IPv4 地址和 IPv6 地址之间进行映射。IPv4 的地址翻译提供了内部 IP 网络和外部的 IP 网络之间的路由转发，而这里的转换网关则是在 IPv4 网络和 IPv6 网络之间进行路由转发，因此除了地址翻译之外，还要包括协议的翻译。

转换网关作为通信的中间设备，可在 IPv4 和 IPv6 网络之间转换 IP 报头的地址，同时根据不同协议对分组做相应的语义翻译，从而使纯 IPv4 和纯 IPv6 站点之间能够透明通信。

NAT-PT 在 IPv4 分组和 IPv6 分组之间进行基于会话的报头和语义翻译，因此是有状态的。对于一些内嵌地址信息的高层协议（如 FTP），NAT-PT 需要和应用层的网关协作来完成翻译。NAT-PT 克服了 SIIT（Stateless IP/ICMP Traslation，无状态 IP/ICMP 翻译）机制需要较大备用 IPv4 地址池的缺点，能够实现纯 IPv4 节点和纯 IPv6 节点的大部分通信应用，但在采用网络层加密和数据完整性保护的环境下将不能工作。

学材小结

理论知识

一、填空题

1. 网络层提供的两种服务是_____、_____。

2. 网络互联的类型有_____、_____、_____、_____。

3. 网络层的互联设备是_____。

4. IP 地址 202.207.157.3 属于_____类 IP 地址。

5. 某台主机的 IP 地址为 192.168.5.121，子网掩码 255.255.255.248，那么该主机的网络号为_____，子网号为_____，主机号为_____。

6. 以太网利用_____协议获得目的主机 MAC 地址与 IP 地址的映射关系。

7. 超文本传输协议的端口号为_____。

8. NAT 实现的三种类型是_____、_____、_____。

9. 路由器的基本功能是_____、_____。

10. TCP 连接的建立采用_____算法。

11. IPv6 地址 123::2:4 原来的形式为_____。

二、选择题

1. 完成路径选择功能层次是在 OSI 模型的（   ）。
   A. 物理层　　　　　B. 数据链路层　　　C. 网络层　　　　　D. 传输层

2. TCP/IP 体系结构中的 TCP 和 IP 所提供的服务分别为（   ）。
   A. 链路层服务和网络层服务　　　　B. 网络层服务和传输层服务
   C. 传输层服务和应用层服务　　　　D. 传输层服务和网络层服务

3. 在因特网中，IP 数据报从源节点到目的节点可能需要经过多个网络和路由器。在整个传输过程中，IP 数据报报头中的（　　　）。

A. 源地址和目的地址都不会发生变化

B. 源地址有可能发生变化而目的地址不会发生变化

C. 源地址不会发生变化而目的地址有可能发生变化

D. 源地址和目的地址都有可能发生变化

4. 在 OSI 参考模型中，网桥实现互联的层次为（　　　）。

    A. 物理层　　　　　　B. 数据链路层　　　　C. 网络层　　　　　D. 应用层

5. IP 地址为 140.111.0.0 的 B 类网络，若要划分为 9 个子网，而且都要连接 Internet，请问子网掩码要设为（　　　）。

    A. 255.0.0.0　　　　B. 255.255.0.0　　　　C. 255.255.128.0　　　D. 255.255.240.0

6. 某公司申请到一个 C 类网络，由于有地理位置上的考虑必须划分成 6 个子网，请问子网掩码要设为（　　　）。

    A. 255.255.255.224　　　　　　　　　B. 255.255.255.192

    C. 255.255.255.254　　　　　　　　　D. 255.285.255.240

7. 工作在物理层的互联设备是（　　　）。

    A. 中继器　　　　　　B. 应用网关　　　　　C. 网桥　　　　　　D. 路由器

8. 用于高层协议转换的网间连接器是（　　　）。

    A. 路由器　　　　　　B. 集线器　　　　　　C. 网关　　　　　　D. 网桥

9. 三次握手方法用于（　　　）。

    A. 传输层连接的建立　　　　　　　　B. 数据链路层的流量控制

    C. 传输层的重复检测　　　　　　　　D. 传输层的流量控制

10. 传输层可以通过标识（　　　）来表示不同的应用。

    A. 物理地址　　　　B. 端口号　　　　　　C. IP 地址　　　　　D. 逻辑地址

三、简答题

1. 简述 TCP 与 UDP 之间的相同点和不同点及各自的应用范围。

2. 在 Internet 中，某计算机的 IP 地址的二进制表示是 11001010.01100000.00101100.01011000，请回答下列问题：

（1）用点分十进制数表示上述 IP 地址。

（2）该 IP 地址属于 A 类、B 类还是 C 类？

（3）写出该 IP 地址的掩码。

（4）写出该计算机的主机号。

拓展练习

实训一　子网划分

【实训目的】

掌握子网划分（定长子网掩码）的方法。

【实训内容】

一个组织申请到了一个 C 类 IP 地址 200.1.1。该组织有 4 个部门，主机数分别是 30、27、18、15。填写完成下面的实训任务步骤（第一个和最后一个子网都不可用）。

【实训步骤】

步骤1 根据具体情况确定子网数为_____。因此，至少要向主机部分借_____位作为子网部分，剩余的_____位为主机部分，每个子网最多有_____个地址分配给主机。

步骤2 确定子网掩码。C类地址，向主机借位，其子网掩码为十进制_____，即二进制_____。

步骤3 根据 IP 地址空间和子网掩码确定每个子网的地址范围、网络地址和广播地址，见表 5－17。

表 5－17　子网划分

子 网 号	网络地址	广播地址	地址范围

步骤4 在指定地址范围内给每个子网的主机分配 IP 地址。由于子网_____和子网_____是不能使用的，所以可将子网_____中的任何_____个分配给相应的部门。

实训二　路由器通过查找路由表转发 IP 分组的过程

【实训目的】

掌握路由器通过查找路由表转发 IP 分组的过程。

【实训内容】

某路由器建立了如表 5－18 所示的路由表。这个路由器可以直接通过接口 0 和接口 1 转发分组，或者将分组转发给路由器 R2、R3、R4。请描述当分组的地址为以下目的地址时，路由器该怎么做。

(1) 128.96.39.10

(2) 128.96.40.12

(3) 128.96.40.151

(4) 192.4.153.17

(5) 192.4.153.90

表 5 - 18　实训二的路由表

目的网络地址	子网掩码	下一跳
128.96.39.0	255.255.255.128	接口 0
128.96.39.128	255.255.255.128	接口 1
128.96.40.0	255.255.255.128	R2
192.4.153.0	255.255.255.192	R3
缺省		R4

【实训步骤】

计算第一个目的地址（128.96.39.10）。分别与路由表中每条记录进行比较。比较的方法是＿＿＿＿＿＿＿＿＿＿＿＿＿＿＿＿＿＿＿＿＿＿＿＿＿＿＿＿＿＿＿＿＿＿＿＿＿＿＿。

如果匹配，则路由器应该＿＿＿＿＿＿＿＿＿＿＿＿＿＿＿＿＿＿＿＿＿＿＿；如果不匹配，则路由器应该＿＿＿＿＿＿＿＿＿＿＿＿＿＿＿＿＿＿＿＿＿＿＿＿＿＿＿＿＿＿＿＿＿＿＿。

其余 4 个地址的计算方法与第一个的类似。

❓ 拓展练习

某公司有 4 个部门，每个部门拥有的主机数分别是 70、30、20、16，该公司申请了一个完整的 C 类 IP 地址段 202.1.1.0，子网掩码 255.255.255.0。请给出子网划分的方案（使用可变长子网掩码，假设第一个和最后一个子网都是可以使用的）。

模块六
网络服务模式与应用层服务

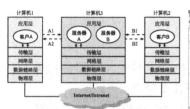

▌本模块导读▐

在 Internet 普及的今天，网络服务的主流模式逐步从 C/S 服务模式转向成熟、安全的 B/S 服务模式。网络体系中的应用层在提供着传统的 WWW、DNS、E-mail、FTP 等关键服务的同时，在 BBS 论坛、网络新闻、博客、音视频点播等新型应用方面也展示出网络超媒体的交互优势。Internet、Intranet 的界限被高速发展的信息技术抹平了，人们的工作、学习和生活方式也在迅速膨胀的应用需求中逐渐改变。如何把握信息技术的脉搏，跟上网络应用的步伐，成为每个人生存、发展的基本技能和求职本领之一。

网络即时通信是 Internet 用户目前较广泛的应用之一。如何选择和创建一个网络即时通信环境，通过 Internet 或 Intranet 来进行业务协作、安全聊天、交友娱乐，提高工作学习效率，降低通信费用，已经成为当今众多网友们追求的目标。

本模块主要介绍如何理解和选用网络服务模式，如何使用 Internet 提供的 WWW、DNS、E-mail、FTP 等主要服务并合理配置网络新闻、博客等目前流行的网络应用，以及国际流行的网络即时通信工具的综合应用技能和工作原理。

通过本模块的学习和实训，大家应掌握目前 Internet 主要服务的配置和高级应用技巧、熟悉当今国际上流行的几种网络即时通信工具的综合应用技能和相关理论知识。

▌本模块要点▐

- 掌握网络服务模式的相关知识
- 熟悉 Internet 主要服务的应用配置方法及相关知识
- 熟悉网络即时通信工具的综合应用技能及工作原理

任务一 认识网络服务模式

【案例6-1】××职业学院图书管理系统建设招标，开发商 A 和开发商 B 参加竞标，并分别提供了设计方案。A 和 B 分别根据学院提出的功能需求，在图书管理系统中提供了采购与编码管理、流通管理和系统管理等基本功能模块。A 提供的图书管理系统采用 C/S 服务模式，强调系统运行的效率和安全性、稳定性；B 提供的图书管理系统采用 B/S 服务模式，强调系统运行的易用性、可维护性和可管理性。

知识导读

应用系统的服务模式也称为计算模型，是指应用系统为用户提供应用服务（早期统称为"计算"）而采用的模型。自从计算机诞生开始，它的演变经历了以下几个阶段。

1）终端—主机服务模式。这种模式也称为"主机—终端模式"或"主机模式"。随着计算机软件的不断发展，计算机软件在科学计算、信息处理两大用途中，信息处理应用变得越来越广泛。信息处理软件自始就是多用户的。UNIX 上的 Mail 是最早的信息处理软件之一，它的作用是在同一台 UNIX 主机的不同终端用户间传递文本信件，但不能实现跨主机的传递。

2）离散个人服务模式。UUCP（UNIX-to-UNIX Copy）是 UNIX 系统的一项功能，允许计算机之间以存储—转发方式交换 E-mail 和消息，在 Internet 兴起之前是 UNIX 系统之间联网的主要方式。它可以实现跨主机的信息传递，但是主机间的网络连接不是持续的，信息到达的时间无法保证。因此，计算机信息处理仍然是以单机为主，通过软盘或非持续的网络连接在主机间交换数据，属于终端—主机服务模式的功能延伸。

3）网络/文件服务器服务模式。该模式不仅能使一个工作组从易于使用的 PC 中受益，而且还允许工作组像在一个大型主机系统上一样共享数据和外部设备。但是，该模式不能对多用户请求、共享数据的应用提供足够的服务：一方面，文件服务器不提供多用户要求的数据并发性；另一方面，如果局域网上许多工作站请求和发送许多文件，网络很快就达到饱和状态，造成瓶颈而降低整个系统的性能。该缺陷导致了客户机/服务器服务模式的诞生。

4）客户机/服务器（Client/Server，C/S）服务模式。多人协作的数据库并发支持问题，在局域网应用于信息系统后得到了解决。选用一台专用服务器或高性能 PC 作为服务器，运行网络版数据库服务软件，如 SQL Server；其他 PC 作为客户机，连接到服务器工作。这就是最初的 C/S 信息系统——客户机/服务器服务模式。通常，开发者在数据库服务器上创建数据库并编写一些存储过程来操作数据库，并为每位员工（用户）创建各自的数据库账户，并对账户赋予必要的权限。所有客户机上都需要配置信息管理的专用应用程序，如"图书管理系统"的客户机程序；用户在工作时只要打开客户机程序并输入自己的数据库账户，即可直接连接数据库服务器开始工作。多人协同工作造成的冲突等问题由数据库服务器的完整性约束或存储过程解决，而数据的正确性检查等往往由客户机程序负责。

为了加强服务器的审计能力，很多信息系统转向了三层企业应用架构——在客户机与数据库服务器之间增设一层应用服务器专门负责事务逻辑，所有请求需经应用服务器处理和过滤后，才能进入数据库。使用三层架构后，客户机上仍然需要安装专用软件，因此还是 C/S 服务模式。但是，客户机在逐渐转向瘦客户机——专用软件功能简单、易于安装维护。

5）浏览器/服务器（Browser/Server，B/S）服务模式。从 Windows 95 OSR2 开始，Windows 操作系统开始捆绑 Internet Explorer（IE）浏览器。虽然这种捆绑销售行为使 Microsoft 公司遭到起诉，并阻碍了 IE 新版本的推广，但是 Windows 中集成的 IE 使用户通过浏览器访问 Internet 变得更加方便。新购置的计算机已经预装了操作系统，而操作系统中捆绑着 Internet 浏览器。应用系统的开发者看到了解决 C/S 客户机部署难题的一个出路——将 C/S 中的 C（客户机程序）用操作系统中已经捆绑的、人人会用的 Internet 浏览器代替。这样，开发者和客服人员只需要安装、升级、维护网络服务器，而客户机不再需要专门的维护和技术支持。当拥有标准界面、统一功能、简单易用的浏览器取代了客户机专用程序时，B/S 服务模式就出现了。

B/S 模式的真正流行是从现代浏览器对 Web 标准支持较为完善的时候开始的。从 IE6.0、Firefox1.5 等浏览器开始都可以比较好地支持 HTML4.0、CSS2.0、JavaScript 等 Web 标准，在客户机可以呈现包含图片、声音、动画、视频媒体信息以及结构清晰的网页界面，还可以在客户机进行简单的数据验证、初步的数据处理。同时，Java、PHP 和 ASP 出现后，服务器端开发较早期的传统语言方便得多，使 B/S 应用系统的成本大大降低。

终端—主机、C/S、B/S 三种主要服务模式的技术特点对照见表 6-1。

表 6-1 三种主要服务模式的技术特点对照

对 照 项 目	终端—主机	C/S	B/S
典型公司代表，结构	IBM，集中式、无层次	Microsoft，分散、多层次	分布式、网状
用户访问	菜单驱动	事件驱动	动态交互、合作
主流语言	COBOL、Fortran	4GL，专用工具	Java/.NET、HTML/XML
客户机/界面	哑终端	胖客户机/GUI	浏览器/NUI
客户机访问资源	1:1	1:M	N:M
数据流	可预测	突发性	不可预测
平台相关性	是	是	否
开发点	主机	客户机，服务器	服务器
成熟期	20 世纪 70 年代	20 世纪 90 年代中期	20 世纪 90 年代末期

子任务 1　认识 C/S 服务模式

应用层是网络体系结构中的最高层，所以应用层的任务不是为上层提供服务，而是通过应用层协议为最终用户提供服务。因此，每个应用层协议都是为了解决某一类应用问题，而问题的解决又往往是通过位于不同主机中多个进程之间的通信和协同工作来完成。这些为了解决具体的应用问题而彼此通信的进程就称为应用进程。因此，应用层的具体内容就是规定应用进程在通信时所遵循的协议。

在 C/S 服务模式中，客户和服务器其实都是指通信中所涉及的两个应用进程。按照 C/S 服务模式，每次网络通信均由随机运行的客户进程发起，服务器进程从启动开始就一直处于等待状态。这样就可以保证服务器随时对客户请求做出响应。客户与服务器之间的请求应答模式为相互通信的数据传输同步提供了有力支持。客户与服务器的通信关系一旦建立，通信就可以是双向的，客户和服务器都可以发送和接收信息。目前大多数的应用进程都是在 Internet 或 Intranet 上使用 TCP/IP 进行通信，如图 6-1 所示。

虽然 Internet/Intranet 提供了基本的通信服务，但是协议软件并不能自动建立与远程计算机的连接或接受远程计算机的连接请求。因此，必须有两个应用进程参与通信，一个建立连接，另一个接受连接。客户是指主动建立连接（Call）的应用进程，服务器是指被动等待并接受连接（Reply）的应用进程。

C/S 服务模式所描述的是进程之间服务与被服务的关系，在不同的应用系统中角色可能被互换。一方面，当 A 进程需要 B 进程的服务时就主动呼叫 B 进程，而 B 进程处理请求并回复，在这种情况下，A 是客户而 B 是服务器；也许在下一次通信中，B 需要 A 的服务，此时 B 成为客户而 A 成为服务器。另一方面，一台计算机中的两个或多个应用进程可能是另外一些计算机中应用进程的客户或服务器。例如，当一台性能较高的计算机上运行多个服务器进程时，计算机 1 和计算机 2 上的客户进程（客户 A、客户 B）分别和计算机 3 上的两个服务器进程（服务器 A、服务器 B）进行通信，如图 6-2 所示。其中，客户 A、B 可能分别是 FTP 程序、浏览器，那么相应的服务器 A、B 应分别是 FTP 服务器和 WWW 服务器。注意，计算机 3 到 Internet/Intranet 的物理连接只有一条，即多个 TCP 连接复用一条物理链路。

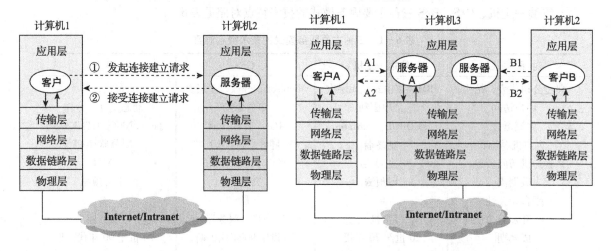

图 6-1　客户进程和服务器进程使用　　　　图 6-2　一台计算机中的多个服务器进程
　　　　　TCP/IP 进行通信　　　　　　　　　　　可被多个计算机中的客户访问

1. C/S 服务模式的优点

1）C/S 服务模式的应用系统比较灵活，能充分发挥客户计算机的处理能力。很多工作可以在客户机处理后再提交给服务器，结果是客户机响应速度快。只有需要服务器端提供服务时才进行呼叫产生网络通信，因此对服务器端处理器、内存的压力比较小。

2）网络上的数据流量比较小，对网络带宽的需求不是很高。

3）数据的存储管理功能较为透明。在数据库应用中，数据的存储管理功能是由服务器程序和客户应用程序分别独立进行的，并且通常把那些不同的前台应用不能违反的规则，在服务器程序中集中实现，如访问者的权限、编号可以重复、必须有客户才能建立订单等。所有这些，对于工作在前台程序上的最终用户是"透明"的，用户无须过问后台的处理过程，就可以完成自己的一切工作。

2. C/S 服务模式的缺点

1）对客户机硬件要求高。C/S 模式系统需要在客户机上安装软件并执行大量计算任务，因此往往对客户机的 CPU、内存、硬盘等主要硬件配置提出了较高的要求。

2）客户机部署难、运行维护升级成本高。首先，客服人员往往需要为每一台客户机安装软件，在客户机数量较多时工作量显著上升。特别是有很多分部或分支机构的情况，不仅是工作量，还有部署效率、总拥有成本的问题。其次，任何一台客户机发生故障，如病毒感染、硬件损坏，都需要进行重新安装或维护。还有，当系统软件升级时，每一台客户机需要重新安装和部署，其维护和升级成本非常高。

3）操作系统平台移植性低。客户机专用软件往往依赖于客户机操作系统，使得传统的 C/S 服务模式的软件需要针对不同的操作系统开发不同版本的软件，由于产品的更新换代十分快，升级的高代价和低效率无法适应工作需要。在 Windows 和 Mac OS X 操作系统上进行软件开发较为方便，但是操作系统本身价格高；Linux 免费，但是软件开发成本比较高。

4）不适合远程访问。C/S 开发者可能常用类似于 "SELECT ＊ FROM employee" 格式的语句，会使数据库返回大量结果。在远程访问的情况下，低速的网络连接将导致客户机响应缓慢，用户工作效率大打折扣；远程访问的安全性问题也值得关注，任何人都可以在网络上进行窃听。窃听问题可以通过 VPN（Visual Private Network，虚拟专用网络）解决，但是 VPN 配置的难度也比较大。

5）缺乏标准模型。从网络应用技术角度来看，C/S 服务至今缺乏（或者说尚未形成）一种标准模型。这种情况在很大程度上妨碍了对它的系统研究，广大的工程技术人员、软件工程师在应用 C/S 服务模式时无标准可依，软件设计和编码的随意性太大，容易造成开发的代码重复利用率很低、无法规范和衡量软件开发质量等后果。

目前，C/S 服务模式主要应用于企业局域网 Intranet 或客户机数量不多，但对安全性要求很高的环境。

子任务2　认识 B/S 服务模式

1. B/S 服务模式的概念

随着 Internet 和 WWW 的流行，以往的终端—主机和 C/S 模式都无法满足当前的全球网络开放、互连、信息随处可见和信息共享的新要求，于是就出现了浏览器/服务器服务模式。它是随着 Internet 技术的兴起，对 C/S 模式应用的扩展和改进，可以认为是"瘦客户机"技术的标准化。因为，在 B/S 模式下，用户工作界面是通过标准的浏览器来实现的。

B/S 模式能实现不同的人员，从不同的地点，以不同的接入方式（如 LAN、WAN、Internet/Intranet 等）访问和操作共同的数据。用户可以通过 WWW 浏览器去访问 Internet 上的文本、数据、图像、动画、视频和声音信息，这些信息都是由许许多多的 Web 服务器产生的，而每一个 Web 服务器又可以通过各种方式与数据库服务器连接，大量的数据实际存放在数据库服务器中。客户机除了 WWW 浏览器，一般不需要任何用户程序，运行维护比较简便，只需从 Web 服务器上下载程序到本地来执行，在下载过程中若遇到与数据库有关的指令，由 Web 服务器交给数据库服务器来解释执行，并返回给 Web 服务器，Web 服务器再返回给用户。B/S 模式将许许多多的网络连接到一块，形成一个巨大的信息网络，即环球信息网 WWW。而各个企业、学校、机关可以借助 B/S 模式建立自己的 Intranet。

B/S 模式的主要特点是分布性强、维护方便、开发简单、共享性强且总体拥有成本低。但有目共睹的缺点是数据安全性问题、对服务器要求过高、数据传输速度慢、软件的个性化特点明显降低、难以实现传统模式下的特殊功能要求，以及由于对企业外网环境依赖性太强，所以由各种原因引起企业外网中断都会造成系统瘫痪。例如，通过浏览器进行大量的数据输入或进行报表的应答、专用性打印输出都比较困难和不便。

2. C/S 与 B/S 模式的主要区别

（1）硬件环境不同　C/S 一般建立在专用网络上，网络覆盖范围小，专用网络之间再通过专门服务器提供连接和数据交换服务。B/S 建立在广域网上，不需要专门的网络硬件环境，如电话上网、租用设备、WiFi、2G/3G/4G 方式等都是可选的。信息管理方面比 C/S 具有更强的适应范围，一般只要有操作系统和浏览器就行。

（2）安全性要求不同　C/S 一般面向相对固定的用户群，对信息安全的控制能力很强。一般高度机密的信息系统宜采用 C/S 结构，可以通过 B/S 发布部分可公开信息。B/S 建立在广域网上，对安全的控制能力相对较弱，面向不可知的用户群。

（3）程序架构不同　C/S 程序更加注重流程，可以对权限多层次验证，对系统运行速度可以较少考虑。B/S 出于对安全以及访问速度的多重考虑，建立在需要更加优化的基础上，比 C/S 有更高的要求。B/S 模式的程序架构是发展的趋势，.NET、J2EE 等开发技术使 B/S 模式更加成熟。

（4）软件重用不同　C/S 程序不可避免地进行整体性考虑，其构件的重用性不如在 B/S 要求下构件的重用性好。B/S 模式的多重结构，要求构件有相对独立的功能，能够相对较好地重用。

（5）系统维护不同　系统维护是软件生存周期中开销较大的部分，相当重要。C/S 程序由于存在客户机和服务器端的整体性，维护和升级必须整体考虑。处理出现的问题以及系统升级很难，可能相当于重新开发一个全新的系统。B/S 程序组成的构件可以随机更换，实现系统的无缝升级。系统维护开销降到最低，用户从网上下载安装就可以实现升级。

（6）处理问题不同　C/S 程序适合用户固定并且在相同区域，安全性要求高的场所，它与操作系统相关，要求都是相同的操作系统。B/S 建立在广域网上，面向不同的用户群，地域可以分散，这是 C/S 无法做到的，它与操作系统平台耦合度最小。

（7）用户接口不同　C/S 多是建立在 Windows 平台上，表现方法有限，对程序员普遍要求较高。B/S 建立在浏览器上，跨平台、跨媒体能力强，有更加丰富和生动的表现方式与用户交流，并且大部分开发难度较低，降低了成本。

（8）信息流不同　C/S 程序一般是典型的中央集权的机械式处理，交互性相对偏低。B/S 信息流向可变化，B2B、B2C、B2G 等应用信息流向的变化，更像一个交易中心。

C/S 模式和 B/S 模式的主要应用环境、性能对比见表 6-2。

表 6 – 2　C/S 模式和 B/S 模式的主要应用环境、性能对比

类　别	项　目	C/S	B/S
用户体验	系统的进入	启动应用程序	打开网址
	登录认证	无认证、用户名密码或域控制器验证	用户名密码、数字证书、CardSpace 或第三方认证服务
	退出时机	单击退出按钮	随时关闭网页退出
	期待的响应速度	0.5s	6s
	界面风格	各种软件有较大差异	各种软件基本一致
	界面自定义	通常不支持	通常可支持，CSS 实现较方便
运行环境	服务器操作系统	固定	用 Java 开发的平台移植性好
	服务器安全级别	至少自主访问控制	可控制
	数据库服务软件	固定	不受限制
	网络服务软件	不需要	Web 服务，所用软件通常固定
	应用服务软件	信息系统应用服务端，直接连接网络	信息系统 Web 服务端脚本
	租用服务器	必须是独立服务器或 VPS	可以使用虚拟主机
	客户机操作系统	固定	任意
	客户机软件	需要安装专用软件	通常只需 Web 浏览器
	客户机升级	手工或通过自动更新系统	进入系统时总是最新版本
功能性能	功能实现位置	主要在客户机	主要在服务器
	可实现的功能	限制较少	受浏览器能力限制较大
	安全性	可做到较高	可能受浏览器漏洞影响
	移动/远程访问	困难	较容易
	数据存储	服务器和客户机	服务器

知识点详解

HTTP 原理及云计算

1. HTTP 的工作原理

当用户想浏览一个网站的时候，只要在浏览器的地址栏里输入网站的地址，如 www. baidu. com，但是在浏览器的地址栏里出现的却是 http://www. baidu. com。显然，地址多了一个 "http://"。

Internet 的基本协议是 TCP/IP，然而在 TCP/IP 模型最上层是应用层，它包含所有高层的协议。高层协议有文件传输协议、电子邮件传输协议、域名系统服务、网络新闻传输协议（Network News Transfer Protocd，NNTP）和 HTTP 等。

HTTP 是用于从 WWW 服务器传输超文本到本地浏览器的传送协议。它可以使浏览器更加高效，使网络传输时间减少。它不仅保证计算机正确快速地传输超文本文档，还确定传输文档中的哪部分内容首先显示（如文本优先于图形显示）等。这就是用户为什么在浏览器中看到的网

页地址都是以"http://"开头的原因。

HTTP 使 Web 服务器和浏览器可以通过 Web 交换数据。它是一种请求/响应协议，即服务器等待并响应客户浏览器发出的请求。HTTP 不维护与客户的连接，它使用可靠的 TCP 连接，通常采用 TCP 80 端口。浏览器/服务器模式的传输过程可分为 4 个基本步骤：浏览器与服务器建立连接；浏览器向服务器请求文档；服务器响应浏览器请求；断开连接。

HTTP 是一种无状态协议，它不维护连接的状态信息。

（1）客户请求　客户请求包含请求方法、请求头、请求数据三部分信息。

请求方法是用于特定 URL 或 Web 页面的程序，见表 6-3。

头信息是可选项，它用于向服务器提供客户机的其他信息。如果客户采用某种方法获取数据（如 POST），数据就放在头（Header）之后；否则客户机等待从服务器传来的响应。

（2）服务器响应　服务器响应包括状态码、响应头、响应数据三个关键部分。

HTTP 定义了多组返回给浏览器的状态码。

响应头向客户方提供服务器和/或请求文档的信息，见表 6-4。

表 6-3	HTTP 请求方法
方　法	描　述
GET	请求指定的文档
HEAD	仅请求文档头
POST	请求服务器接收指定文档作为可执行的信息
PUT	用从客户机传送的数据取代指定文档中的内容
DELETE	请求服务器删除指定页面
OPTIONS	允许客户机查看服务器的性能
TRACE	用于测试，允许客户机查看消息回收过程

表 6-4	HTTP 响应头
方　法	描　述
Server	Web 服务器信息
Date	当前日期/时间
Last Modified	请求文档的最近修改时间
Expires	请求文档的过期时间
Content-length	数据长度（字节）
Content-type	数据 MIME 类型
WWW-authenticate	用于通知客户机需要的认证信息（如用户名、口令等）

如果有客户方请求的数据，数据放在响应头之后，否则服务器断开连接。

（3）通信实例

1）请求。在本例中，浏览器请求文档的 URL 为 http://www.hostname.com/index.html。所有的请求均以空行结束。

```
GET /index.html HTTP/1.1
Accept：text/plain
Accept：text/html
User-Agent：Mozilla/4.5(WinNT)
    （blank line）
  （DATA）
```

浏览器使用 Get 方法请求文档"index.html"。浏览器声明它只能接收纯文本和 HTML 数据，它使用"Mozilla/4.5"引擎。

2）响应。响应消息的第一行格式如下：

HTTP/Version Status-Code Reason-Phrase

其中，HTTP/Version 表示支持的 HTTP 版本，如 HTTP/1.1。Status-Code 是一个结果代码，由三个数字组成。Reason-Phrase 给 Status-Code 提供一个简单的文本描述。Status-Code 主要用于客户机自动识别，Reason-Phrase 主要用于帮助用户理解。Status-Code 的第一个数字定义响应的类别，后两个数字没有分类的作用。第一个数字可能取下列 5 个不同的值。

1：信息响应类，表示接收到请求并且继续处理。

2：处理成功响应类，表示动作被成功接收、理解和接受。

3：重定向响应类，表示为了完成指定的动作，必须接受进一步处理。

4：客户机错误，表示客户请求包含语法错误或者是请求不能正确执行。

5：服务器错误，表示服务器不能正确执行一个正确的请求。

假设数据存在，则响应信息如下：

HTTP/1.1 200 OK
Date Sunday, 29-Mar-09 12:18:33 GMT
Server: Apache/1.3.6
MIME-version: 1.0
Content-type: test/html
Last-modified: Sunday,28-Dec-08 20:43:56 GMT
Content-length: 1432
　　（blank line）
<HTML>（此行开始为数据部分,与前面头部要空一行）
　<HEAD>
　　　<title>Example Server-Browser Communication</title>
　</HEAD>
　<BODY>
　……
　</BODY>
</HTML>

假设文档未找到，响应信息如下：

HTTP/1.1 404 NOT FOUND
Date Sunday, 29-Mar-09 12:19:33 GMT
Server: Apache/1.3.6

注　意

每行换行时用 "/r/n"，头部与数据段之间要多空几行，即使用多次 "/r/n"。

2. 云计算

目前，PC 依然是人们日常工作、生活中的核心工具——人们用 PC 处理文档、存储资料，通过电子邮件或 U 盘与同事分享信息。如果 PC 的硬盘坏了，人们会因为资料丢失而束手无策。而在"云计算"时代，"云"会替人们做存储和计算的工作。"云"就是计算机群，每个群包括了几十万台，甚至上百万台计算机。"云"的好处还在于，其中的计算机可以随时更新，保证"云"长生不老。Google 就有好几个这样的"云"，其他 IT 巨头，如 Microsoft、Yahoo、Amazon 也有或正在建设这样的"云"。届时，人们只需要一台能上网的计算机，不需关心存储或计算发生在哪朵"云"上，一旦有需要，人们可以在任何地点用任何设备，如计算机、手机等，快速地计算和找到这些资料。因此，人们再也不用担心资料丢失。

云计算（Cloud Computing）是近两年才兴起的技术，是并行计算（Parallel Computing）、分布式计算（Distributed Computing）和网格计算（Grid Computing）的发展，是这些计算机科学概念的商业实现。云计算是虚拟化（Virtualization）、实用计算（Utility Computing）、基础设施即服务、平台即服务、软件即服务等概念混合演进并升华的结果。与早期的并行计算、几年前的网格计算等理想化方案的区别在于，目前有很多流行的云计算解决方案，包括 Google 云计算 、Amazon 云计算、Salesforce 云计算、云安全等。

之所以称云计算是一种新兴的商业服务模型，是因为它将计算任务分布在大量计算机构成的资源池中，使各种应用系统能够根据需要获取计算力、存储空间和各种软件服务。这种资源池称为"云"。"云"是一些可以自我维护和管理的虚拟计算资源，通常是一些大型服务器集群，包括计算服务器、存储服务器、宽带资源等。云计算将所有的计算资源集中起来，并由软件实现自动管理，无须人为参与而对用户提供透明服务。这使得应用提供者无须为烦琐的细节而烦恼，能够更加专注于自己的业务，有利于创新和降低成本。

从传统的计算模型到云计算模型的转变，就好比从古老的单台发电机模式转向了电厂集中供电的模式。它意味着计算能力也可以作为一种商品进行流通，就像煤气、水、电一样，取用方便、费用低廉。最大的不同在于，它是通过 Internet 进行传输的。

Google 的云计算技术，可以让几十万台计算机一起发挥作用，组成强大的数据中心。这些"云"让 Google 有了无与伦比的存储和计算全球数据的能力。作为一家搜索引擎，Google 在客观上需要拥有这些"云"。同样地，Yahoo 的搜索也用到了"云计算"。

作为云计算的成功典范，Google 在 Google Earth（谷歌地球）增加了 Google Sky（谷歌天空），让坐在家里的用户可以通过计算机屏幕观看科学家用天文望远镜拍下的宇宙中浩瀚星空的功能之后，又在 2009 年初新发布的 5.0 测试版中加入了两个新的功能：一个是 Google Mars（谷歌火星），火星表面的高清晰画面让人觉得

图6-3　Google Mars 画面

身临其境，如图6-3所示；另一个是 Google Ocean（谷歌海洋），将海洋各处深度、各种相关资料都收录在内。

（1）云计算的主要特点

1）超大规模。"云"具有相当大的规模，Google 云计算已经拥有 100 多万台服务器，Amazon、IBM、Microsoft、Yahoo 等的"云"均拥有几十万台服务器。企业私有云一般拥有数百甚至上千台服务器。"云"能赋予用户前所未有的计算能力。

2）虚拟化。云计算支持用户在任意位置、使用各种终端获取应用服务。所请求的资源来自"云"，而不是固定的有形实体。应用在"云"的某处运行，但实际上用户无须了解、也不用担心应用运行的具体位置。只需要一台笔记本式计算机或者一个手机，用户就可以通过网络服务来实现所需要的一切，甚至包括超级计算这样的任务。

3）高可靠性。"云"使用了数据多副本容错、计算节点同构可互换等措施来保障服务的高可靠性，使用云计算比使用本地计算机可靠。

4）通用性。云计算不针对特定的应用，在"云"的支撑下可以构造出千变万化的应用，同一个"云"可以同时支撑不同应用的运行。

5）高可扩展性。"云"的规模可以动态伸缩，满足应用和用户规模增长的需要。

6）按需服务。"云"是一个庞大的资源池，用户按需购买；云可以像自来水、电、煤气那样计费。

7）极其廉价。由于"云"的特殊容错措施可以采用极其廉价的节点来构成"云"，"云"的自动化集中式管理使大量企业无须负担日益高昂的数据中心管理成本，"云"的通用性使资源的利用率较之传统系统大幅提升，因此用户可以充分享受"云"的低成本优势，经常只要花费几百美元、几天时间就能完成以前需要数万美元、数月时间才能完成的任务。

（2）云计算的主要模式

1）软件即服务（Software as a Service，SaaS）。SaaS 类型的云计算通过浏览器把软件发给成千上万的用户。从用户角度来看，它可以省去在服务器和软件授权上的开支；从供应商角度来看，只需要维持一个软件就够了，它能够减少运作成本。SaaS 在人力资源管理程序和 ERP 中比较常用。例如，Salesforce. com 是迄今为止提供 SaaS 服务最为出名的公司，Google Apps 和 Zoho Office 也是类似的服务。

2）平台即服务（Platform as a Service，PaaS）。PaaS 是另一种 SaaS，把开发环境作为一种服务来提供。开发者可以使用中间商的设备来开发自己的软件并通过 Internet 及其服务器发给用户。PaaS 是 SaaS 技术发展的趋势，PaaS 能给用户带来更高性能、更个性化的服务。如果一个 SaaS 软件也能给用户在 Internet 上提供开发、测试、在线部署应用程序的功能，那么这类 SaaS 就应称为 PaaS。

3）基础设施即服务（Infrastructure as a Service，IaaS）。IaaS 是以服务的形式交付计算机基础设施。这一层与 PaaS 的不同之处在于，只提供虚拟硬件而没有软件栈。客户提供一个虚拟机镜像，该镜像在一个或多个虚拟服务器上被调用。IaaS 是作为服务的计算的最原始形式（除了对物理基础设施的访问）。最著名的商业 IaaS 提供程序是 Amazon 弹性计算云（Elastic Compute Cloud，EC2）。在 EC2 中，用户可以指定一个特定的虚拟机 VM（操作系统和应用程序集），然后将应用程序部署到它上面，或者提供要在服务器上执行的 VM 镜像，然后只需根据计算时间、存储和网络带宽付费。

4）网络服务。同 SaaS 关系密切，网络服务提供者们能够提供 API 让开发者开发更多基于 Internet 的应用，而不是提供单机程序。

5）公用/效用计算。这是最近在 Amazon、Sun、IBM 以及其他提供存储服务和虚拟服务器的公司中实现的服务。这种云计算为 IT 行业创造虚拟的数据中心，使得其能够把内存、I/O 设备、存储和计算能力集中起来成为一个虚拟的资源池来为整个网络提供服务。

6）管理服务提供商（Management Service Provider，MSP）。MSP 是最古老的云计算应用之一，这种应用更多的是面向 IT 行业而不是终端用户，常用于邮件病毒扫描、程序监控等。

7）商业服务平台。它是 SaaS 和 MSP 的混合应用，该类云计算为用户和提供商之间的互动提供了一个平台。比如用户个人开支管理系统，能够根据用户的设置来管理其开支并协调其订购的各种服务。

8）Internet 整合。将互联网上提供类似服务的公司整合起来，以便用户能够比较和选择自己的服务供应商。

（3）云计算的组成架构

1）客户机平台基础设施：拥有浏览器、类似 Java 的中间件环境、类似 Gears 的离线存储功能，只需要 1GHz 的运算速度和 128MB 的存储容量。客户机可以是 PC、Macintosh、手机、平板计算机（如 Microsoft Surface）等任何类型的终端。客户机平台基础设施不严格区分硬件和软件，根据客户机的数量收费。

2）计算资源基础设施：支持通用编程语言的云计算平台，任何人都可以租用。不同租用者的应用不会相互干扰，根据 CPU 运算、数据存储等多项标准计费。

3）通信基础设施：由于云计算和 B/S 过于依赖网络连接，需要高速的网络连接以及域名相关服务，通过一个域名可以寻址到某项应用最接近使用者的云计算入口，根据网络流量计费。

4）应用程序开发者：向企业及其用户提供信息系统的开发和定制服务。

（4）云计算的受益者　如果说云计算给大型企业的 IT 部门带来了革新式的实惠，那么对于中小型企业而言，它可算得上是革命式的机遇了。过去，小公司人力资源不足，IT 预算吃紧，那种动辄数百万、上千万美元的 IT 设备和软件所带来的生产力对它们而言真是如梦一般遥远，而如今，云计算为它们送来了大企业级的技术，并且先期成本极低，升级也很方便。

云计算不但抹平了企业规模所导致的优劣差距，而且极有可能让优劣之势易主。简单地说，当今世上最强大且最具革新意义的技术已不再为大型企业所独有。云计算让每个普通人都能以极低的成本接触到顶尖的 IT 技术。

事实上，随着云计算日趋走向成熟，人们将会看到小型企业出于越来越多的技术需求而更加依赖于云计算，与此同时，内部 IT 基础设施的成本和复杂程度也会逐渐降低。

任务二　应用层服务的配置与典型应用

【案例 6-2】对于一个 ISP（Internet Service Provider，Internet 服务提供商）或一个接入甚至是准备接入 Internet 的企事业机构来说，应用规划在网络建设初期和管理期间都具有现实意义，针对不同的网络应用，应该制订一个具体的应用规划。首先，DNS 服务是基础；然后，WWW、电子邮件、FTP 是基本的应用；最后是电子公告板系统（Bulletin Board System，BBS）、网络电话（Voice over Internet Protocol，VoIP）、视频会议等网络通信应用及由用户自行开发的其他应用，如基于 Web 的办公和业务管理系统、电子商务平台、企业 ERP 系统，以及其他方面的管理信息系统。当然，这只是一种通俗的说法，对于各个不同单位机构的网络系统来说，应用的侧重各有不同。例如，一个企业门户网站注重的主要是 Web 信息发布，而另一个企业电子商务交易平台，可能更看重网上销售业务的实际交易量。至于一个典型的校园网络或大中型的概念网络，如 CERNET、CHINANET，则涵盖了上述提及的所有应用，而且还在不断地开发充实中。

网络应用服务平台是指一个完整的计算机网络设施系统，它能向用户提供多种典型的网络高层应用服务。

在 C/S 模式系统中的网络服务器具有许多不同的用途，大致可以分为文件服务器、打印服务器、数据库服务器和应用服务器。而在应用服务器中，最常用到的是 WWW 服务器、FTP 服务器、邮件服务器、代理服务器和域名服务器等。这几种服务器分别为网络中的用户提供 Web 网页浏览、文件上传和下载、邮件收发、代理 Internet 访问以及域名解析等网络应用服务。

目前，Internet 的各种应用大致分为如下几类：Internet 信息检索、网络通信、网络媒体、网络社区、网络娱乐、电子商务、网络金融等。

子任务1　WWW 服务

知识导读

WWW 服务也称为 Web 服务，它是目前 Internet 上最常见也是使用最频繁的服务之一。

WWW（World Wide Web，环球信息网）也可以简称为 Web，中文名字是"万维网"。它起源于 1989 年 3 月，是由总部在瑞士日内瓦的欧洲量子物理实验室发展而来的主从结构分布式超媒体系统。通过 WWW，人们只要通过使用简单的方法，就可以迅速方便地获得丰富的信息资料。由于用户在通过 Web 浏览器访问信息资源的过程中，无须再关心一些技术细节，而且界面非常友好，因而 Web 在 Internet 上一推出就受到了热烈的欢迎，走红全球，并迅速得到了爆炸性的发展。

WWW 是 Internet 的多媒体信息查询工具，是 Internet 上发展起来的服务，也是目前 Internet 中最先进、发展最快、交互性最好、应用最广泛的信息检索服务工具，它为用户提供了一个可以轻松驾驭的图形化用户界面，以方便查阅 Internet 上集文字、图像、声音和影像为一体的超媒体文档，这些文档与它们之间的链接一起构成了一个庞大的信息网。正是因为有了 WWW 工具，近年来，Internet 迅速发展且用户数量飞速增长。

Web 的英文本意是蜘蛛网，之所以将其引申为环球信息网，就是因为环球信息网正是由这些像千丝万缕的蜘蛛网一样的超链接连接在一起。Web 允许通过超链接从某一页跳到其他页。可以把 Web 看作是一个巨大的图书馆，Web 节点就像一本书，而 Web 页好比书中特定的页，页可以包含文档、图像、动画、声音、3D 世界以及其他信息，而且能够存放在全球任何地方的计算机上。Web 包容了大量的信息，新闻、娱乐、商品报价、就业机会、电子公告板、电影预告、文学评论等。多个 Web 页组合在一起便构成了一个 Web 节点，多个 Web 节点之间通过超链接连接在一起构成 Web 网。用户一旦与 Web 连接，就可以使用相同的方式访问全球任何地方的信息，可以从一个特定的 Web 节点开始沿着超链接转到那些相关的 Web 页和专题，可以参观新地方、学习新知识、发布新问题以及会见新朋友，而不用支付额外"长途、跨国"连接费用或受其他条件的约束，人们常常把这种 Web 上的应用戏称为"网上冲浪"。

A、B、C 三个站点之间的 WWW 超链接示意图如图 6-4 所示，该三个站点分别是由三个机构或个人创建的网站，除了主页之外各包含若干个网页。其中，站点 A 是具有搜索引擎功能的综合网站，从站点 A 的主页开始不仅能直接或间接浏览本站点内所有网页，还能浏览其他两个站点 B、C 的网页；站点 B 是一个公共论坛/社区，包含不同类别的讨论区，从站点 B 的主页开始能够浏览本站点内所有网页，而且也能链接到站点 C；站点 C 是专业娱乐网站，提供音乐、视频、电影的试听和下载服务。图中可以看出，从某一个网页出发到达另一个网页（该两个网页可能在相同或不同站点内），可能有一条直接链接或多条间接链接，也可能既没有直接链接也没有间接链接。例如，从网页 A4 出发没有任何链接到达网页 B2，但是通过浏览器网页的"返回/前进"按钮也可以从 A4 到达 B2，这就是 WWW 的网状链接结构。

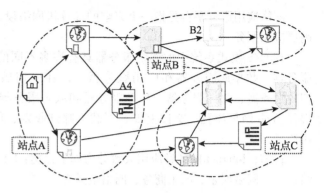

图 6-4　Web 的组织结构及工作过程

1. 利用 IE 浏览 Web 网页和下载文件、图片

应用需求：浏览中国教育与科研计算机网并下载有关高等职业教育的最新文件。

步骤

步骤 1 浏览网页。打开 IE 浏览器，在地址栏输入教育部网站（www. moe. gov. cn）并按 <Enter> 键，然后在综合信息栏上找到"关于转发《关于开展 2009 年（第十一届）全国职业教育优秀论文评选活动的通知》的通知"文件链接，如图 6-5 所示。

步骤 2 单击该链接，打开如图 6-6 所示的网页。单击要下载文件"附件. doc"的链接。

图 6-5　浏览网页

图 6-6　下载网页上的文件、图片

步骤 3 系统弹出"文件下载"对话框。单击"保存"按钮并指定要存放的本地计算机路径、输入文件名即可，或先"打开"文件，然后再决定是否要保存到本地计算机上。

如果找到所需图片，右击图片并选择"图片另存为…"（或先打开再保存）命令即可将该图片保存到本地计算机指定位置。

2. 利用 WWW 搜索引擎查找所需信息

用户要想在 Web 上快速、准确地查找包含某些关键词的信息，就需要利用 WWW 搜索引擎。下面通过百度搜索引擎，介绍用户如何利用搜索引擎查找所需信息。

步 骤

步骤1 在浏览器（本案例选用 IE）中打开百度（www. baidu. com），在搜索输入栏中输入要搜索内容的关键词，如"搜索引擎原理"，然后单击"百度一下"按钮，如图6-7所示。

如果要查找的信息不是在普通网页上，而是诸如"新闻""贴吧""知道""MP3"

图6-7　百度搜索引擎

"图片"或"视频"类型，则在输入关键词之后单击输入栏上面相应类型的链接即可。

步骤2 系统稍后返回百度搜索引擎搜索到的信息列表，如图6-8所示。如果在列表中找到包含所需关键词内容的网页信息，则单击该网页的链接打开具体内容所在的网页即可。

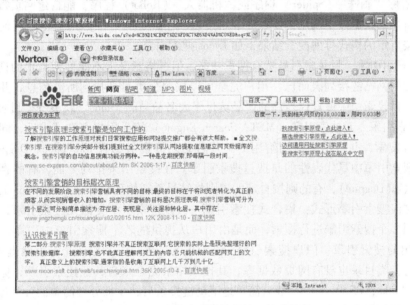

图6-8　百度搜索引擎的关键词搜索结果

如果需要组合关键词搜索，则在百度主页上单击"高级"链接，打开百度"高级搜索"网页。在此页面，用户可以根据搜索需求对搜索结果、显示内容及方式进行设置，以便得到更准确的结果。用户也可以进行个性化设置并保存起来以备日后使用。

（1）搜索引擎　搜索引擎（Search Engine）是指根据一定策略、利用特定计算机程序搜集 Internet 上的信息，在对信息进行组织和处理后，为用户提供检索服务的系统。

从使用者的角度来看，搜索引擎提供一个包含搜索框的页面，在搜索框中输入词语，通过浏览器提交给搜索引擎后，搜索引擎就会返回与用户输入内容相关的信息列表。在搜索引擎中可以搜索的内容包括网页、MP3、图片、Flash、新闻、软件等诸多信息。

世界上第一个搜索引擎是由加拿大蒙特利尔 McGill University 的学生 Alan Emtage、Peter Deutsch、Bill Wheelan 于 1990 年发明的 Archie（Archie FAQ），是用于自动索引 Internet 上匿名 FTP 网站文件的程序，但它还不是真正的搜索引擎。此后产生了多个不同特色的引擎技术和产品。例如，美国内华达州 SCS 大学的 Gopher 搜索工具 Veronica FAQ（1993 年）、麻省理工学院 Matthew Gray 的世界上第一个 Spider（Robot）程序 World Wide Web Wanderer（1993 年）、斯坦福大学美籍华人博士生杨致远和 David Filo 的目录搜索引擎 Yahoo（1994 年）、华盛顿大学学生 Brian Pinkerton 的 Internet 上第一个全文搜索引擎 WebCrawler、卡内基梅隆大学 Michael Mauldin 的 Lycos（1994 年）、Netscape 的搜索引擎 Infoseek（1995 年）以及斯坦福大学学生 Larry Page 的 Google（1998 年）等。

目前，国际上著名的搜索引擎有 Google、Yahoo、Live、SearchMash、ASK 等。国内应用比较广泛的中文搜索引擎有百度、谷歌、天网、网易、搜狐、新浪等。按类型划分，目前主流的搜索引擎类型有三类。

1）全文索引引擎。全文搜索引擎是名副其实的搜索引擎，国外代表为 Google，国内则有著名的百度搜索。它们从 Internet 提取各个网站的信息（以网页文字为主），建立数据库，并能检索与用户查询条件相匹配的记录，按一定的排列顺序返回结果。

根据搜索结果来源的不同，全文搜索引擎可分为两类：一类拥有自己的检索程序（Indexer），俗称"蜘蛛"（Spider）程序或"机器人"（Robot）程序，能自建网页数据库，搜索结果直接从自身的数据库中调用，Google 和百度就属于此类；另一类则是租用其他搜索引擎的数据库，并按自定的格式排列搜索结果，如 Lycos 搜索引擎。

2）目录索引引擎。目录索引虽然有搜索功能，但严格意义上不能称为真正的搜索引擎，只是按目录分类的网站链接列表而已。用户完全可以按照分类目录找到所需信息，并不依靠关键词进行查询。目录索引中最具代表性的产品莫过于大名鼎鼎的 Yahoo、新浪分类目录搜索。

3）元搜索引擎。元搜索引擎（META Search Engine）接受用户查询请求后，同时在多个搜索引擎上进行搜索，并将结果返回给用户。著名的元搜索引擎有 InfoSpace、Dogpile、Vivisimo 等，中文元搜索引擎中具代表性的是搜星搜索引擎。在搜索结果排列方面，有的直接按来源排列搜索结果（如 Dogpile），有的则按自定的规则将结果重新排列组合（如 Vivisimo）。

其他非主流搜索引擎形式：集合式搜索引擎——该搜索引擎类似元搜索引擎，区别在于它并非同时调用多个搜索引擎进行搜索，而是由用户从提供的若干搜索引擎中选择，如 HotBot 在 2002 年底推出的搜索引擎；门户搜索引擎——AOL Search、MSN Search 等虽然提供搜索服务，但自身既没有分类目录也没有网页数据库，其搜索结果完全来自其他搜索引擎；免费链接列表（Free For All Links，FFA）——一般只简单地滚动链接条目，少部分有简单的分类目录，不过规模要比 Yahoo 等目录索引小很多。

搜索引擎一般由搜索器、索引生成器、查询检索器和用户接口四个部分组成。其中，搜索器用于在 Internet 中漫游、发现和搜集信息，俗称"爬行器""蜘蛛"或"机器人"；索引生成器解释搜索器所搜索到的信息，并从中抽取出索引项，用于表示文档以及生成文档库的索引表；查询检索器根据用户的查询在索引库中快速检索文档，进行相关度评价，然后对将要输出的结果排序，并能按用户的查询需求合理反馈信息；用户接口的作用是接纳用户查询、显示查询结果、提供个性化查询项等。

搜索引擎的工作过程描述如下。

第一步：抓取网页。每个独立的搜索引擎都有自己的网页抓取程序（Spider）。Spider 顺着网页中的超链接，连续地抓取网页。被抓取的网页被称为网页快照。由于 Internet 中超链接的应用很普遍，所以从一定范围的网页出发，用户就能搜集到绝大多数的网页。

第二步：处理网页。搜索引擎抓到网页后，需要进行大量的预处理工作，才能为用户提供检索服务。其中，最重要的是提取关键词、建立索引文件，还包括去除重复网页、分析超链接、计算网页的相关度等。

第三步：提供检索服务。用户输入关键词进行检索，搜索引擎从索引数据库中找到匹配该关键词的网页。为方便用户判断，除了网页标题和 URL 外，检索列表还会提供一段来自网页的摘要以及相关信息。

（2）专业检索工具　Google、百度等搜索引擎提供的高级搜索是通用的内容搜索工具，用户如果要搜索专业文献、作品内容，则需要专用检索工具进行按逻辑分类、组合检索。专用检索工具，如中国知网数字出版物超市提供多种专业的检索方式，便于用户准确查找到所需期刊、报纸、会议上的学术论文。高级检索方式下的逻辑分类、组合检索功能适合于专业性很强的检索，为用户提供全文、题名、主题、关键词、作者、作者单位、文献来源等检索条件进行"高级检索"。进行组合逻辑检索的结果如图 6-9 所示。

图 6-9　中国知网学术文献专业检索工具

3. Google Maps 卫星数字影像地图搜索服务

Google Maps 是由美国 Google 公司提供的全球卫星数字影像地图搜索服务。利用 Google Maps，人们可以根据详细地址、名胜古迹、单位机构名称等方式，方便地查询、定位全球范围内所要查找的目标地址——从国家、城市到具体楼号为止，而且可以体验四维数字影像地图所提供的身临其境般的感受。目前的 Google 日文版也提供相同层次、质量的搜索服务，而鉴于国内数字地图数据库技术水平、网络访问安全限制和地址标准化尚未完善等因素，Google 中文版地图只提供模糊搜索服务，尚不支持按地址、名胜古迹、单位机构名称精确定位的需求。

下面以 Google 英文版为例，介绍如何对目标地址进行卫星数字影像地图上的按名查询和精确定位。

步　骤

步骤1　打开 IE 浏览器，在地址栏输入 www.google.com，打开 Google 英文版主页。在窗口的左上角单击"Maps"按钮，进入 Google Maps 页面且可以看到美国版图的卫星数字影像地图，如图 6-10 所示。按住鼠标拖动地图区域，可以把窗口转移到地球上其他国家和地区。

步骤2　在搜索栏中输入要查询的英文格式的详细地址如"楼号、街道、街区、城市、国家"，或者著名的城市、街区、单位机构、名胜古迹、建筑物等如"Google Inc.""1600 Amphitheatre Parkway Mountain View, CA 94043"（Google 公司地址）或"Tiananmen"（天安门）。本案例输入城市名"New York"并单击"Search Maps"按钮，系统返回美国纽约市数字地图。如果希望看到卫星数字影像地图，则在图像区域右上角单击"Satellite"按钮并勾选"Show labels"（显示地名标记）复选框，即可得到纽约市卫星数字影像地图，如图 6-11 所示。

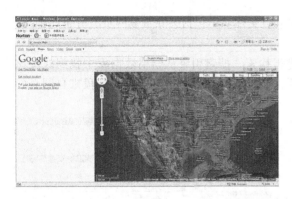

图 6-10 Google Maps 卫星数字影像地图搜索服务

图 6-11 按地址搜索 1

步骤 3 双击卫星数字影像地图区域中的目标位置或向上拖动缩放滑块，即可缩小搜索范围看到更确切的位置，如曼哈顿区（Manhattan Dist），如图 6-12 所示。如果希望看到更大范围的影像，可以通过单击浏览器标签栏菜单"工具"→"全屏显示（F）"获得全屏显示效果。

步骤 4 确定好要查询的地点之后，用鼠标拖动缩放滑动杆上端呈金黄色的小蜡人图标，并将其释放在街道上某个合适的位置，如华尔街（Wall St）路口。拖动时可以看到小蜡人能够定位的道路呈蓝色显示。系统随后将切换到四维数字影像地图，如图 6-13 所示。

图 6-12 按地址搜索 2

图 6-13 四维数字影像地图 1

注 意

世界上目前只有美、日、英、法、德等几个国家的少数城市（这些城市的小蜡人图标自动呈金黄色）提供步骤 4~步骤 6 所示的四维数字影像地图搜索服务。这里所谓的四维地图，从技术处理角度来说，是把按时间顺序拍摄的街道三维视频流数据进行定距采样、存储三维图像并建立索引后存储于图像数据库中，供 Internet 用户按图索骥式的查询、定位，模拟实地游览、身临其境的感受。清晰的四维数字影像地图便于人们查找和定位目的地街道、楼号门牌及出入口，也大大方便了人们预先了解业务联系地点、观光购物场所。但是存储和查询四维数字影像地图的海量数据，需要高度发达的网络传输系统、四维图像处理技术和云计算的并发服务能力。

步骤 5 单击道路上标记的向导箭头并调整行进方向，即可体验漫步华尔街、观光旅游的感觉；用鼠标横向拖动地图，即可获得像用户慢慢转过身欣赏百老汇街方向夜景的"虚拟现实"

效果，如图 6 - 14 所示。

图 6 - 14　四维数字影像地图 2、3

知识点详解

Web 相关技术

1. WWW 的重要概念

（1）超文本　长期以来，人们一直在研究如何对信息进行组织，其中最常见的组织方式就是按书籍的目录结构分类。书籍目录采用有序的方式来组织信息，它将所要描述的信息内容按照章、节的分级结构组织起来，读者可以按照章、节的顺序阅读。随着计算机技术的发展，人们不断推出新的信息组织方式，以方便用户对各种信息的访问。在 WWW 系统中，信息是按照超文本（Hypertext）方式组织的。用户在浏览文本信息的同时，随时可以选中其中的超链接（Hyperlink），进一步到指定位置访问相关信息。超链接往往是通过上下文的关联词、图片、按钮等方式提供给 Internet 用户，通过选择超链接可以转到其他文本信息所在位置。

（2）超媒体　超媒体（Hypermedia）进一步扩展了超文本所链接的信息类型，用户不仅能从一个文本跳转到另一个文本，而且可以激活一个图形、一段声音，甚至是播放一段视频或者动画。目前流行的多媒体电子书籍大多采用这种方式。例如，在一本多媒体儿童读物中，读者选中屏幕上显示的大熊猫图片或文字时，可以同时播放一段大熊猫的视频或动画。超媒体可以通过这种集成化的方式，将多种媒体的信息通过超链接联系在一起。

（3）资源定位与统一资源定位器　Internet 上有众多数量、类型的服务器分布在世界各地的网站节点，而每台服务器中又包含很多共享信息资源——在 Internet 上可以被访问的任何对象，包括文件目录、文件、文档、图像、声音等，还包括电子邮件地址、USENET 新闻组电子公告牌及其报文，以及与 Internet 相连的任何形式的数据。用户如何对这些信息资源进行定位且准确找到需要的信息呢？在访问 Internet 的客户机上，浏览器是用于查看 Web 页的软件工具。浏览器在访问 Internet 中服务器的共享信息时，需要使用统一资源定位器（Uniform Resource Locator，URL）。在 RFC 1738 和 RFC 1808 中，对标准的 URL 是这样定义的：

统一资源定位器是对能从 Internet 上得到的资源的位置和访问方法的一种简洁的表示。URL 给资源的位置提供一种抽象的识别方法，并用这种方法给资源定位。只要能够对资源定位，系统就可以对资源进行各种操作，如存取、更新、替换和查找其属性。

用户可以通过使用 URL，唯一指定要访问哪种类型的服务器、哪台服务器以及存放在哪个路径下的哪个文件，因此 URL 其实就是一个文件名在 Internet 范围扩展的全名，是与 Internet 相连的计算机上任何可访问对象的一个指针。由于对不同对象的访问方式不同（如通过 WWW、FTP 等），所以 URL 中包含指出读取某个对象时所使用的访问方式。这样，URL 的常用形式如下：

　　< URL 的访问方式 >：// < 主机 >：< 端口 >/< 路经 >

　　其中，"：//"左边的 < URL 的访问方式 > 中，最常用的有三种，即 http（超文本传输协议）、ftp（文件传输协议）以及 news（USENET 新闻）；"：//"右边部分中，< 主机 > 一项是必需的，< 端口 > 和 < 路经 > 有时可以省略。

　　1）使用 HTTP 访问 WWW 站点的 URL 格式。

　　http：// < 主机域名 >：< 端口 >/< 路经 >

　　其中，HTTP 的默认端口号是 80，通常可省略。如果再省略 < 路径 > 项，则 URL 就指到 Internet 上的某个主页了。这样，如果用户希望访问某台 WWW 服务器中的某个页面，只要在浏览器的地址栏中输入该页面的 URL 地址，就可以方便地浏览到该页面。例如，清华大学 WWW 服务器主页的 URL 地址为 http：//www. tsinghua. edu. cn。

　　2）使用 FTP 访问 FTP 站点的 URL 格式。

　　ftp：// < 主机域名 >：< 端口 >/< 路径 >

　　其中，FTP 的默认端口号是 21，通常可省略，但也可以设定使用另外的端口号。这样，如果用户希望访问某台 FTP 服务器中的某个内容，只要在浏览器的地址栏中输入该内容所在的 URL 地址，就可以方便地访问到该内容。例如，清华大学 FTP 服务器的 URL 地址为 ftp：// ftp. tsinghua. edu. cn/。

　　3）使用 NNTP 访问 Usenet 新闻组的 URL 地址格式。

　　news：// < 新闻组主机域名 >：< 端口 >

　　其中，Usenet 默认的端口号为 119，通常可以省略。

　　http 和 ftp 指出服务器类型，在这里访问该服务器要使用协议来代替。www. tsinghua. edu. cn、ftp. tsinghua. edu. cn、msnews. microsoft. com 是指出要访问服务器的主机名，即域名地址。

　　（4）网页与主页　所有的 Web 站点主页（Homepage）是某一个 Web 站点的起始点，就像一本书的封面或者目录，是个人或机构网站的基本信息页面。Web 站点上除了主页以外的页面称为网页或 Web 页，用于 WWW 服务进行信息的分类查询和浏览，文件扩展名为".html"或".htm"。用户可以通过主页访问某个 Web 站点的信息资源，并可以通过该 Web 站点提供的超链接访问其他 Web 站点。

　　在 WWW 环境中，信息以主页的形式出现，这些主页是以超文本和超媒体格式编写和组织的。编写主页的语言通常称为超文本标记语言，是一种计算机描述语言，专门用于编写 Web 页。

　　主页一般包含下列基本元素。

　　1）文本（Text）：最基本的元素，即通常由键盘输入的文字信息。

　　2）图片（Image）：主页中最常见的图像格式有 GIF 和 JPEG。

　　3）表格（Table）：类似于 Word 中的表格，有利于页面的整齐与规范。在交互式 Web 页中供用户输入信息的表格称为表单（Form）。

　　4）超链接（Hyperlink）：HTML 中的重要元素，用于将 HTML 元素与其他主页链接。

2. Web 应用技术

（1）Web 应用的发展历程　Web 页面最初是由一个大型的相互连结的文件所组成，范围包含了整个世界，其基本应用架构由 Tim Berners-Lee 发明。Web 的前身是 1980 年 Berners 在 CERN 负责的 Enquire 项目。1990 年 11 月，第一个 Web 服务器 "nxoc01. cern. ch" 开始运行，Berners 在自己编写的图形化 Web 浏览器 "Worldwide Web" 上看到了最早的 Web 页面。从技术层面来看，Web 架构包括 HTML、HTTP 和 URL 等基础技术。

1991 年，CERN 正式发布了 Web 技术标准，WWW 成为 Web 页面的基本形式。目前，与 Web 相关的各种技术标准都由著名的 W3C（World Wide Web Consortium，环球信息网联盟）管理和维护，Berners 从 1994 年 W3C 建立以来一直担任总监一职。W3C 的运作是由会员的会费、研究项目和其他政府或私人的资助来支持，具体运作由美国麻省理工大学计算机科学与人工智能实验室（MIT CSAIL）、总部设于法国的欧洲信息与数学研究论坛（ERCIM）和日本的庆应大学来共同管理。

（2）Web 工作过程　为了使超文本的链接能够高效率地完成，Web 网需要用 HTTP 来传送一切必需的信息。从层次的角度来看，HTTP 是面向事务（Transaction-Oriented）的应用层协议，是 Web 网上能够可靠地交换文件（包括文本、声音、图像等多媒体文件）的重要基础。

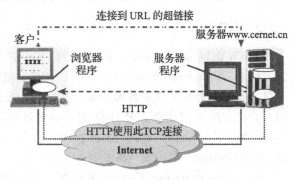

图 6-15　Web 网的工作过程

Web 网的工作过程大致如图 6-15 所示。

每个 Web 站点都有一个服务器进程，它不断地监听 TCP 的 80 端口，以便发现是否有浏览器（或客户进程）向它发出连接建立请求。一旦监听到连接建立请求并建立了 TCP 连接之后，浏览器就向服务器发出浏览某个页面的请求，服务器接着就返回所请求的页面作为响应。最后，TCP 连接就被释放了。在浏览器和服务器之间请求和响应的交互，必须按照规定的格式且遵循一定的规则。这些格式和规则就是超文本传输协议。

HTTP 规定在 HTTP 客户与 HTTP 服务器之间的每次交互都由一个 ASCII 码串构成的请求和一个 "类 MIME"（即 RFC 822 中的 MIME-like）的响应组成。

用户浏览 Web 页面的方法有两种：一种方法是在浏览器的地址输入栏（Location）中键入所要查找页面的 URL；另一种方法是在某一个页面中用鼠标单击一个链接，这时浏览器自动在 Internet 上找到所链接的页面。

当用户单击某个链接，如单击 www. edu. cn（中国教育和科研计算机网）主页上 "网络服务" 栏中的 "IDC 服务" 链接后发生的几个事件如下所示。

1）浏览器分析超链接 "IDC 服务" 指向页面的 URL。

2）浏览器向 DNS 请求解析 www. cernet. com（赛尔网络）的 IP 地址。

3）DNS 解析出 www. cernet. com 服务器的 IP 地址为 202. 205. 11. 10。

4）浏览器与该服务器之间建立 TCP 连接（在 202. 205. 11. 10 使用 80 端口）。

5）浏览器发出取文件命令：GET /pro&ser/sjzx_ index_ new. html。

6）www. cernet. com 服务器给出响应，将文件 sjzx_ index_ new. html 发送给浏览器。

7）释放 TCP 连接。

8）浏览器显示文件 sjzx_ index_ new. html 中的所有文本。

有些浏览器在下载文件时，往往只下载其中的文本部分，而把文件中原来嵌入图像或声音的地方只用一个小图标来显示，这样可使下载速度加快。如果用户要下载这些图像或声音，可用鼠标分别单击这些图标。用户在浏览器窗口内每次单击一个链接，Web 上就重复执行一次类似于上述的 8 个步骤，即先建立 TCP 连接，再使用 TCP 连接传送命令和文件，最后释放 TCP 连接。虽然这些多步骤看起来烦琐、反复，但这样设计实现起来却比较容易。

HTTP 是一个面向事务的客户机/服务器协议。虽然 HTTP 使用了 TCP，但 HTTP 是无状态的。也就是说，每一个事务都是独立地进行处理。当一个事务开始时，就在 Web 客户与 Web 服务器之间产生一个 TCP 连接，而当事务结束时就释放该 TCP 连接。HTTP 的无状态特性很适合于它的应用。用户在使用 Web 时，往往要读取一系列的网页，而这些网页又可能分布在世界各地许多服务器上。将 HTTP 设计成无状态的，可使读取网页信息完成得较迅速。HTTP 本身是无连接的，虽然它使用了面向连接的 TCP 提供的服务。

3. 浏览器

WWW 浏览器（Browser）是用来浏览 Web 网页的工具软件，用户可以通过浏览器提供的功能方便地访问 Internet 上的文字、图像、声音、动画和视频等各类多媒体网页信息。自从 1993 年世界上第一个 Web 浏览器 Mosaic 诞生以来，先后有多家公司推出了多种商业浏览器产品。目前人们使用最多的浏览器软件是 Microsoft 公司的 Internet Explorer、Mozilla 基金会的 Firefox、Google 公司的 Chrome、Apple 公司的 Safari 以及 Netscape 公司在 1994 年推出的世界上最早的商业浏览器 Navigator 和后续产品 Communicator 等。

1）Microsoft Internet Explorer 简称 IE，由于和 Windows 98 之后的各种版本集成在一起免费提供，虽然存在着安全漏洞等问题，但借助于 Windows 的广泛流行，目前已经成为全球 Internet 用户非常熟悉且应用最多的浏览器软件。

2）Mozilla 基金会是一个全球化的开放源码社区。该社区从 1998 年开始为确保 Internet 的发展造福所有用户而共同努力，而且因创作 Firefox 浏览器而广为人知。自从 2004 年 11 月正式推出以来，Firefox 一直以惊人的速度不断扩展疆土。

Firefox 中国版（火狐）是谋智公司专为中国用户定制的浏览器，提供立体、安全、强大、智能的全方位浏览体验，火狐主页（http://www. mozillaonline. com）如图 6-16 所示。

图 6-16 火狐中国版浏览器官方网站主页

Firefox 的主要特性如下：

支持多平台。Firefox 既可以运行于 Microsoft Windows 系列环境，也可以运行于 Linux 的各种衍生版本和 Apple 公司的 Mac OS X 等多种主流操作系统平台之上。

标准稳定安全。由于 Firefox 来自于开源社区，因此，它不携带任何一款操作系统平台的痕迹，是目前企业 Web 应用测试的标准浏览器平台。同时，由于对第三方插件选用严格而运行稳定可靠，不会莫名其妙地关闭和退出，并且到目前为止几乎没有发现安全漏洞。

标签页（多选项卡）浏览。用户不再需要打开新的窗口浏览网页，而只需要在现有的窗口中打开一个新的标签页（Windows 称之为"选项卡"）即可，从而节约内存占用。当用户阅读完一个网页时，打开的其他页面已经载入完毕，无须等待从而也节约页面切换时间。由于多标签页浏览功能便于浏览多个网页，Microsoft 公司从 IE7.0 版本、Google 公司从 Chrome 版本开始也都提供了此功能。

弹出式窗口拦截。在默认的设置下，Firefox 会拦截所有网站的弹出窗口。

界面主题。Firefox 支持个性化的界面。用户可以选择各种不同的界面主题来达到美观的效果。

扩展插件。Firefox 的扩展性能非常强。用户可以通过安装扩展插件来添加更多的功能。

预制搜索功能。Firefox 在界面上预制了搜索功能，用户无须打开相应的搜索引擎页面就可进行搜索。

支持 RSS 订阅。RSS（也叫聚合内容，Really Simple Syndication）是在线共享内容的一种简易方式。通常在时效性比较强的内容上使用 RSS 订阅能更快速获取信息，网站提供 RSS 输出，有利于让用户获取网站内容的最新结果。Internet 用户可以在客户机借助于支持 RSS 的聚合工具软件（如 SharpReader、NewzCrawler、FeedDemon），在不打开网站内容页面的情况下阅读支持 RSS 输出的网站内容。RSS 由于没有弹出广告、时效性强，作为一种及时自由的媒体形式，越来越受到网络传媒的重视。Firefox 支持 RSS 订阅，因此当用户将一个 RSS 或 Atom 地址加入书签后，用户就可以直接在 Firefox 书签中查看此地址的信息更新。

Firefox 的安全性能主要体现在：

① 独立于 Windows，能够减少病毒及黑客借由 Firefox 而造成操作系统的损害。

② 不支持 VBScript 及 ActiveX 两个技术（可以通过扩展插件来支持）。

③ 限制网络自动下载，有效防止间谍或广告软件自动且任意安装于系统上。

④ 用户对 Cookie 等个人资料有完全的控制权。

⑤ 反网络钓鱼，防止用户无意中访问恶意网站。

3）Google Chrome 是 Google 公司于 2008 年 9 月在全球 100 多个国家同时推出的、适用于 Windows 7/8、Vista、XP 以及 Chrome OS、Mac OS X 用户的开源 Web 浏览器。随后又推出了 Mac OS 和 Linux 的适应版本。Chrome 最吸引人的地方在于它采用了多处理构架，可以避免用户打开不良页面或是非法程序，而且用户在打开运行缓慢的网站时，不会影响其浏览其他网站。由于 Chrome 的每一个标签页面、窗口和插件都是在独立环境下运行，因此，用户打开错误页面时不会影响其他页面的浏览。Chrome 的独创性功能之一是 Omnibox，它是一个置于浏览器顶端的拥有智能搜索功能的多功能栏，用户可以在其中输入 URL 地址和搜索条件。例如，如果用户希望使用某网站的搜索功能，只要用户曾访问过该网站，Omnibox 就会记忆该网站自身的搜索栏，并在 Omnibox 的右侧显示。另外，Chrome 拥有默认动态首页功能，记忆用户访问频率最高的网站。在用户的个人首页上，会显示其访问频率最高的 9 个网站快照以及最常使用的搜索引擎、标签等。Chrome 还提供了隐私浏览方案，用户以隐私方式打开窗口后，计算机不会存有任何相关信息。

Google Chrome 浏览器具有以下几个主要特点。

开源自由：与 Google 移动平台 Android OS 一样，Chrome 也是一款开源产品，而且都是基于 Webkit 渲染引擎。Google 的 Gears 组件也将整合在其中。

含 "V8" 的 JavaScript 虚拟机：V8 可以加快 JavaScript 在浏览器的运行速度。由于 Google 浏览器 Chrome 可能采用的 "多任务设计"，从而导致打开时内存资源占用较大的情况，但整体将降低内存资源的占用。

独特的标签设计：Chrome 将采用上标签设计，标签将被放置在浏览器地址栏的上方，不同于 Firefox 标签位于地址栏下方的设计。

地址栏自动完成功能："Omnibox" 是地址栏自动完成功能的名字，主要用于提供搜索关键词提示、用户曾经访问最多的网页、其他网民访问最多的网页等信息。

快速拨号（Speed Dial）：使用此项功能，用户最多可预览 9 个网页截屏，同时可显示最近搜索的关键词、书签标记等列表信息。该功能将用户常用的网站快照集中到一个导航页面上，以此来提高访问速度，如图 6-17 所示。

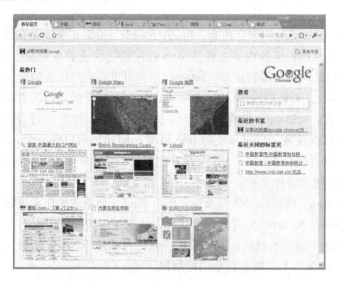

图 6-17 Google Chrome 浏览器导航页

隐私浏览：与 Microsoft 的 IE8 同样提供关于 "隐私保护" 的功能。

网络应用软件与 Chrome 同时启动：无须地址栏和工具栏的提示，Firefox 此前也推出过类似的功能，名为 "Prism"。

反钓鱼：Chrome 一旦启动，将自动连续记录受限网站名单。Google 称，在默认状态下，标签均可安全关闭，不会给操作系统带来安全隐患。不过，用户自行安装的不明插件，可能有安全隐患。

4）Apple 公司的 Safari 浏览器。Safari 是美国 Apple（苹果）公司专为与 Mac 完美配合而推出的浏览器。它被直接整合于 OS X 中，在众多先进技术的支持下不仅速度快，而且能效出色，从而令网站的响应更灵敏，笔记本式计算机电池单次充电的运行时间也更长。它的内置隐私功能比以往更为强大。它与 iCloud 配合，可让用户在所有设备之间无缝浏览。同时，它还为用户提供了多种方式，来寻找和分享用户喜爱的各种内容。

与 Google Chrome 一样，Safari 浏览器也是基于 WebKit 渲染引擎的安全浏览器。

无痕浏览窗口：当用户使用无痕浏览功能时，Safari 不会记录用户访问过的网页、搜索历史或"自动填充"信息。无痕浏览窗口中的每个标签页都被与其他标签页隔离，因此，用户在一个标签页浏览的网站不会获得其他标签页中网站的 Cookie。在用户浏览网页时，这样可以防止用户登录的网站对该用户进行追踪。

拦截第三方 Cookie：用户所访问的网页经常会留下来自第三方网站的 Cookie。这些 Cookie 能够被用来追踪用户浏览了哪些网页，将用户指定为广告推送的目标，或为用户的线上行为创建个人记录。Safari 是第一个默认阻止这些 Cookie 的浏览器，而且，它也会默认阻止第三方网站在用户的缓存、本地存储或数据库中留下数据。

针对有害网站的安全防护：Safari 为用户提供保护，让用户在进行访问之前就能避开欺诈性网站和隐藏恶意软件的网站。如果一个网站看上去可疑，Safari 会阻止其载入并向用户发出警告。

为网站而设的沙箱技术：沙箱技术提供内置保护，通过限制网站的行为来阻止恶意代码和恶意软件。不仅如此，由于 Safari 以各自独立的进程运行不同网页，用户在某一页面上遇到的有害代码会被限制在单独的浏览器标签页中，而不会导致整个浏览器崩溃或用户的数据被访问。

5）Netscape 公司的 Navigator 浏览器早于 IE 面世，是商业浏览器的先行者，但由于受到 IE 的市场推广策略的打击而慢慢淡出浏览器市场，继之推出的第二代浏览器产品 Communicator 也很快夭折了，失去了作为主要利润来源的 Netscape 公司也随之在 20 世纪末被美国在线（AOL）收购。

子任务 2　域名服务

知识导读

从前面的内容学习到，用户在 Internet 上辨别一台计算机的方式是利用 IP 地址，但是用户显然不愿意记忆和使用二进制主机 IP 地址。相反，大家愿意使用某种易于记忆的主机名。早在 ARPANET 时代，就开始使用了一个称为"hosts"的文件，列出所有主机名和相应的 IP 地址。只要用户输入一个主机名，计算机就可以很快地将主机名转换成计算机能够识别的二进制 IP 地址。这个主机名就是现在 Internet 上通用的域名，把域名转换成 IP 地址的计算机称为域名服务器，该转换过程就称为域名解析或域名服务。

虽然从理论上来讲，遍布全球的 Internet 可以只使用一个域名服务器，用它存储 Internet 上所有的主机名，并回答所有对 IP 地址的查询，然而这种做法并不可取。因为随着 Internet 规模的不断扩大，一个域名服务器肯定会因负荷过大而无法正常工作，而且一旦该域名服务器出现故障，整个 Internet 就会瘫痪。因此，Internet 从 1993 年开始采用层次结构的命名树作为主机的名字，并使用分布式域名系统。

Internet 的域名系统是一个联机分布式数据库系统，并采用客户机/服务器模式。这样，即使某个域名服务器出现了故障，DNS 仍能正常运行。DNS 使大多数域名都在本地映射，仅少量映射需要提交 Internet 上进行分布式查询和解析，提高了系统效率。

由于域名服务器用于把域名翻译成计算机能识别的全球唯一的 IP 地址，而域名是 Internet 上的一个服务器或一个网络系统的名字，所以在全世界范围内，域名应该是唯一的，即不可能有重复的域名出现。每个网站可以提供 WWW、FTP、MAIL 等多种 Internet 服务，因此需要创建若干个相应的服务器，每个服务器一般拥有一个 IP 地址。而域名是由若干个英文字母和数字组成，用小数点"."分割成几个部分，如 edu. cn 就是一个中国教育和科研计算机网站域名，其 WWW 主机名字为 www. edu. cn。从技术上来讲，域名只是一个 Internet 中用于解决 IP 地址对应问题的一种技术方法。

当某一个应用进程（一般是浏览器）需要将域名映射为 IP 地址时，该应用进程就成为域名系统的一个客户，并将待转换的域名放在 DNS 请求报文中，以 UDP 数据报方式发给本地域名服务器。本地的域名服务器在查询到域名后，将对应的 IP 地址放在应答报文中返回。应用进程获得目的地主机的 IP 地址后即可进行通信。如果本地域名服务器不能回答该请求，则此域名服务器就暂时成为 DNS 中另一个客户，直到查找到能回答该请求的域名服务器为止。但是如果域名拼写错误或该域名不存在，系统就会提示"DNS NOT FOUND"。

1. 查找域名（主机）的 IP 地址

普通用户如何根据域名找到其 IP 地址呢？下面给出利用 ping 命令查找某个已知域名对应的 IP 地址的简便方法。

步骤

步骤 1 打开"命令提示符"窗口，在命令行输入"ping < 主机域名 >"。例如，查找大连理工大学网站的 WWW 主机的 IP 地址，输入"ping www. dlut. edu. cn"并按 < Enter > 键，系统将返回该域名地址的 WWW 服务器的 IP 地址 202. 118. 66. 66，如图 6 - 18 所示。

步骤 2 同样地，查找大连理工大学网站的 FTP 主机的 IP 地址，输入"ping ftp. dlut. edu. cn"并按 < Enter > 键，系统将返回该域名地址的 FTP 服务器的 IP 地址 202. 118. 66. 15。

可以看出，每个网站创建的 Internet 服务器种类可以很多，对应的 IP 地址都不同。

图 6 - 18　ping 命令中域名的 IP 地址

2. 域名地址的寻址

举例说明 Internet 上一个国外用户要访问一台名字为 www. edu. cn 的中国主机的网络寻址过程，如图 6 - 19 所示。

步骤

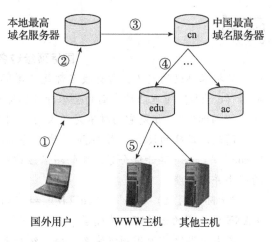

图 6-19 域名地址寻址过程

步骤1 该用户"呼叫"www.edu.cn，本地域名服务器受理并分析号码，如①。

步骤2 由于本地域名服务器中没有中国域名资料，必须向上一级域名服务器——本地最高域名服务器查询，如②。

步骤3 本地最高域名服务器检索自身保存的数据库，查到 cn 为中国，然后就指向中国的最高域名服务器，如③。

步骤4 中国最高域名服务器分析号码，看到二级域名为 edu，就指向 edu 域名服务器，从图中可以看到 ac 域名服务器与 edu 域名服务器是同级的，如④。

步骤5 由 edu 域名服务器分析，查找到本域内 WWW 主机所对应的 IP 地址，就指向名为 WWW 的主机，如⑤。

这样，一个完整的 Internet 上主机寻址过程结束。

知识点详解

域名相关技术

1. 域名的结构

在 Internet 上，一台主机的主机名由它所属各级域的域名和分配给该主机的名字共同组成。书写时，按照由小到大的顺序，顶级域名放在最右面，分配给主机的名字放在最左面，各级名字之间用"."分隔。

对于顶级域名的命名方法，Internet 国际特别委员会于 1997 年公布了一个报告，其中将顶级域名（Top Level Domain，TLD）定义为三类：

国家顶级域名（nTLD），国家顶级域名的代码由 ISO3166 规定，采用国家/地区名称缩写（如，".cn"代表中国、".jp"代表日本等）的地理模式顶级域名。例如，域名"pku.edu.cn"的顶级域名为".cn"，可以推知它是中国的网站地址。

国际顶级域名（iTLD），即以".int"为后缀域名，专门为国际联盟、国际组织而设的一个类别顶级域名，如世界知识产权组织的域名为"wipo.int"。而后国际顶级域名归入通用顶级域名（gTLD），而且 gTLD 又具有面向全球开放的国际化注册许可，因此是"国际化"而不是原来的"国际顶级域名"的含义了。

通用顶级域名（gTLD），根据 1994 年公布的 RFC1591 规定，通用顶级域名是".com"（公司企业）、".net"（网络服务机构）、".org"（非营利性组织）、".edu"（教育机构）、".gov"（政府部门）、".mil"（军事部门）等组织模式顶级域名。由于历史原因 IAHC 认为".edu"".gov"".mil"是特殊域名，作为美国专用。例如，域名"ibm.com"和"sohu.com"的顶级域名都是".com"，可以推知它们分别是两家公司的网站地址。而"www.whitehouse.gov"是美国政府（白宫）网站的 WWW 主机。

注　意

国际顶级域名与通用顶级域名

从技术协议的定义，所有域名都是"国际化"的，从历史发展来看，国家及地区代码顶级域名（ccTLD）中也陆续在面向全球开放国际化注册许可，如".cc"".tv"".cd"。因此ccTLD也是"国际化"，但是它同样不是原来的"国际顶级域名"的含义。

因此，正确的说法应该按照《域名系统的结构和授权》RFC1591和ISO3166文件标准，".com"".net"等开放全球注册的域名应该定义为"通用顶级域名"，而"国际（顶级）域名"的叫法并不正确。

"国际（顶级）域名"（ccTLD）和"国内（顶级）域名"的说法是在国内媒体和某些ICANN注册商的误导下一直错至今日。

本书使用的"通用顶级域名"概念统一表示除国家顶级域名以外的所有顶级域名。

Internet上域名的名字空间组成结构示意图如图6-20所示。

图6-20　Internet的名字空间组成结构示意图

从上图可以看出，一个域名及主机名字由三级或四级域名组成。例如，中央电视台网站电子邮局主机名为mail.cctv.com，中国教育和科研计算机网的WWW主机名为www.edu.cn，而清华大学网站FTP主机名为ftp.tsinghua.edu.cn等。

Internet的域名由Internet网络协会负责网络地址分配的委员会进行登记和管理。全世界目前有三个大的网络信息中心：RIPE-NIC负责欧洲地区，APNIC负责亚太地区，INTER-NIC负责美国及其他地区。中国互联网络信息中心（China Internet Network Information Center，CNNIC）负责管理我国顶级域名".cn"，为我国的ISP企业和网络用户提供IP地址、自治系统AS号码和中文域名的分配管理服务。

2. 域名解析和反向域名解析

Internet上的主机（服务器）是通过IP地址来定位的，给出一个IP地址，就可以找到Internet上的某台主机。但是由于IP地址难于记忆和使用，人们又发明了域名来代替IP地址。但通过域名并不能直接找到要访问的主机，中间要增加一个从域名查找IP地址的过程，这个过程就是域名解析。

域名和网址并不是一回事，域名注册之后，只说明用户对这个域名拥有了使用权，如果不进行域名解析，那么这个域名就不能发挥它的作用，经过解析的域名可以用来作为电子邮箱的后缀，也可以用来作为网址访问自己的网站，因此域名解析是域名投入使用的必备环节。

域名系统的提出为 Internet 用户提供了极大的方便。通常构成域名的各个部分（各级域名）都具有一定的含义，相对于主机的 IP 地址来说更容易记忆和使用。但域名只是为用户提供了一种方便记忆的手段，主机之间不能直接使用域名进行通信，仍然需要使用 IP 地址来完成数据的传输。所以当应用程序接收到用户输入的域名时，域名系统必须提供一种机制，该机制负责将域名映射为对应的 IP 地址，然后利用该 IP 地址将数据送往目的主机。

（1）域名服务器　域名系统到哪里寻找一个域名所对应的 IP 地址呢？这就需要借助于一组既独立又相互协作的域名服务器来完成，这组域名服务器是域名系统的核心。

所谓的域名服务器就是一个运行在指定主机上的服务器程序，由它负责完成域名—IP 地址映射。由于域名解析服务是该主机的唯一功能，有时也把运行域名服务器程序的主机称为域名服务器，该服务器通常保存着它所管辖区域内的域名与 IP 地址的映射表。相应地，请求域名解析服务的程序称为域名解析器。在 TCP/IP 域名系统中，一个域名解析器可以利用一个或多个域名服务器进行名字映射。

在 Internet 中，对应于域名的层次结构，域名服务器也构成一定的层次结构，如图6-21所示。这个树状域名服务器的逻辑结构是域名解析程序（算法）赖以实现的基础。一般来说，域名解析采用自顶向下的算法，从根服务器开始直到叶服务器，在其间的每个节点上一定能够找到所需的域名—IP 地址映射。当然，由于父子节点的上下管辖关系，域名解析的过程只需走过一条从树中根节点开始到另一个节点的自顶向下的单向路径，无须回溯，更不必遍历整个服务器树。

但是，如果每个解析请求都从根服务器开始的话，到达根服务器的信息流量随 Internet 规模的增大而加大，造成根服务器可能因负荷过重而超载。因此，每一个域名解析请求都从根服务器开始并不是一个很好的解决方案。

实际上，在域名解析过程中，只要域名解析器程序知道如何访问任意一个域名服务器，而每一个域名服务器都至少知道其父节点服务器的 IP 地址及根服务器的 IP 地址，域名解析就可以顺利地进行。

（2）域名解析技术　域名解析有两种方式。第一种称为递归解析（Recursive Resolution），要求域名服务器系统一次性完成全部名字—地址变换。第二种称为反复解析（Iterative Resolution），每次请求一个服务器，不成功再请求另一个服务器，直到完成名字—地址变换为止。描述一个简单的域名解析过程如图6-22所示。

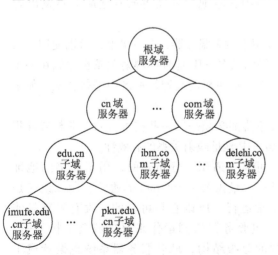

图 6-21　域名服务器层次结构示意图

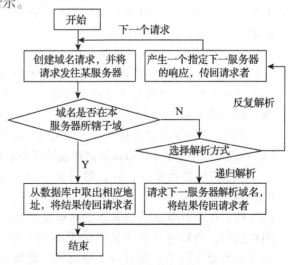

图 6-22　域名解析流程图

例如，一位用户希望访问名为 www. imfec. edu. cn 的主机，当应用程序接收到用户输入的 www. imfec. edu. cn 时，解析器首先向自己已知的那台域名服务器发出查询请求。如果使用递归解析方式，该域名服务器将查询 www. imfec. edu. cn 的 IP 地址，如果在本地服务器找不到，本地服务器就向它所知道的其他域名服务器发出请求，要求其他服务器帮助查找，并将查询到的 IP 地址传回给解析器程序。但是，在使用反复解析方式的情况下，如果该域名服务器未能在当地找到 www. imfec. edu. cn 的 IP 地址，那么它仅仅将可能找到该 IP 地址的域名服务器地址告诉解析器，解析器需向被告知的域名服务器再次发出查询请求，如此反复，直到找到（或用户输入错误时找不到而失败）为止。

（3）提高域名解析的效率　在 Internet 中，域名解析请求频繁发生。因此，名字—地址的解析效率是检验域名系统成功与否的关键。尽管 Internet 的域名解析可以沿域名服务器树自顶向下进行，但是严格按照自树根到树叶的搜索方法并不是最有效的。在实际的域名解析系统中，可以采用以下的解决方法来提高解析效率。

1）解析从本地域名服务器开始。大多数域名解析都是解析本地域名，可以在本地域名服务器中完成。因此，域名解析器如果首先向本地域名服务器发出请求，那么多数请求都可以在本地域名服务器中直接完成，无须从根开始遍历域名服务器树。这样，域名解析既不会占用太多的网络带宽，也不会给根服务器造成太大的处理负荷，从而提高域名的解析效率。当然，在本地域名服务器不能解析请求的域名，解析只好请根服务器或本地服务器的上层服务器帮忙。

2）域名服务器的高速缓冲技术。在域名解析过程中，如果域名和对应 IP 地址的映射没有保存在本地域名服务器中，每次域名请求都必须传往根服务器，进行一次自顶向下的搜索。这样势必加大网络负荷，开销很大。在 Internet 中，域名服务器采用域名高速缓冲技术即可明显地减少非本地域名解析的开销。

所谓的高速缓冲技术就是在域名服务器中开辟一个专用内存区，以存放最近解析过的域名及其 IP 地址。服务器一旦收到域名解析请求，首先检查该域名与 IP 地址的映射关系是否存储在本地。如果是，就进行本地解析，并将解析的结果报告给解析器；否则，检查域名缓冲区，看是否最近解析过该域名。如果高速缓冲区中保存着该域名与 IP 地址的映射关系，那么服务器就将这条信息报告给解析器；否则，本地服务器再向其他服务器发出解析请求。

3）主机上的高速缓冲技术。高速缓冲技术不仅用于域名服务器，在主机上也可以使用。与域名服务器的高速缓冲技术相同，主机将解析器获得的域名—IP 地址的映射关系也存储在一个高速缓冲区中，当解析器进行域名解析时，它首先在本地主机的高速缓冲区中进行查找，如果找不到，再将请求送往本地域名服务器。

当然，采用高速缓冲技术机制的主机、域名服务器都必须采用一些技术，如"非权威性报告"、最大生存周期等，以保证高速缓冲区中的域名—IP 地址映射关系的有效性。

从系统的角度来看，域名解析是一个高效、可靠、通用、分布式的，用于名字到地址的映射系统。系统中大多数名字在本地解析，只有少量需要在 Internet 上通信，所以说它是高效的；单个计算机的故障不会妨碍整个系统正常运行，所以它是可靠的；没有限制只使用机器名，所以它是通用的；位于不同节点的一组服务器协同运作来解决域名解析问题，所以它是分布式的。而且为了适应域名地址结构的分级结构，域名服务器系统也设计成了分级结构。

从实现技术角度来看，域名解析采用客户机/服务器服务模式。客户机是解析器（Resolves）程序，它负责查询名字服务器，解释从服务器传回的响应，并将信息返回给请求方。存储有关域名空间信息的程序（或者说是主机）称为名字服务器（Name Server），作为服务器端，它通常保存着部分域名空间——区（Zone）的完整信息，是解析系统的核心。

（4）反向域名解析技术　垃圾邮件给人们的生活、工作、学习带来了极大的危害。由于 SMTP 服务器之间缺乏有效的发送认证机制，即使采用了垃圾邮件识别阻拦技术效果也很差，再者垃圾邮件识别阻拦技术主要是在收到信件后根据一定条件进行识别，需要耗费大量服务器资源，如果能在信件到达服务器之前就采取一定手段，则可以大大提高服务器效率了。因此，目前许多邮件服务器如 sina.com，hotmail.com，yahoo.com.cn 等都采用了"垃圾邮件识别阻拦技术 + IP 反向解析验证技术"以便更好地阻拦垃圾邮件。

先来了解一下什么是 IP 反向解析。实际上在 DNS 服务器里有两个区域，即"正向查找区域"和"反向查找区域"。反向查找区域就是所谓的 IP 反向解析，它的作用就是通过查询 IP 地址的 PTR 记录来得到该 IP 地址指向的域名，当然，要想成功得到域名就必须要有该 IP 地址的 PTR 记录。

反向域名解析与通常的正向域名解析相反，提供 IP 地址到域名的对应。目前很多网络服务提供商要求访问的 IP 地址具有反向域名解析的结果，否则不提供服务。

反向域名解析系统（Reverse DNS）更重要的功能可确保适当的邮件交换记录是生效的。这是一个最常见的问题（国外的邮件系统更是如此）。更多的电子邮件提供商是使用反向域名解析系统查找来确认信息来自哪里。由于这种方式的使用变得更广泛，那些没有正确地发布反向域名解析系统信息的域可能更常发生邮件的退回。

反向解析验证实际上是由对方服务器进行，如果用户不提供反向解析，那么对方服务器的反向解析验证就会失败，这样对方服务器就会以用户是不明发送方而拒收用户发来的邮件，这也就是用户排除其他原因后（如被对方列入黑名单、没有 MX 记录、使用的是动态 IP 地址等）在没做反向解析时无法向 sina.com、homail.com 发送邮件的原因。

子任务 3　E-mail 服务

知识导读

电子邮件是一种通过计算机网络与其他用户进行联系的快速、简便、高效、价廉的现代化通信手段，发送方几乎可以即刻将写好的信件送到接收方的电子邮箱中。

用户收发电子邮件的前提是要有一个属于自己的电子邮箱，即 E-mail 账户。E-mail 账户是用户在办理上网手续时，可以向 ISP 申请得到，或者在 Internet 中申请一些免费的 E-mail 账户。用户申请到的 E-mail 账户连同相应的密码一起使用，可以享用 Internet 上的 E-mail 服务。在 Internet 中，用户只要知道对方（一个或多个人）的 E-mail 账户，就可以通过网络在 E-mail 中附加各种信息，如文字、图形图像、音乐、程序及数据等一同向对方传送过去。用户也可以利用自己的邮箱方便地接收、回复、转发对方发来的邮件。

下面介绍电子邮件服务的几个基本应用方法。

1. 注册电子邮箱

以在搜狐注册免费邮箱为例，具体步骤如下：

步骤

步骤1 打开搜狐主页，进入搜狐免费邮箱注册界面。按要求填写用户注册信息栏内容，并提交注册信息。

步骤2 如果注册成功，系统将自动进入"搜狐通行证"注册成功界面。用户在此界面可登录免费邮箱。

2. 设置 Microsoft Outlook 在线邮局

步骤

步骤1 打开 Microsoft Outlook 2010，选择"工具"→"电子邮件账户"，如图6-23所示。

步骤2 在系统弹出的"电子邮件账户"对话框中单击"添加新电子邮件账户"选项，单击"下一步"按钮。

步骤3 在系统弹出的"电子邮件账户-服务器类型"对话框中选择服务器类型为"POP3"，然后单击"下一步"按钮，如图6-24所示。

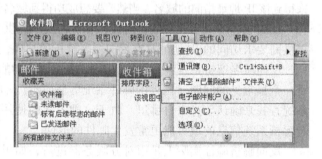

图6-23 设置 Microsoft Outlook 2010 在线邮局

步骤4 在系统弹出如图6-25所示的"电子邮件账户-Internet 电子邮件设置（POP3）"对话框中填写"用户信息""登录信息"和"服务器信息"，然后单击"其他设置"按钮。

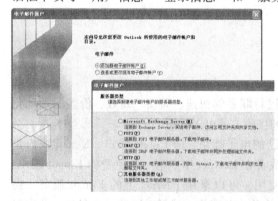

图6-24 添加电子邮件并选择服务器类型

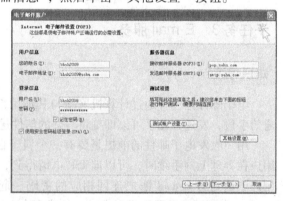

图6-25 填写电子邮件账户相关信息

其中，"登录信息"的用户名为该用户搜狐邮箱的用户名或邮箱全名，密码为对应邮箱的密码；"服务器信息"的接收、发送邮件服务器分别为 pop. sohu. com 和 smtp. sohu. com。

注 意

这里不要勾选"使用安全密码验证登录（SPA）"复选框，也不必测试账户设置。

步骤5 在系统弹出的"Internet 电子邮件设置"对话框中切换至"发送服务器"选项卡，如图 6－26 所示。勾选"我的发送服务器（SMTP）要求验证"复选框，并选中"使用与接收邮件服务器相同的设置"单选按钮后，单击"确定"按钮。

步骤6 用户如需设置服务器超时，或在邮箱中保留备份，则切换至"高级"选项卡，如图 6－27 所示。在此可以调整"服务器超时"时间，勾选"在服务器上保留邮件的副本"复选框，并勾选和调整删除服务器上的邮件副本的天数。完成后单击"确定"按钮，退出"其他设置"。

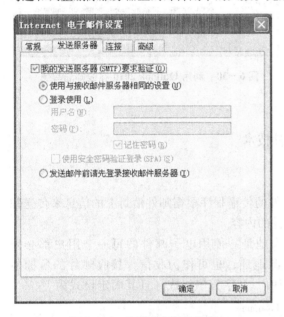

图 6－26 发送服务器的设置

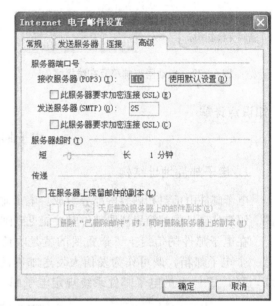

图 6－27 收发服务器超时参数设置

步骤7 在系统弹出的"电子邮件账户"对话框上单击"完成"按钮，退出设置。

3．在 Microsoft Outlook 2010 中收发邮件

步 骤

步骤1 接收并阅读邮件。启动 Outlook 2010，系统将自动打开如图 6－28 所示的搜狐邮箱，用户可选择打开并阅读、下载邮件。

只要 Outlook 2010 在激活状态，用户就可以在如图 6－29 所示的 Windows 任务栏系统通知区域上看到 Outlook 2010 自动接收新邮件的状态图标。这是因为 Outlook 2010 将定时到用户邮箱查询有无新邮件到达。若有，则同步 Outlook 邮箱内容并在线提醒用户读取邮件。

图 6－28 启动 Outlook 在线邮局

步骤2 写信。在 Outlook 2010 在线邮局主界面的工具栏上单击"新建"按钮，系统弹出如图6－30所示的编辑邮件窗口。在此，用户可以输入收件人、抄送、主题、插入附件等邮件信封

以及邮件内容信息，然后单击"发送"按钮即可完成。

图 6-29 自动同步邮箱及在线提醒

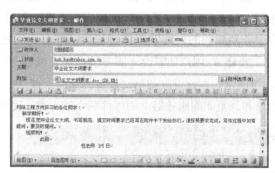

图 6-30 利用 Outlook 2010 在线邮局写信

知识点详解

电子邮件技术

1. 电子邮件地址结构

电子邮件由信封和内容两部分组成。电子邮件的传输程序根据邮件信封上的信息来传送邮件。用户从自己的邮箱里读取邮件时才能见到邮件的内容。

在电子邮件的信封上，最重要的就是收信人地址。使用电子邮件的每一个用户都必须有一个电子邮箱，既可作为发信人发送邮件的源地址，也可作为收信人接收邮件的目标地址。TCP/IP 体系的电子邮件系统规定电子邮箱由一个字符串组成，且其固定格式为

$$username@ hostname$$

其中，username 是邮箱的用户名，hostname 是邮件服务器的域名，连接符 @ 不可省略，表示名为 username 的用户邮箱"在"名为 hostname 的邮件服务器中。

在多数计算机上，电子邮件系统使用用户账户或登录名作为邮箱的用户名。例如，有一个电子邮箱 mymail@ sohu. com，它标识了在域名为 sohu. com 的主机（邮件服务器）上，用户账户为 mymail 的一个电子邮箱。

由于一个主机（邮件服务器）的域名在 Internet 上是唯一的，而每一个邮箱的用户名在该主机中也是唯一的，因此 Internet 上每一个用户的电子邮件地址都是唯一的。这一点对保证电子邮件能够在整个 Internet 范围内的准确交付十分重要。

在发送电子邮件时，邮件服务器只使用电子邮件地址中的后一部分，即目的主机的域名。只有在邮件到达目的主机后，目的主机的邮件服务器才根据电子邮件地址中的前一部分（即收信人的邮箱用户名），将邮件存放在收信人的邮箱中。

电子邮件系统中有两个邮件服务器。一个是发信服务器，它是用来帮助用户把电子邮件发出去，就像发信的邮局；另一个是收信服务器，它是用来接收他人发来的电子邮件并且把它保存起来，以便供用户阅读和变更。电子邮件系统就像日常生活中的邮政系统，通过建立邮件服务器（邮政中心），在中心服务器上给用户分配电子邮箱，也就是在邮件服务器的硬盘上划出一块区域（相当于一个邮局），这块存储区域内又分出许多小区，每个小区分配给每一个电子邮箱（类似于信箱）。电子邮件用户都可以通过各自的计算机或数据终端编辑信件，通过网络发送到对方的邮箱中，此后对方用户可以方便地利用自己的 E-mail 账户和密码打开邮箱读取这些信件。

一方面，正是由于发信服务器的存在，用户在给对方发送邮件时，不管对方是否在打开邮箱状态，邮件都会先发送到邮件系统中的发信服务器，然后再由发信服务器将其发送到对方邮件系统的收信服务器中相应邮箱内，当对方开机上线时随时打开邮箱读取或将其下载到本地计算机上。另一方面，正是由于收信服务器的存在，对方在发送邮件时，不管是否在线，邮件都会先存入收信服务器中的邮箱内，用户开机上线时，可以随时读取或将其下载到本地计算机上。

2. 电子邮件系统的工作机制

一个电子邮件系统应具有如图 6-31 所示的三个主要组成部件，这就是用户代理、邮件服务器以及电子邮件使用的协议，如 SMTP 和 POP3（或 IMAP）等。

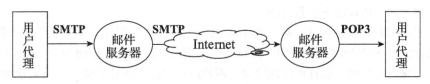

图 6-31 电子邮件的主要组成部件

用户代理（User Agent，UA）是用户与电子邮件系统的接口，在大多数情况下它是一个在用户计算机中运行的程序，如用户常见的 Microsoft Outlook、Outlook Express、Foxmail 等。用户代理使用户能够通过一个很友好的窗口界面来发送和接收邮件，而且主要具有撰写、列表、显示和处理邮件的功能。

邮件服务器是电子邮件系统的核心部件，Internet 上所有的 ISP 都有邮件服务器。它的功能是发送和接收邮件，同时还要向发信人报告邮件传送的情况（已交付、被拒绝、丢失等）。下面就是一封电子邮件的发送和接收过程。

1）发信人调用用户代理来编辑要发送的邮件内容。用户代理用 SMTP 将邮件传送给发送端邮件服务器。

2）发送端邮件服务器将邮件放入邮件缓存队列中，等待发送。

3）SMTP 按照客户服务器方式工作。运行在发送端邮件服务器上的 SMTP 客户进程，发现邮件缓存中有待发送的邮件，就向运行在接收端邮件服务器的 SMTP 服务器进程发起 TCP 连接的建立请求。

4）当 TCP 连接建立后，SMTP 客户进程开始向远程的 SMTP 服务器进程发送邮件。如果有多个邮件在邮件缓存中，则 SMTP 客户——将它们发送到各自的远程 SMTP 服务器。当所有的待发送邮件发完，SMTP 就关闭所建立的 TCP 连接。

5）运行在接收端邮件服务器上的 SMTP 服务器进程收到邮件后，将邮件放入收信人的用户邮箱中，等待收信人以后方便时进行读取。

6）收信人调用用户代理，使用 POP3（或 IMAP）将自己的邮件从接收端邮件服务器的用户邮箱中读取或下载到本地计算机上。

SMTP 是 1982 年制定的 ARPANET 上电子邮件标准。SMTP 以及同时制定的电子邮件报文格式 MAIL 后来都成为当今 Internet 邮件传输的正式标准。当两台使用 SMTP 的计算机（邮件服务器）通过 Internet 实现了连接时，它们之间便可以透明地交换邮件。

SMTP 要借助于 TCP/IP 进行信息传输处理，它所规定的就是在两个相互通信的 SMTP 进程之间如何交换信息。由于 SMTP 使用客户机/服务器模式，因此负责发送邮件的 SMTP 进程就是

SMTP 客户机，而负责接收邮件的 SMTP 进程就是 SMTP 服务器。

SMTP 不使用中间的邮件服务器，无论发送端和接收端的两个服务器相隔多远，也不管在邮件的传送过程中要经过多少台路由器，TCP 连接总是在发送端和接收端这两个邮件服务器之间直接建立。当接收端邮件服务器出现故障而不能工作时，发送端邮件服务器只能等待一段时间后再尝试和该邮件服务器建立 TCP 连接，而不能先找到一个中间的邮件服务器建立 TCP 连接。虽然 SMTP 使用 TCP 连接试图使邮件的传送可靠，但由于没有端到端的确认返回到收信人处，差错指示也不保证能传送到收信人处，因此它并不能保证不丢失邮件。

由于 SMTP 只能传送可打印的 ASCII 码邮件，因此在 1993 年又制定了新的电子邮件标准：通用 Internet 邮件扩充协议（Multipurpose Internet Mail Extension，MIME）。MIME 在其邮件首部中说明了邮件的数据类型（如文本、声音、图像、视频等），因此能够同时发送多种类型的数据，这对于多媒体通信环境下非常有用。

POP3（Post Office Protocol 3，第三代邮局协议）是 1984 年制定的 POP 的第三个版本，与具备邮件发送功能的 SMTP 相结合，POP3 是目前绝大多数邮件收发程序使用的 Internet 标准协议。因此，用户在接收邮件时一般都使用该协议。不论用户在世界的什么地方，只要连上 Internet 就可以检查、阅读、下载对方发来的邮件。

POP3 也支持在线工作方式。在离线工作方式下，用户接收邮件时，首先通过 POP3 客户进程登录到支持 POP3 的邮件服务器，然后邮件服务器将为该用户收存的邮件传送给 POP3 客户进程，并且将这些邮件从服务器上删除。在为用户操作邮件服务器上存储的邮件时，POP3 以该用户当前保存在服务器上的全部邮件为对象进行操作，将它们一次性下载到用户端计算机中。一旦用户的邮件下载完毕，邮件服务器对这些邮件的暂存托管即可完成。使用基于 POP3 的邮件软件，用户不能对保存在邮件服务器上的邮件进行部分传输。离线工作方式适合那些从固定计算机上收发邮件的用户使用。

当使用 POP3 在线工作方式接收邮件时，用户在自己的计算机与邮件服务器保持连接的状态下读取邮件。用户的邮件保留在邮件服务器上。

子任务 4　FTP 服务

知识导读

FTP 服务是 Internet 上主要应用服务之一，该项服务的名称是由该服务使用的协议引申而来的。各类文件存放在网站所有者的 FTP 服务器中，远程用户可以通过 FTP 客户程序连接 FTP 服务器，然后利用 FTP 进行文件的"下载"或"上传"。FTP 支持两种文件的传输方式：文本文件传输和二进制文件传输。

所谓的下载（Download）就是用户通过相应的客户程序，在文件传输协议的控制下，将 Internet 共享文件服务器中的文件传回本地计算机中。除了下载服务器文件之外，用户也可以把本地计算机中的文件传送到 FTP 服务器上，即上传（Upload）文件。

用户要连接 FTP 服务器，一般需要经过登录（Login）的过程，也就是输入在该服务器上注册的账户和密码，其目的是要让 FTP 服务器知道是哪个被授权用户登录使用该主机。由于 FTP 服务深受专业用户的欢迎，为了方便使用者，大部分 FTP 服务器都提供了一种称作 Anonymous FTP（匿名 FTP）的服务，使用者不需要申请主机的特殊账户及密码，就可以直接进入 FTP 主机，任意浏览及下载所需公共文件。在使用匿名 FTP 时，只要以 anonymous 作为登录的账户，再用电子邮件地址作为密码即可进入主机。匿名 FTP 用户通常只能下载文件，而无法上传文件或修改主机中的文件。但是有些 FTP 主机的管理者为了让更多的用户有机会发表自己的文件或软件，会在 FTP 主机上建立一些目录，这样即使是以匿名方式登录的用户，也可以自由地上传或修改这些目录下的文件。

FTP 客户程序有字符界面和图形界面两种方式。字符界面的 FTP 客户程序其实就是一系列 FTP 命令，适合于专业用户在字符界面的 FTP 命令状态下以命令行方式与 FTP 服务器进行交互。如果用户想通过图形界面方式访问 FTP 服务器，则需要在自己的客户机上安装专门的客户程序。目前图形界面 FTP 客户程序很多，常见的有 CuteFTP、WS_ FTP、Bulletproof FTP（子弹头）、Absolute FTP、Agile FTP、Eudora、Fast Web Update Pro、Leap FTP 等。这些图形界面的 FTP 客户程序可以让用户的工作事半功倍，其中最成熟稳定、方便快捷的 CuteFTP 深受 FTP 用户的喜爱。

下面介绍 FTP 的几个常用应用。

1. 下载远程主机（FTP 服务器）上的文件

任务需求：从清华大学 FTP 服务器下载 ncftp3.1 for Linux 版本并保存到本地计算机。

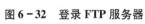

步骤 1 打开浏览器（本案例使用 Firefox），在地址栏输入清华大学网站 FTP 主机地址 "ftp: //ftp. tsinghus. edu. cn" 并按 < Enter > 键。系统返回远程目标服务器上根目录结构，如图 6 - 32 所示。

步骤 2 双击目录图标逐层进入目录，如 "/Software/Network/FTP /client/ncftp"，找到目标文件。

步骤 3 单击目标文件，系统弹出 "正在打开" 对话框。选中 "保存文件" 单选按钮，单击 "确定" 按钮。系统弹出 "下载" 窗口，如图 6 - 33 所示。

图 6 - 32　登录 FTP 服务器

图 6 - 33　找到并下载目标文件

将该文件保存到本地计算机指定的路径下。当然，用户也可以先选择 "打开方式"，选择助手应用程序打开该压缩文件，然后决定是否需要下载。

2. 使用 ftp. exe 运行 FTP 命令

ftp. exe 是由 FTP 提供的用于打开字符界面的 FTP 命令状态的客户程序。用户可以在 FTP 命令状态下运行 FTP 的其他命令完成相应的操作。ftp. exe 命令的操作步骤如下所示。

步 骤

步骤1 单击"开始"→"运行"命令,在弹出的对话框中输入"ftp",单击"确定"按钮。

该状态下可以运行 FTP 的各种命令,如为访问清华大学的 FTP 服务器,在 FTP 命令行输入:

open ftp. tsinghua. edu. cn

按 <Enter> 键后系统显示清华大学 FTP 服务器的用户登录状态,如图 6-34 所示。

步骤2 在此,用户可以输入从该 FTP 服务提供者申请得到的用户账户及密码,或输入匿名账户 anonymous,即可登录该 FTP 服务器进入 FTP 命令状态了,如图 6-35 所示。

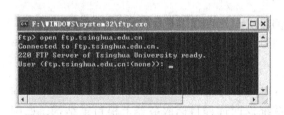

图 6-34 运行 ftp. exe 程序   图 6-35 登录 FTP 服务器

当然,用户也可以在本地计算机上先打开"命令"窗口,运行命令"ftp"进入 FTP 命令状态"ftp >",然后使用 FTP 的各种命令进行所需操作即可。

3. 利用 CuteFTP 下载/上传 FTP 文件

CuteFTP Pro 8 是一个全新的商业级 FTP 客户机程序,其加强的文件传输系统能够满足当前的商业应用需求。CuteFTP Pro 8 通过构建 SSL 或 SSH2 安全认证的客户机/服务器系统进行文件传输,为 VPN、WAN、Extranet 开发管理人员提供最经济的解决方案。CuteFTP Pro 8 不但包括了 FTP 命令的全部功能,还提供了 Sophisticated Scripting、目录同步、自动排程、同时多站点连接、多协议(FTP、SFTP、HTTP、HTTPS)支持、智能覆盖、特色功能(如整合的 HTML 编辑器等)以及更加快速的文件传输系统。

CuteFTP Pro 8 程序通常由较大的 FTP 服务器提供,用户可以下载后将其安装到本地计算机指定位置,然后右击 CuteFTP 8 Professional 目录下的主程序 cuteftppro. exe 并选择"发送到"→"桌面快捷方式"即可。

利用 CuteFTP Pro 8 下载/上传文件的操作步骤如下所示。

步 骤

步骤1 双击桌面上的 CuteFTP 快捷方式图标,启动如图 6-36 所示 CuteFTP 程序主界面。

注意

CuteFTP Pro 8 主界面有 4 个主要部分。

命令区域（工具栏和菜单）：FTP 主机对用户显示的信息区，从这里可了解到该站信息、是否支持断点续传、正在传送什么文件、是否已经断线等当前连接状况。

本地区域（本地硬盘）：显示本地计算机硬盘中要上传（Upload）或下载（Download）的所在目录及相关文件。

远程区域（远程服务器）：显示 FTP 主机的内容。

批处理、记录区域：显示文件传输的进程。用户可以预先把本地或远程区域中的需要文件拖到该窗口中，再决定是否传输。

图 6-36　CuteFTP Pro 8 主界面

步骤 2　在主机、用户名、密码栏内分别输入希望登录的 FTP 服务器名（如 ftp. tsinghua. edu. cn）、用户账户或匿名账户以及相应的密码，然后单击右侧的"连接"按钮。系统返回用户连接到指定 FTP 服务器的结果，如图 6-37 所示。

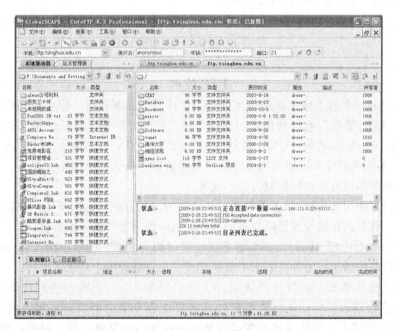

图 6-37　登录 FTP 服务器

步骤 3　在该 FTP 服务器文件夹中浏览并找到希望下载的文件，如在路径"/mirror / mysql. com /Downloads"中选择"mysql-connector-net-5. 0. 4. zip"文件，然后单击"下载"按钮并选择"最大（4 线程）"。系统在记录区域的队列列表中显示正在下载的进度，如图 6-38 所示。

图6-38　多线程下载

步骤4　下载完毕，退出客户程序即可。

注册用户也可用 CuteFTP 客户程序上传本地计算机中的文件到指定的 FTP 服务器。

FTP 技术

网络环境中的一个基本应用就是将文件从一台计算机复制到另一台可能相距很远的计算机中。但由于众多的计算机厂商研制出来的文件系统之间的差别很大，造成相互访问很困难。例如，Microsoft 的 Windows 系列、UNIX 系列（AIX、BSD UNIX、HPUX 以及 Linux）和 Apple 的 Mac OS 等几种不同的操作系统使用的文件系统互不兼容——数据存储格式互异、文件命名规定不同、使用的命令不同或者访问控制方法不同等。

文件传输协议使用客户机/服务器模式，并借助 TCP 可靠的传输服务为用户提供文件传输的一些基本服务，其目的是减少或消除在不同操作系统中处理文件的不兼容性。

一个 FTP 服务器进程可同时为多个客户进程提供服务。FTP 进程由两大部分组成：一个主进程，负责接收新的请求；另外有若干个从属进程，负责处理单个请求。

主进程的工作步骤如下：打开默认端口（端口号为21），使客户进程能够连接上；等待客户进程发来连接请求；启动从属进程来处理客户进程发来的请求；从属进程对客户进程的请求处理完毕后即终止，但从属进程在运行期间还可能创建其他一些子进程；回到等待状态，继续接收其他客户进程发来的连接请求。主进程与从属进程的处理是并发进行的。

FTP 的工作情况如图6-39所示。从图中可以看出，控制连接的箭头是从客户指向服务器，表示客户发起控制连接。但数据连接则按相反方向形成，表示服务器发起数据连接。在数据连接过程中，FTP 服务器作为客户，而 FTP 客户则作为服务器。图中 FTP 服务器上的控制进程是从属进程，它由服务器主进程（为简单起见，图中没有标出）启动。

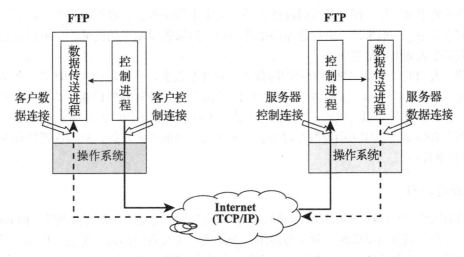

图 6 - 39　FTP 使用的两个 TCP 连接

在进行文件传输时，FTP 的客户和服务器之间要建立两个连接："控制连接"和"数据连接"。控制连接用于保持 FTP 客户进程与服务器进程的会话，会话内容包括客户的请求（请求建立连接、请求进入某个目录、请求传输一个文件等）、服务器的请求（请求建立数据连接）以及两者的响应，这是一个交互式的会话系统；数据连接用于维持文件的数据传输，可以说数据连接是控制连接派生出来的，在结束 FTP 时，它也是先于控制连接撤销的。

文件传输不仅提供本地计算机从远程服务器下载文件，有时还提供反向的文件传输操作，即从本地计算机传文件到远程服务器上。

子任务5　BBS/论坛、网络新闻、博客的应用

Internet 上除了上述 WWW 搜索、电子邮件、FTP、远程登录（Telnet）等应用以外，还有很多其他的应用，如网络新闻、BBS、博客（Blog）、网络即时通信等。

1. BBS/论坛

BBS 最早是在苹果机上运行的，用于公布股市价格等信息的，通过计算机来传播或获得消息的软件系统。后来，有些人尝试用 BASIC 语言将其改写到 IBM PC 上，BBS 才开始随着 PC 渐渐普及开来。

起初的 BBS 是报文处理系统。系统的唯一目的是在用户之间提供电子报文。随着时间的推移，BBS 的功能有了扩充，增加了文件共享功能。因此，目前的 BBS 用户还可以相互之间交换各种文件。只需简单地把文件置于 BBS 中，其他用户就可以极其方便地下载这些文件。

在 Internet 上，BBS 是一种新型的电子信息服务系统。它提供一块公共电子白板，每个用户都可以在上面书写，发布信息或提出看法。它是一种交互性强，内容丰富而及时的 Internet 电子信息服务系统。用户在 BBS 站点上可以获得各种信息服务，发布信息，进行讨论、聊天等。

像日常生活中的黑板报一样，网络论坛按不同的主题分为许多版块，版面的设立依据是大

多数用户的要求和喜好,用户可以阅读他人关于某个主题的看法,也可以将自己的想法毫无保留地发到论坛中。一般来说,论坛也提供邮件功能,如果需要私下的交流,也可以将想说的话直接发到某个人的电子信箱中。

目前,人们通过 BBS 可随时取得国际最新的软件及信息,也可以通过 BBS 来和他人讨论计算机软件、硬件、Internet、多媒体、程序设计以及医学等各种有趣的话题,甚至可以利用 BBS 来刊登一些"征友""廉价转让"及"公司产品"等启事,而且 BBS 就在每个上网用户的身旁。由于近年来 BBS 的主要应用朝着网上讨论、发表个人看法的方向发展,所以逐渐被称为"网络论坛""网络社区"。

2. 网络新闻

网络新闻组(Usenet,User's Network),即用户交流网,它是由一群有共同爱好的 Internet 用户为了相互交换信息而组成的一种无形的用户交流网。从交流的形式上来看,Usenet 很像是一个有组织的电子邮件系统,不过在 Usenet 上传送的电子邮件不再是发给某一个(或一组)特定的用户,而是全世界范围内的新闻组服务器。Usenet 不是一个网络,而是 Internet 上的一种服务,它作为全世界最大的电子公告板系统,其服务器遍布世界各地,向各种用户提供他们想要的任何新闻,因此也被称为新闻讨论组(Newsgroup)。在这个电子公告板上任何人都可以贴出公告,也可以下载其中的公告。Usenet 用户写的新闻被发送到新闻组后,任何访问该新闻组话题或子话题的人都有可能看到这则新闻。

新闻组和 WWW、电子邮件、文件传输同为 Internet 提供的重要服务内容。在国外,新闻组账户和上网账户、E-mail 账户一起并称为三大账户,由此可见其使用的广泛程度。由于种种原因,国内的新闻服务器数量很少,各种媒体对于新闻组介绍得也较少。

与 WWW、E-mail、FTP 等应用服务类似,新闻组服务也使用应用层协议——NNTP,它是一个主要用于阅读和张贴新闻文章(俗称"帖子",比较正式的说法是"新闻组邮件")到 Usenet 上的 Internet 应用协议,这个协议也负责新闻在服务器间的传送。NNTP 是由加州大学的 Brian Kantor 和 Phil Lapsley 发明的。NNTP 使用 TCP 端口号 119,向 Internet 上 NNTP 服务器或 NNTP 客户(新闻阅读器)发布网络新闻邮件的协议,提供通过 Internet 使用可靠的基于流的新闻传输,提供新闻的分发、查询、检索和投递。NNTP 还专门设计用于将新闻文章保存在中心数据库服务器上,这样用户可以选择要阅读的特定条目,另外还提供过期新闻的索引、交叉引用和终止等服务。

(1)新闻组的四大优点

1)海量信息。据有关资料介绍,目前国外有新闻服务器 5000 多个,据说最大的新闻服务器包含 39000 多个新闻组,每个新闻组中又有上千个讨论主题,其信息量之大难以想象,就连 WWW 服务也难以相比。

2)直接交互性。在新闻组上,每个人都可以自由发布自己的消息,不管是哪类问题、多大的问题,都可直接发布到新闻组和成千上万的人进行讨论。这似乎和 BBS 差不多。但是它比 BBS 有两大优势:一是可以发表带有附件的"帖子",传递各种格式的文件;二是新闻组可以离线浏览。但新闻组不提供 BBS 支持的即时聊天,也许这就是新闻组在国内使用受限的原因之一。

3)全球互联性。全球绝大多数的新闻服务器都连接在一起,就像 Internet 本身一样。在某个新闻服务器上发表的文章会被送到与该新闻服务器相连接的其他服务器上,每一篇文章都可能漫游到世界各地。这个优势是网络提供的其他服务项目所无法比拟的。

4）主题鲜明。每个新闻组只要看它的命名就能清楚它的主题，所以用户在使用新闻组时其主题更加明确，往往能够一步到位，而且新闻组的数据传输速度与网页相比要快得多。

（2）新闻组的命名规则　国际新闻组在命名、分类上有其约定俗成的规则。网络新闻是按照不同的主题（也称为话题、专题）分类分层组织的，由许多特定的集中区域构成，每一类为一个专题组，组与组之间构成树状结构，这些集中区域就被称为主题类别。目前已经有成千上万个新闻组，主要有以下几种主题类别。

comp：计算机相关主题。

news：与 Usenet 本身相关的主题。

sci：与科技研究相关的主题。

soc：与社会文化相关的主题。

rec：与个人爱好、娱乐活动、艺术相关的主题。

biz：商业类主题。

talk：有争议的主题。

misc：不属于以上几类的或有交叉的主题。

除此之外，还有一些如 alt——奇怪问题、k12——与学校和教师相关话题等。

每个新闻组除了最顶层的结构之外，至少还要包含一个其他部分。新闻组在命名时通过上面的主题分类，用户可以了解新闻组的主要内容。各部分之间用圆点分隔，如 comp. 中有 comp. lang. java（与 Java 语言相关）、comp. database. oracle（与 Oracle 数据库相关）以及 comp. os（与操作系统相关）等主题。

（3）新闻组的应用　新闻组与 WWW 服务不同，WWW 服务是免费的，任何能够上网的用户都能浏览网页，而大多数的新闻组则是一种内部服务，即一个公司、一个学校的局域网内有一个服务器，根据本地情况设置讨论区，并且只对内部机器开放，从外面无法连接。国内外对外开放的新闻组较少，但用途极大。例如，奔腾新闻组 news: //news. cn99. com、Microsoft 公司新闻组 news: //msnews. microsoft. com、前线 news: //freenews. netfront. net 等。

当用户向一个新闻组发布一篇文章或对他人的文章做出回应时，就可以使用一个名为新闻阅读器的客户程序（如 Microsoft Outlook Express 的新闻组功能），向一个新闻服务器发送文章。与电子邮件服务器不同的是，新闻服务器通常都是免费的。

用户要想获得网络新闻，应具备两个方面的条件。首先，用户必须能访问到一台参与 Usenet 网络新闻传送的计算机，如 Microsoft 公司的网络新闻组服务器 msnews. microsoft. com。第二，用户必须安装一套新闻阅读软件，目前人们最常用的是 Outlook Express。用户需要在 Outlook Express 中创建一个新闻账户，找到并添加一个或多个新闻服务器，预订感兴趣的新闻组，然后就可以阅读、发表新闻和评论了。

利用 Outlook Express 添加新闻服务器、阅读、评价网络新闻的具体应用步骤如下所示。

步骤 1　注册和设置订阅新闻组账户。

打开 Outlook Express，在主菜单中选择"工具"→"账户"命令，如图 6 - 40 所示。

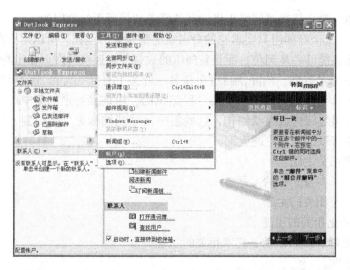

图 6-40　利用 Outlook Express 注册和设置订阅新闻组账户

　　系统弹出如图 6-41 所示的"Internet 账户"对话框。切换至"新闻"选项卡，并单击选择"添加"→"新闻"命令。

　　系统依次弹出两个"Internet 连接向导"对话框。在此，用户分别输入"显示名"和"电子邮件地址"，单击"下一步"按钮。

　　系统弹出如图 6-42 所示要求输入"Internet News 服务器名"的对话框。在此输入想要访问的新闻服务器名，如 Microsoft 公司的新闻组服务器 msnews. microsoft. com，单击"下一步"按钮。

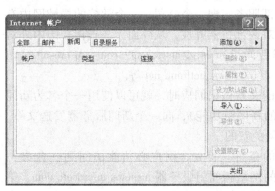

图 6-41　Internet 新闻组账户注册

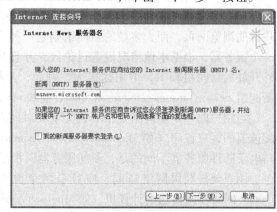

图 6-42　输入新闻组服务器名

　　系统弹出"祝贺您"对话框，单击"完成"按钮结束账户设置操作。系统返回"Internet 账户"对话框，如图 6-43 所示。

　　单击"关闭"按钮，系统弹出"是否从添加的新闻服务器下载新闻组？"对话框。单击"是"按钮，系统弹出从选定账户下载新闻组过程的对话框，完毕后进入"新闻组预订"对话框。

注　意

　　用户如果在该窗口选择某一个账户，如"msnews. microsoft. com"并单击"属性"按钮，即可进入"msnews.microsoft.com 属性"对话框。在此,可以切换至如图 6-44 所示的"高级"选项卡进行相应的设置。

图 6-43 Internet 新闻组账户注册成功   图 6-44 新闻组服务器属性设置

步骤 2 预订感兴趣的新闻组。

用户在"新闻组预订"对话框的输入栏内输入自己感兴趣内容(如 network)的新闻组,系统在新闻组对话框的列表内显示当前账户下包含"network"的所有新闻组,如图 6-45 所示。

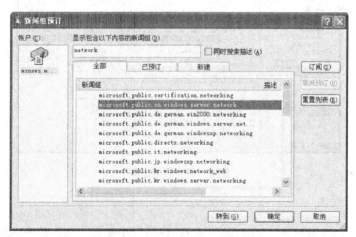

图 6-45 预订新闻组

选择一个自己最感兴趣的新闻组,如 microsoft. public. cn. windows. server. network,单击"订阅"按钮即可预订成功。用户可以反复选择不同专题的新闻组,最后单击"确定"按钮,返回到 Outlook Express 新闻组界面,即可看到预订的新闻组列表,如图 6-46 所示。

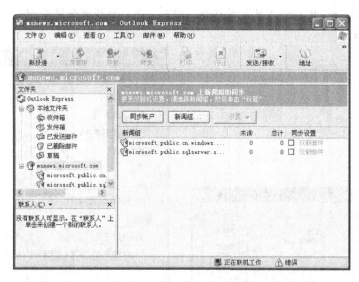

图6-46 查看预订的新闻组列表

如果用户要想创建多个新闻组账户，并预订多个新闻组，则反复进行步骤1、2即可。

步骤3 阅读新闻。

双击图6-46新闻组列表中某一个专题新闻组（如 microsoft. public. sqlserver. server），然后在打开的该新闻主题列表中双击一个新闻，即可打开并阅读该新闻，如图6-47所示。

如果用户对该新闻感兴趣或有什么想法，可以"答复"或"转发"给他人。

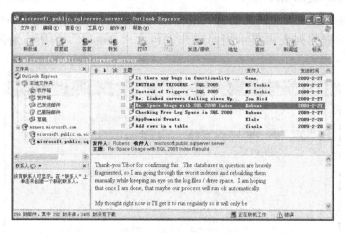

图6-47 阅读新闻

3. 博客

"博客"（Blog）一词源于"Web Log（网络日记）"的缩写，是一种十分简易的个人信息发布方式，它让任何人都很容易地完成个人网页的创建、发布和更新。因此，博客成为当今数字生活的新时尚，便于人们通过文字、图片、声音、视频等多种方式，尽情展示自我、分享感受、参与交流。

如果把论坛比喻为开放的广场，那么博客就是开放的私人房间。每人可以将个人工作过程、生活故事、思想历程、闪现的灵感等及时记录和发布，发挥个人无限的表达力；也可以以文会友，结识和汇聚朋友，进行深度交流沟通。

目前主流博客系统都有 RSS 文件格式，方便添加收藏与信息传播，如博客大全（http://www. blogall. com. cn/register. asp）、Google 博客（http://blogsearch. google. com/ping? hl = zh-CN）、百度博客（http://utility. baidu. com/blogsearch/submit. php）、雅虎博客（http://www. yahoo. cn/ex/blog_ rss/rss_ input. php）、搜狗博客（http://www. sogou. com/feedback/blogfeedback. php）、新浪爱问博客（http://blog. iask. com/add_ new_ rss. php）。

任务三　即时通信工具的配置与高级应用

知识导读

即时通信（Instant Messaging，IM）是一种面向终端使用者的网络沟通服务，用户可以通过安装了即时通信软件的计算机进行两人或多人之间的实时交流。交流形式包括文字、语音、视频及文件收发等。即时通信不同于 E-mail 之处在于它的交流是即时的。大部分的即时通信服务提供了在场提醒（Presence Awareness）的特性——显示联系人名单、联系人是否在线以及能否与联系人交谈。目前的多数即时通信软件集成了数据交换、语音聊天、视频会议、电子邮件的功能。因此，可以把即时通信称为"实时的电子邮件"。

最早的即时通信工具是 ICQ，ICQ 是英文"I seek you"（我找你）的谐音。几名以色列开发人员于 1996 年 7 月成立 Mirabilis 公司，并在 11 月份发布了最初版本的 ICQ，在 6 个月内，全世界有 85 万用户注册使用。

日常生活、工作中通常使用的即时通信手段主要分为电话即时通信和网络即时通信。电话即时通信已被世人所熟知，人们每天都在通过电话、文字短信、彩信等多种渠道享受电话即时通信所带来的贴切服务。网络即时通信被应用到日常生活、工作沟通中已有十多年历史，期间逐渐划分为个人即时通信和企业即时通信两大阵营。

（1）利用个人即时通信软件实现网络电话功能　个人即时通信是个人用户通过 Internet/Intranet 与远程好友进行即时通信，通信方式有计算机—计算机（网络聊天）、计算机—电话（网络电话）两种。其中，前者由于具有免费使用、方便快捷、多方通信、交流形式多媒体音视频化，以及能够在线收发文件等优点而受到越来越多人们的欢迎。后者也因通过 IP 网络实现了方便快捷、价格低廉、话音质量好的即时通信而被用户称为网络电话，逐渐成为跨国、跨地区即时通信的主要方式之一。

目前国际上流行的网络电话软件系统有 Skype、AOL Instant Messenger 等，都提供包括中文在内的多语种界面，以供用户选用。国产软件主要有腾讯 QQ、AnyQ、Lave-Lave 等，在国内有广泛的用户群体。

（2）利用企业即时通信平台实现局域网内协作办公　企业级的即时通信可以说是个人即时通信在企业内部的应用延伸。人们已经习惯于使用即时通信工具进行日常的工作联络，很多企业网内的计算机上都在运行 QQ、Skype 等个人即时通信软件。其中，多数企业员工都是在没有获得企业许可的情况下使用个人即时通信工具，给企业网络带来了比较大的安全和效率问题。加上个人即时通信工具经常让员工陷入非工作状态的聊天中，因此很多企业也通过各种手段禁止员工进行 QQ、Skype 等操作。在这种现状下，采用企业级的即时通信软件就成为企业员工及其业务伙伴之间实现高效率通信最好的解决方案,既满足了内部员工的沟通习惯,又解决了公司制度和网络安全等问题。

企业即时通信市场的潜在空间给软件厂商带来了商机,随着加入互联网企业的增长,互联网型企业即时通信市场规模在迅速扩大。中国权威 ICT 研究咨询机构即时资讯提供的报告显示:2011 年中国互联网型企业即时通信市场的注册用户数为 31.4 万家,而到 2014 年中国企业即时通信市场企业覆盖率达到了 124.2 万家,三年复合增长率为 59.7%。

目前,中国市场上的企业级即时通信工具主要包括腾讯公司的 RTX、IBM 公司的 Lotus Sametime、Microsoft 公司的 UC、中国互联网络办公室的 IMO、红杉树公司的 Easy Touch、亿企通的 Jingoal 等。相对于个人即时通信工具而言,企业级即时通信工具更加强调安全性、实用性、稳定性和扩展性。

子任务 1　利用 Skype 网络电话实现 Internet 即时通信

2006 年,Skype 首度携手 TOM 在线推出中文版软件 TOM-Skype。目前,Skype 全球注册用户数超过 1.3 亿,名列全球市场第一。而在中国市场,TOM-Skype 注册用户总量已超过了 2500 万。近两年国内 IM 市场竞争激烈,腾讯 QQ 和 Microsoft MSN 一直占据着领先的位置,两者分别定位于娱乐和办公市场。TOM-Skype 则表示,要将其 IM 工具做成一款最简单、最实用的超强语音即时通信工具,独辟蹊径在 IM 市场抢夺更大份额。

下面介绍如何利用 Skype 中文版与好友实现网上免费聊天、拨打网络电话。

步骤 1　下载、安装 Skype 中文版,并注册用户。Skype 中文版官方网站如图 6 - 48 所示。

图 6 - 48　Skype 中文版官方网站

Skype 中文版的安装、注册和使用方法非常简单,用户只要进入 Skype 中文官方网站(http://skype.tom.com)免费下载后安装到本地计算机,然后注册用户即可开始使用。

步骤2 购买 Skype 点数，为拨打网络国际/国内长途电话的账户充值。

用户只要在主菜单中选择"账户"→"购买 Skype 点数"，按要求输入购买的点数、网上支付账号及密码等信息并确认即可。此处用户填写人民币，由 Skype 自动折合成欧元结算。

步骤3 设置语音、视频聊天工具的参数值。

如果用户的计算机安装有耳麦、摄像头，Skype 能够自动监测到并作为默认的语音通信、视频采集设备。用户可以在主菜单中选择"账户"→"视频"，更改视频聊天的参数值。

步骤4 更改在线状态。

用户可以在主菜单中选择"文件"→"更改状态"，设置自身当前状态为在线、SkypeMe、离开、没空、请勿打扰、隐身、离线等。

步骤5 搜索好友。

在 Skype 主界面的"联系人"选项卡上可以将好友账户名或注册的 Skype 用户名直接添加联系人即可。如果不知好友准确的账户名和用户名，则可以通过"搜索 Skype 用户"先找到好友，再添加 Skype 联系人。反复添加新联系人，结果如图6-49所示。

步骤6 呼叫好友，进行网上多媒体即时通信。

如果好友在线并空闲，用户在主界面的"联系人"选项卡中双击好友账户名，就可以与对方进行语音、视频聊天。或者选择好友并单击右侧的"发送消息"图标，系统弹出如图6-50所示消息会话界面，用户就可以与好友通过输入文字、表情等信息进行会话了。在此界面中，用户还可以在菜单栏通过选择"工具"→"发送文件"进行在线收发文件。

图6-49 搜索和添加联系人

图6-50 多媒体即时通信

步骤7 拨打国际/国内长途。

用户在 Skype 主界面切换至"拨打电话"选项卡，输入国际/国内长途电话号码就可拨打费用低廉、话音清晰的网络电话。例如，从日本东京拨打北京的网络电话，每分钟只花费 0.20元，远低于普通国际长途和 IP 国际长途卡话费。用 Skype 拨打国内长途费用更低，部分已降到每分钟 0.01 元。

子任务 2 　利用 RTX 实现 Intranet 企业安全即时通信

知识导读

　　企业中，顺畅的沟通对生产效率、管理质量起到至关重要的作用。在异步通信已无法满足办公需求的形势下，创建合适的即时沟通平台，能够帮助企业员工实现高效沟通。

　　腾讯通（Real Time eXchange，RTX）是腾讯公司推出的企业级即时通信平台。企业员工可以轻松地通过服务器所配置的组织架构查找需要进行通信的人员，并采用丰富的沟通方式进行实时沟通。文本消息、文件传输、直接语音会话或者视频的形式能满足不同办公环境下的沟通需求。

　　RTX 着力于帮助企业员工提高工作效率，减少企业内部通信费用和出差频次，使团队和信息工作者进行更加高效的沟通。

1. RTX 基本功能（见图 6 - 51）

　　1）即时沟通交流：方便、快捷地发送与接收即时消息，提供个性化展示。

　　2）状态展示：提供查看联系人在线状态信息，可以方便、清晰地了解联系人的状态。

　　3）组织架构：可清晰看到由树形目录表达的实时多层次企业组织架构。

　　4）联系人分组：支持常用联系人分组，把最频繁的联系人划入同一分组中管理。

　　5）通信录：提供公司外的联系人资料管理，可以进行分组、发短信、拨打电话。

　　6）快速搜索栏：提供快捷搜索条，可以悬浮在桌面任何地方，提供账户、拼音、中文姓名的模糊查找。

　　7）消息通知：提供广播消息和系统消息，通知用户关键信息。

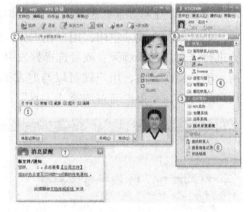

图 6 - 51　RTX 主界面、会话界面及系统消息框

　　8）历史消息查看器：对所有消息的历史记录进行查看、查找、归类。

2. RTX 扩展功能

　　1）用户管理器：企业 IT 管理员通过用户管理器进行组织架构的管理、客户端用户的管理，以及通过用户管理器的权限中心对企业员工进行权限分配和管理。

　　2）短信发送：支持移动、联通手机短信双向收发，提供短信发送历史保存和查询。支持短信群发，可以向部门、小组成员群发短信。

　　3）六人语音聊天：最多支持六人同时进行语音聊天，在空间条件限制的情况下也能进行实时沟通，并且不用支付任何通话费用。在六人语音聊天室，用户还能够进行最多 80 人的文本消息聊天。

　　4）高清晰视频：高清晰的视频图像，640×480 像素的大分辨率显示，让视频通话身临其境，更支持全屏显示，满足视频会议的特殊要求。

　　5）远程登录：远程登录是由腾讯公司基于 RTX 平台提供的中转服务，员工不在办公室的时候可以通过远程登录功能让 RTX 客户端登录到公司内网部署的 RTX 服务器上，满足员工在出差、家庭等环境下的办公。

6）办公集成：利用智能标签与主流办公软件集成。例如，在任何出现 RTX 账户的办公平台或文档上轻松发起即时沟通，方便了企业员工的使用。

7）USB Phone：用手持设备通过 RTX 拨打电话，更加接近传统拨打电话的习惯。话音质量清晰，并且不用支付任何费用。

8）自动升级：只要在服务器进行设置，则客户端用户可以进行相应的文件更新，自动得以升级，降低了管理成本。

9）关注联系人状态：通过关注联系人状态功能，用户可以设置关注某联系人，在该联系人的在线状态发生变化时可以得到通知。

3. RTX2008 的主要特色

1）Web 页面申请 RTX 账户支持选择部门和后台审核功能。

2）服务器端程序、RTX 中心服务器提供英文版程序及英文文档，完整支持国际化。

3）新增企业集群 2.0（RCA2.0）功能，通过 RTX 中心服务器使各独立的 RTX 服务器互联、互通，如图 6-52 所示。

4）解决一个部门当前节点内不能超过 200 人的问题。

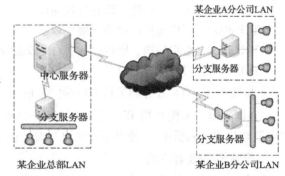

图 6-52　RTX 企业安全即时通信应用架构示意图

5）解决短时间内反复增加、删除一个账户导致 ConnServer 异常的缺陷。

下面以 RTX2008 为例，介绍企业即时通信平台的建立和应用方法。

（1）RTX2008 的安装、配置、使用步骤

步骤

步骤1 安装服务器。

双击运行 RTXSxxx.exe 服务器端安装包文件；阅读说明，单击"下一步"按钮，跳过引导页；仔细阅读 RTX 的许可协议说明，确认后，单击"我同意"按钮，跳过许可协议页；选择安装路径，单击"安装"按钮，等待几分钟（时间长短以系统性能而定）；出现安装完成页面，单击"完成"按钮，完成服务器端软件的安装操作。

步骤2 配置组织架构及用户。

选择"开始"→"所有程序"→"腾讯通"，打开"腾讯通 RTX 管理器"；在左边选择用户管理组，选择组织架构页，如图 6-53 所示。

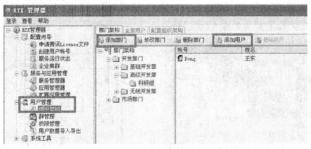

图 6-53　RTX 的安装与配置

单击"添加部门"按钮，输入部门名称，单击"确定"按钮。重复操作，添加多个部门。

单击"添加用户"按钮，输入账户（如lisa、Tom等）、RTX号码、姓名、手机号并分配密码，在对话框下方为该用户选择部门，如刚才添加的部门，单击"确定"按钮。重复操作，添加多个用户。

记录本机IP地址，以供客户端登录。

步骤3 服务器防火墙配置。

如果安装RTX服务器的计算机上有防火墙，需要打开服务器以下端口。

TCP 8000：登录端口。

TCP 8003：小文件、多人会话文件传输端口。

TCP 8880：大文件传输、语音视频端口。

TCP 8009：客户端程序自动升级端口。

TCP 8010：组织架构、资料照片、自定义标签等功能实现端口。

TCP 8012：快速部署端口。

步骤4 从RTX服务器下载客户端安装包。

在浏览器（本例选用IE）地址栏输入"http://RTX服务器地址：8012"，单击网页中的"下装客户端安装程序"，即可下载客户端安装包，如图6-54所示。

步骤5 安装客户端。

双击运行客户端安装包RTXCxxx.EXE程序；阅读说明单击"下一步"按钮，跳过引导页；仔细阅读RTX的许可协议说明，确认后单击"我同意"按钮，跳过许可协议页；选择安装路径，单击"安装"按钮；等待几分钟，系统出现安装完成页面，单击"完成"按钮，完成客户端软件的安装操作。

步骤6 登录RTX并操作。

选择"开始"→"所有程序"→"腾讯通"，打开"腾讯通RTX"。

系统弹出RTX登录界面，在账户/密码位置，输入配置用户时的账户和对应的密码（如lisa），并输入配置用户时获得的服务器地址，端口号默认值为8000。如果无法登录，请检查网络状况，关闭服务器的防火墙软件或对RTX开放相应的访问权限。

好友在另一台客户端上以第二个账户登录，如Tom。

在本机上，选择联系人菜单，再查找联系人，输入Tom，查找，右击"添加到常用联系人"，在主界面的联系人分组中就可以看到Tom已经在线，如图6-55所示。

图6-54 RTX客户端下载与安装

图6-55 RTX登录和对话

双击 Tom 账户，弹出对话窗口，即可进行对话。用户也可在主面板的"组织架构"里直接找到 Tom 进行对话。

（2）导入 License 文件 RTX2008 是通过 License 文件对用户进行授权使用的，License 文件可以通过免费申请、免费升级、购买等方式获得。License 文件的导入步骤如下所示。

步骤 1 申请或获取 RTX2008 的 License 文件。

若要免费申请试用 License 文件，访问如下网址，也可直接找服务中心获取。

http://rtx.tencent.com/rtx/license/requisition.shtml

原 RTX3.61 用户免费升级到 RTX2008 正版 License 文件。

http://rtx.tencent.com/rtx/license/activation.shtml

若要购买 RTX2008 正式版 License 文件，联系 RTX 服务中心，联系网址如下。

http://rtx.tencent.com/map.shtml

步骤 2 接收 License 文件。

无论是试用版还是正式版，License 文件都是通过 E-mail 附件的方式发给客户的，所以客户可以通过接收 E-mail 的方式来接收 License 文件，由于 Webmail 另存附件有可能改变文件格式，导致 License 文件结构被破坏，所以建议用户把 E-mail 用 Outlook 或 Foxmail 接收下来之后再使用。

步骤 3 使用 License 文件。

选择"开始"→"所有程序"→"腾讯通"，打开"腾讯通 RTX 管理器"。

在弹出的登录界面中，输入正确的管理员密码，单击"确定"按钮。系统弹出没有找到正式许可证的提示，关闭对话框，进入管理器界面，如图 6-56 所示。

图 6-56 导入 RTX 的许可文件

在左边选择系统工具组，单击"License 管理"选项，然后在右边的窗口中单击"选择 License 文件"按钮，选择打开原来保存的 License 文件，检查 License 信息中显示的信息是否正确。

（3）设置总机号码，密码及验证 用户在已经获得 License 文件，并完成了正确导入的情况下可以继续本步骤。而且用户只有通过了总机号的验证，才可以启用远程登录、插件服务。设置步骤如下所示。

步骤 1 选择"开始"→"所有程序"→"腾讯通"，打开"腾讯通 RTX 管理器"。

步骤 2 在左边列表中选择"服务与应用管理"→"服务管理器"，启动 RTX 服务管理器。

步骤 3 选择主菜单中的设置，指向外部服务设置。

步骤4 在弹出的对话框中输入总机号的密码，单击"确定"按钮。

步骤5 完成总机号的验证。

学材小结

理论知识

一、填空题

1. 应用系统的服务模式主要经历了_____、_____和_____三个阶段。

2. Internet 的基本协议是_____，在 TCP/IP 模型最上层的应用层包含的高层协议主要有_____、_____、_____和_____等。

3. 主流搜索引擎有_____、_____、_____等三种类型，它一般由_____、_____、_____和_____四个部分组成。

4. 云计算中的 SaaS 是_____，PaaS 是_____，IaaS 是_____。

5. URL 的通用形式为_____:∥_____:_____/_____。

6. 域名解析有两种方式，一种称为_____，另一种称为_____。

7. 电子邮件程序对邮件服务器发送、接收邮件分别使用_____和_____协议。

8. WWW 服务器中所存储的页面是一种结构化的文档，通常采用_____书写而成。

9. FTP 支持的两种文件传输方式是_____和二进制文件传输。

10. 基于 WebKit 渲染引擎的安全浏览器有_____和_____。

二、选择题

1. WWW 客户机与 WWW 浏览器之间通信使用的传输协议是（   ）。
   A. FTP　　　　　　B. SMTP　　　　　　C. POP3　　　　　　D. HTTP

2. 某用户在域名为 mail.ab.cn 的邮件服务器上申请了一个账号，账号名为 tom，那么该用户的电子邮件地址是（   ）。
   A. tom% mail.ab.cn　　　　　　　　B. mail.ab.cn% tom
   C. tom@ mail.ab.cn　　　　　　　　D. mail.ab.cn@ tom

3. 很多 FTP 服务器都提供匿名 FTP 服务。如果没有特别说明，匿名 FTP 账户为（   ）。
   A. administrator　B. guest　　　　　C. anonymous　　　D. admin

4. 一台主机的域名为 www.abc.com.cn，那么这台主机一定（   ）。
   A. 支持 E-mail 服务　　　　　　　B. 支持 FTP 服务
   C. 支持 DNS 服务　　　　　　　　D. 支持 WWW 服务

5. 以下说法中正确的是（   ）。
   A. Internet 中的一台主机只能有一个 IP 地址
   B. Internet 中的一台主机只能有一个主机名
   C. 一个合法的 IP 地址在一个时期只能分配给一台主机
   D. IP 地址与主机名是一一对应的

6. Web 服务器通常使用的端口号是（   ）。
   A. TCP 的 80 端口　　　　　　　　B. TCP 的 25 端口

C. UDP 的 80 端口　　　　　　　　　D. UDP 的 25 端口

7. 在 Internet 域名系统中，".com" 通常表示（　　）。

  A. 教育机构　　　B. 政府部门　　　C. 商业组织　　　D. 非营利性组织

8. 在客户机/服务器模式中，标识一台主机中的特定服务通常使用（　　）。

  A. 主机域名　　　B. 主机 IP 地址　　　C. 主机 MAC 地址　　D. TCP 和 UDP 端口号

9. 下列即时通信工具中，适合于企业局域网内安全通信的是（　　）。

  A. Skype　　　B. MSN Messenger　　C. RTX　　　　D. YahooMessenger

10. 即时通信工具不支持的通信方式是（　　）。

  A. 计算机→计算机　　　　　　　　B. 计算机→固定电话

  C. 计算机→手机　　　　　　　　　D. 电话→计算机

11. RTX 服务器的计算机上有防火墙，服务器登录所需的端口是（　　）。

  A. TCP 8000　　B. TCP 8003　　C. TCP 8880　　D. TCP 8009

实训任务

实训一　设置 Firefox 的 WWW 浏览环境（必做）

【实训目的】

掌握 Firefox 的 WWW 浏览环境的设置方法。

【实训内容】

假设现在用户已安装了 Firefox 浏览器，根据应用、安全需要设置 Firefox 的 Internet 选项。通过设置 Firefox 的 Internet 选项，填写完成下面的实训任务步骤。

【实训步骤】

步骤 1 打开 Firefox 的 Internet 选项。启动 Firefox 以后，在"＿＿＿＿＿"菜单中选择"＿＿＿＿＿"，即可打开"选项"对话框。

步骤 2 设置"主页"。在"主要"选项卡的"＿＿＿＿＿"中，设置默认主页为本学校的主页"＿＿＿＿＿"，并设置下载文件的默认保存路径为"我的文档"。

步骤 3 设置多选项卡浏览规则。IE 中的"选项卡"在 Firefox 中称为"＿＿＿＿＿"，在"＿＿＿＿＿"选项卡中，通过勾选"＿＿＿＿＿"设置当关闭包含多个"＿＿＿＿＿"的窗口时是否弹出警告信息。

步骤 4 设置"内容"。在"内容"选项卡中，勾选"阻止＿＿＿＿＿""自动＿＿＿＿＿"和"启用＿＿＿＿＿"等选项，并且可以选择设置"＿＿＿＿＿"和"＿＿＿＿＿"。

步骤 5 设置"主页"。在"主要"选项卡的"＿＿＿＿＿"中，设置默认主页为本学校的主页"＿＿＿＿＿"，并设置下载文件的默认保存路径为"我的文档"。

实训二　利用电子地图查询目的地或行车路线（选做）

【实训目的】

1）掌握国内外电子地图的使用方法。

2）了解国内外重要城市的行车路线，提高办事效率。

【实训内容】

假设用户希望通过某个城市（如北京市、香港特区或自己所在城市）提供的电子地图查找宾馆、商场、娱乐场所、业务办公地点及行车路线（自驾、公交、地铁、打车、步行等），以便预先了解目的地位置及行车路线，提高办事效率。通过对北京市电子地图的使用过程，填写完成下面的实训任务步骤。

【实训步骤】

步骤1 打开北京市电子地图，其网址是＿＿＿＿＿＿＿＿＿。

步骤2 如果要查自驾车路线图，则在电子地图窗口上端选择打开"行车服务"选项卡，输入起点和终点，单击"＿＿＿＿＿＿＿"按钮。系统将返回所有可行的行车路线结果。

通过该地图还可以查找乘坐公交车的线路图，如查询"北京西站到北京站"的公交线路等。

实训三 新闻组账户设置和订阅网络新闻（选做）

【实训目的】

1）掌握新闻组账户、服务器的设置，以及新闻订阅方法。

2）熟悉国内外重要网络新闻的使用情况。

【实训内容】

假设用户希望利用自己的电子邮箱建立新闻组账户，并在 Outlook Express 中预订、阅读网络新闻。设置 Outlook Express 作为新闻组邮件阅读器，阅读 Microsoft 新闻组服务器上关于 IE 浏览器的网络新闻。通过对 Outlook Express 的设置和使用，自主完成上述的实训任务。

【实训步骤】略。

拓展练习

1. 利用 Google、Bing 或百度的高级搜索引擎，查询一个满足特定复合条件的主题网页。
2. 创建自己的博客，并邀请同学们写博客讨论计算机网络技术与应用相关话题。
3. 创建 RTX 服务器和客户机，模拟实现企业安全即时通信环境。

模块七
网络应用配置技术

  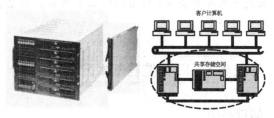

‖本模块导读‖

Internet 是把双刃剑，它在为人类创造巨大信息财富和提供先进交流手段的同时，也为人类带来了前所未有的精神垃圾和安全问题。在当今的 Internet 应用中，用户时常受到来自网络的各种干扰和攻击：垃圾广告、不良网站不时干扰上网用户的正常工作、学习和娱乐；木马病毒、黑客程序随时可能攻击用户的系统，窃取重要信息、暴露隐私；暴力、毒品、色情等内容毒害着青少年的心灵。如何通过合理的配置提高 Internet 应用的效率和安全性，控制家庭未成年人、机构员工对 Internet 信息的访问内容，防止信息泄露、免受病毒破坏和黑客攻击，已经成为家庭、网吧、小型团体机构等上网用户面临的难题。

在网络规划和建设过程中，网络服务器的选配水平关系到网络服务能否正常提供、网络管理和维护是否简便可行。因此，网络专业人员应该熟悉服务器硬件的主要性能指标、关键技术参数及相关理论知识。

本模块主要介绍客户端与服务器、浏览器安全性能参数的配置技能和相关知识，Internet 访问控制技术，以及网络服务器的选配方法和相关知识。

通过本模块的学习和实训，读者应该掌握常用浏览器的基本配置技能、Internet 访问控制方法和相关知识、网络服务器选配技术方面的实践技能和理论知识。

‖本模块要点‖

- 掌握 IE 浏览器的安全配置技能
- 熟悉 Internet 访问控制方法及相关知识
- 掌握网络服务器关键技术及选配指标

任务一　浏览器配置与 Internet 访问控制

【案例 7-1】目前家庭、小型机构（小规模的企事业单位、网吧等）利用 ADSL 等设备上网的情况比较多，由于这些部门和家庭在网络安全性配置方面的投入非常有限，造成 Internet 上网的效率低、存在安全性隐患和用户隐私可能泄漏的威胁。

因此，上网用户都需要对浏览器进行基本的配置，以便提高上网效率。同时，如果对家庭未成年人或企事业单位员工的上网内容、安全性进行适当的限制，可以在一定程度上保护用户的上网安全。

子任务 1　IE 浏览器基本配置

知识导读

目前浏览器上网安全涉及的问题很多，主要有以下几个方面。

1）不良网站通过垃圾广告、淫秽色情、反动宣传等网页，干扰用户正常的上网浏览。

2）恶意程序通过浏览器插件、辅助对象等形式对用户的浏览器进行篡改和劫持，使用户的浏览器配置不正常，或被强行引导到商业网站。

3）通过记录和分析用户上网浏览的网站和网页，得到用户的上网习惯、癖好等隐私。

4）木马程序利用软件或协议的漏洞进行攻击，使得用户系统瘫痪、数据丢失。

5）窃取用户网上银行账户（或手机账户）信息，进行金融诈骗、盗用资金等犯罪活动。

用户可以根据自己的上网需求设置 WWW 浏览环境，以便更方便、安全、高效使用 Internet 提供的服务。下面以配置 IE 浏览器为例，介绍如何设置安全的 WWW 浏览环境。

步骤

步骤 1　打开 IE 浏览器，选择"工具"→"Internet 选项"，系统弹出如图 7-1 所示的"Internet 选项"对话框。下面的所有设置项目都是通过设置该对话框中的各选项卡功能来完成的。

步骤 2　在"常规"选项卡中，用户可以根据需要设置默认主页及多选项卡的浏览模式，还可以设置 Internet 临时文件的硬盘空间、浏览历

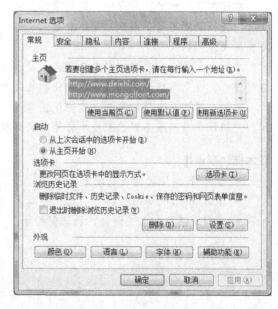

图 7-1　"Internet 选项"对话框

史记录的保存时间、默认搜索站点和外观等属性。

设置"默认主页"。用户可以选择"使用当前页""使用默认页"或"使用空白页"中的一种,作为打开 IE 浏览器时的默认主页。

设置"选项卡"浏览模式。如图 7-2 所示,用户可以通过勾选"启用选项卡分组"复选框,设置多选项卡式浏览的应用状态。用户还可以设置弹出窗口的处理方式。

步骤 3 设置 Internet 安全、隐私。

切换至"安全"选项卡,在"选择一个区域以查看或更改安全设置"列表框中选择"Internet",上下拖动安全级别滑块,根据安全需要调整该区域的安全级别,如图 7-3 所示。并且,用户可以自定义级别或将所有区域重置为默认级别。

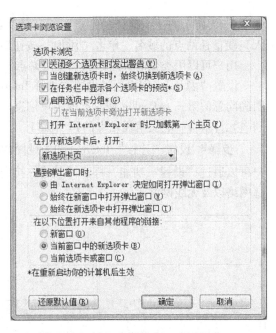

图 7-2 设置"选项卡"浏览模式

设置"本地 Intranet"访问的安全性。用户可根据自己的安全性需求单击"自定义级别"或"默认级别"按钮,如图 7-4 所示。

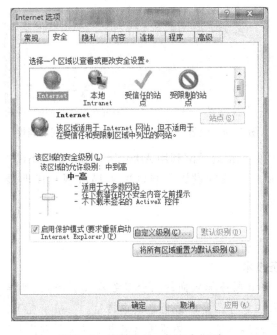

图 7-3 设置 Internet 安全级别

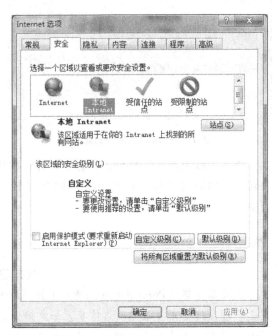

图 7-4 设置本地 Intranet 安全性

添加"受信任的站点"。首先选中某个经常浏览的安全网站,如中国工商银行网上银行"https://mybank.icbc.com.cn",并在地址栏中复制其域名。然后在 IE 浏览器的"工具"→"Internet 选项"→"安全"选项卡中,选择"受信任的站点"并单击"站点"按钮,即可打开如图7-5所示的"受信任的站点"对话框。在"将该网站添加到区域"文本框内粘贴（或输入）受信任站点的域名，单击"添加"按钮后关闭对话框即可。

用户可以用类似的方法添加"受限站点"。

设置"隐私"。用户通过设置"选择Internet区域设置"级别，阻止、限制或允许没有经过明确同意的第三方Cookie截取本地用户信息。这里还可以设置是否阻止弹出窗口，也可以建立列表允许来自一些受信任站点的弹出窗口。

步骤4 设置"连接"Internet和局域网的属性。在如图7-6所示的"连接"选项卡中，用户可以通过"设置"功能，打开"新建连接向导"，将本机连接到Internet、办公专用网络或家庭网络以及无线网络。

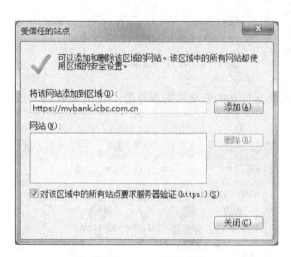

图7-5 添加受信任的站点

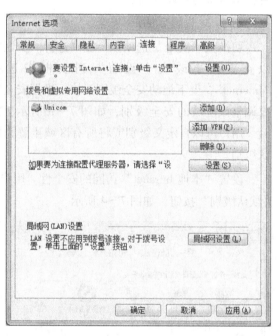

图7-6 设置"连接"Internet和局域网的属性

对于家庭内部或小型企业中若干台计算机组建的小型局域网利用ADSL接入Internet的用户来说，可以通过"拨号和虚拟专用网络设置"和"局域网设置"自动配置局域网和代理服务器。

信息卡

代理服务技术

代理服务器（Proxy Server）是介于浏览器和Web服务器之间的一台服务器（程序），其作用是代理网络用户去取得网络信息。形象地说，代理服务器是网络信息的中转站。一般情况下，用户使用浏览器直接去连接其他Internet站点取得网络信息时，必须送出请求信号来得到应答，然后对方再把信息传送回来。有了代理服务器之后，浏览器不是直接到Web服务器去取回网页，而是向代理服务器发出请求，请求信号会先送到代理服务器，由代理服务器来取回浏览器所需要的信息并传送给用户的浏览器。而且，大部分代理服务器都具有缓冲的功能，就好像一个具有很大存储空间的Cache，它不断将新取得的数据存储到本机的存储器上。如果浏览器所请求的数据在本机的存储器上已经存在而且是最新的，那么它就不用重新从 Web 服务器取数据，而直接将本机存储器上的数据传送给用户的浏览器，这样就能显著提高浏览速度和效率。更重要的是，代理服务器是 Internet 链路级网关所提供的一种重要的安全功能，它主要工作在 OSI 模型的会话层。

由于代理服务是运行在防火墙主机上的一些特定的应用程序或者服务器程序，是基于软件的技术，所以与过滤数据包的防火墙、以路由器为基础的防火墙的工作方式稍有不同。

代理服务具有网络地址转换的功能，NAT 对所有内部地址作转换，使外部网络无法了解内部网络的内部结构。同时，使用 NAT 的网络与外部网络的连接只能由内部网络发起，极大地提高了内部网络的安全性。NAT 的另一个用途是解决 IP 地址匮乏的问题。防火墙利用 NAT 技术，不同的内部主机向外连接时可以使用相同的 IP 地址；而内部网络内的计算机相互通信时则使用内部 IP 地址。内外两个 IP 地址不会发生冲突，内部网络对外部网络来说是透明的，防火墙能详尽记录每一个主机的通信，确保每个分组送往正确的地址。

代理防火墙是内部网络用户的主要连接点。代理程序将用户对 Internet 的服务请求依据自己制定的安全规则向外提交，代理服务替代了用户与 Internet 的连接。因此在代理服务中，内外各个站点之间的连接被切断了，都必须经过代理方才能相互连通。代理服务在幕后操纵着各站点间的连接。

Socks 代理服务器。Socks 是防火墙安全会话转换协议，它在应用层和传输层之间的"中介层（Shim-Layer）"提供一个框架，为 HTTP、FTP、TELNET、WAIS 和 GOPHER 等基于 TCP 和 UDP 的客户机/服务器应用程序能更方便、安全地使用网络防火墙提供认证服务。采用 Socks 协议的代理服务器就是 Socks 服务器，是一种通用的代理服务器。被代理端与代理服务器通过"Socks4/5 代理协议"进行通信。Socks4 代理协议是对 HTTP 代理协议的加强，不仅是对 HTTP 进行代理，而是对所有向外的连接进行代理，不受协议限制。也就是说，只要用户向外连接，它就给代理，并不管用户使用的是什么协议，极大地弥补了 HTTP 代理协议的不足，使得很多在 HTTP 代理情况下无法使用的网络软件，如 OICQ、MSN 等都可以使用。Socks5 代理协议对前一版进行了修改，增加了支持 UDP 代理及身份验证的功能。

目前，Internet 上最常使用的代理服务器产品多为软件形式，如 Apache、Netscape Proxy Server、Microsoft Proxy Server、WinGate、Socks5 Server 等。这些产品都包括了以下功能：收集缓存 Web 页面、防止黑客入侵内部网络、允许 IPX 节点访问 IP 功能、允许按 IP 地址过滤访问、允许共享一个 IP 地址、URL 过滤、病毒过滤和 Socks 客户机等。其中有些代理服务器还支持二级代理。

代理服务器作为浏览器/服务器的中转站，它必须完成以下功能。

1）接收和解释客户端浏览器的请求。

2）创建到服务器的新连接。

3）接收服务器发来的响应。

4）发出或解释服务器的响应并将该响应传回给客户端浏览器。

代理服务器工作模型如图 7-7 所示。

图 7-7 代理服务器工作模型

下面以最常用的 HTTP 代理、Socks 代理为例，比较不使用代理、使用一级代理、使用二级代理时，客户端与服务器的工作流程。

1）不使用代理，正常上网的流程。

浏览 Web：HTTP 浏览器↔HTTP 服务器。

使用 QQ：QQ 客户端↔QQ 服务器。

2）仅使用一级代理上网的流程。

浏览 Web：HTTP 浏览器↔代理服务器（HTTP Proxy）↔HTTP 服务器。

使用 QQ：QQ 客户端↔代理服务器（Socks5 Proxy）↔QQ 服务器。

3）使用二级代理上网的流程。

浏览 Web：HTTP 浏览器↔代理服务器（HTTP Proxy）↔二级代理服务器（HTTP Proxy 或 Socks5 Proxy）↔HTTP 服务器。

使用 QQ：QQ 客户端↔代理服务器（Socks5 Proxy）↔二级代理服务器（Socks5 Proxy）↔QQ 服务器。

代理服务技术具有以下优点。

1）代理易于配置。代理服务器是一个软件，所以它较过滤路由器更易配置，配置界面十分友好。如果代理实现得好，可以对配置协议要求较低，从而避免了配置错误。

2）代理能生成各项记录。因代理工作在应用层，它检查各项数据，所以可以按一定准则让代理生成各项日志、记录。这些日志、记录对于流量分析、安全检验十分重要，当然也可以用于计费等应用。

3）代理能灵活、完全地控制进出流量、内容。通过采取一定的措施，按照一定的规则，用户可以借助代理实现一整套的安全策略，如能够控制"谁"在什么"时间"和在哪个"地点"访问"什么"。此外，用户可以利用代理服务技术访问某些网站的 FTP、专业资料等内部资源。

4）代理能过滤数据内容。用户可以把一些过滤规则应用于代理，让它在高层实现过滤功能，如文本过滤、图像过滤、预防病毒或扫描病毒等。

5）代理能为用户提供透明的加密机制。用户通过代理进出数据，可以让代理完成加解密的功能，从而方便用户，确保数据的机密性。这点在虚拟专用网中特别重要。代理可以广泛地用于企业外部网中，提供较高安全性的数据通信。

6）代理可以方便地与其他安全手段集成。目前关于安全问题的技术手段很多，如认证（Authentication）、授权（Authorization）、账户（Accounting）、数据加密、SSL 安全协议等。如果把代理与这些技术手段联合使用，将大大增加网络安全性。

另外，由于代理服务器具有对外隐藏内网用户 IP 地址的功能，因此用户也可以通过代理技术隐藏自己的 IP 地址，免受攻击。

代理技术的主要缺点：代理速度较路由器慢；代理对用户不透明；对于每项代理服务可能要求不同的服务器；代理服务通常要求对客户或过程进行限制；代理服务不能保证免受所有协

议弱点的限制；代理不能改进底层协议的安全性等。

步骤5 设置"程序"属性。用户可以在如图7-8所示"程序"选项卡的"Internet 程序"选项组指定 Windows 系统中用于每个 Internet 服务的默认程序名，如"Internet 电话"默认用"NetMeeting"程序，用户也可以将默认的"HTML 编辑器"从"Microsoft Office Word"改为"Microsoft Office Excel"等。在"默认的 Web 浏览器"选项组中，用户可以设置是否将 IE 作为默认的 Web 浏览器。

步骤6 设置"高级"属性。在"高级"选项卡中列出了 HTTP、Java VM（虚拟机）、安全和多媒体等方面的高级属性，如图7-9所示。对多媒体选项进行合理设置，可加快浏览或下载网页的速度。例如，只勾选"显示图片"而取消勾选"在网页中播放动画"和"在网页中播放声音"，甚至连"显示图片"都取消勾选，这样就可以大大加快网页下载浏览的速度。

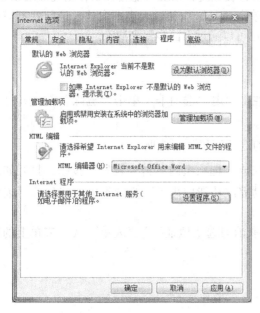

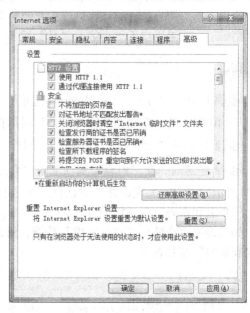

图7-8　设置"程序"属性　　　　　　　图7-9　设置"高级"属性

当然，即使取消勾选了"显示图片"或"在网页中播放动画"复选框，也可以通过右击网页中被隐藏图片或动画相应的图标，在快捷菜单中选择"显示图片"，Web 页上就显示单幅图片或动画。

子任务2　Internet 访问内容的控制与管理

IE 是普通上网用户使用最多的浏览器软件之一，也常常是病毒程序、黑客入侵、垃圾广告以及低俗网站攻击的主要目标。为此，用户往往都会安装第三方的防毒反黑类软件以抵御来自 Internet 的各种网络攻击，而对于家庭未成年成员、内部员工的 Internet 内容访问控制方面容易忽视。其实，IE 浏览器本身提供了安全性很高但容易被用户忽视的安全设置选项功能。通过合理启用 IE 的安全性设置，用户能够在很大程度上避免网络攻击，也可以有效控制和管理 Internet 访问内容，保障用户信息的安全性和访问内容的可控性。

与 Internet 访问内容控制密切相关的另一个问题是，在 Web 网页中经常使用 Java、Java Applet、ActiveX 编写的脚本与用户进行交互，它们可能会窃取用户的登录账号、IP 地址以及口令, 甚至通过在用户计算机上安装某些程序或进行一些非法操作来达到控制用户计算机等目的, 因此, 用户应对 Java、Java Applet、ActiveX 控件和插件的使用进行限制。对于一些不太安全的控件或插件以及下载操作, 系统应该予以禁止、限制, 至少要进行提示。

为了更方便、安全地使用 IE, 用户应该了解有关 Cookie、Java、ActiveX 等技术带来的安全问题, 以及针对这些问题应采取的防范措施。

1. 自动完成设置

IE 提供的自动完成表单和 Web 地址功能为 Internet 用户带来了便利, 但同时也存在泄密的危险。在默认情况下, 自动完成功能是打开的, 用户填写的表单信息, 都会被 IE 记录下来, 包括用户名和密码, 当用户下次打开同一个网页时, 只要输入用户名的第一个字母, 完整的用户名和密码都会自动显示出来。当输入用户名和密码并提交时, 系统可能会弹出自动完成对话框。如果使用的不是用户私有的计算机, 在此处不要单击 "是" 按钮, 否则下次他人访问就不需要输入密码了。如果用户不小心单击 "是" 按钮, 也可以通过下面步骤来清除。

步骤

步骤 1 选择 "工具" → "Internet 选项", 在 "常规" 选项卡上单击 "删除" 按钮, 打开如图 7-10 所示的 "删除浏览历史记录" 对话框。

步骤 2 勾选 "表单数据" 复选框。同样, 勾选 "密码" 复选框。

步骤 3 然后, 在 "内容" 选项卡的 "自动完成" 选项组内单击 "设置" 按钮, 打开如图 7-11 所示的 "自动完成设置" 对话框。在 "自动完成功能应用于" 选项组内取消勾选 "表单上的用户名和密码" 复选框即可。

如果需要完全禁止 "自动完成" 功能, 只需取消勾选 "地址栏" "表单" 及 "表单上的用户名和密码" 复选框。

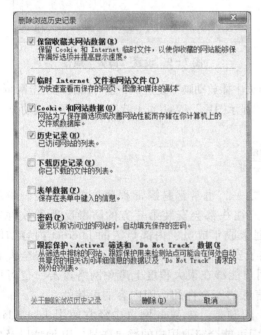

图 7-10　"删除浏览历史记录" 对话框

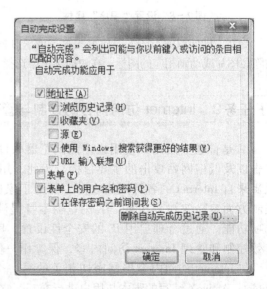

图 7-11　取消自动完成设置

信息卡

Internet 访问的效率与安全

(1) 临时文件 IE 在上网的过程中会自动将浏览过的图片、动画、Cookies 文本等信息保留在系统盘的"\Documents and Settings\UserName\Local Settings\Temporary Internet Files"目录中，其目的是为了便于下次访问该网页时通过迅速调用已保存在硬盘中的文件，从而加快上网的速度。

然而，用户会发现临时文件夹的容量随着上网时间越来越大，不仅占用大量的系统盘空间，而且容易导致磁盘碎片的产生，影响系统的正常运行。因此，用户可以考虑把临时文件的路径进行移位操作，这样一方面可减轻系统的负担，另一方面可在系统重装后快速恢复临时文件。方法是打开 IE，选择"工具"→"Internet 选项"，在"常规"选项卡上"浏览历史记录"选项组内单击"设置"按钮打开"Internet 临时文件和历史记录设置"对话框，在"Internet 临时文件"选项组内单击"移动文件夹"按钮并设定 C 盘以外的路径，然后再依据硬盘空间的大小来设定临时文件夹的容量大小。

(2) 历史记录 为了便于帮助用户记忆其曾访问的网站，IE 提供了将用户上网所登录网址全部记忆下来的功能。虽然这个记忆功能可以帮助很多用户记忆网址，但另一方面容易引发对用户隐私权构成威胁的问题。因此，用户可以通过清除历史记录的方式保护自己的隐私或者是商业秘密。

2. IE 安全区域设置

IE 的安全区域设置可以让用户对被访问的网站设置信任程度。IE 包含了 4 个安全区域，即 Internet、本地 Intranet、受信任站点、受限站点，系统默认的安全级别分别为低、中低、中高和高。通过"Internet 选项"中的"安全"选项卡，将所有安全区域都设置为默认的级别，然后把本地 Intranet 中的站点、受限的站点放置到相应的区域中，并对不同的区域分别设置。例如，网上银行需要 ActiveX 控件才能正常操作，而用户又不希望降低安全级别，最好的解决办法就是把该站点放入"本地 Intranet"区域，操作步骤如下所示。

步 骤

步骤1 选择"工具"→"Internet 选项"，切换到"安全"选项卡。选择"本地 Intranet"并单击"站点"按钮，弹出如图 7 - 12 所示的"本地 Intranet"对话框。

步骤2 单击"高级"按钮，在弹出对话框的"将该网站添加到区域"文本框输入网上银行的网址，添加到列表中即可，如图 7 - 13 所示。

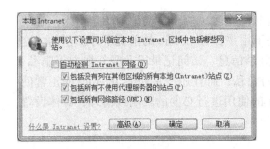

图 7 - 12　设置本地 Intranet 站点

图 7 - 13　添加受信任站点到本地安全区域

重复步骤2，即可将所有需要 ActiveX 控件才能正常应用的 Web 站点在不降低安全级别的情况下添加到本地 Intranet 中。

类似地，用户也可将所有不受欢迎的 Web 站点在不提高安全级别的情况下一一添加到"受限站点"中。

3. IE 本地安全设置

其实 IE 中还包含一个本地区域，而 IE 的安全设置都是对 Internet 和 Intranet 上 Web 服务器而言的，没有针对这个本地区域的安全设置。也就是说，IE 对于这个本地区域是绝对信任的，从而埋下了隐患。很多网络攻击都是通过这个漏洞绕过 IE 的 ActiveX 安全设置的。

要解决这个问题，用户可以用 Regedit 命令打开注册表定位到 "HKEY_CURRENT_USER\Software\Microsoft\Windows\CurrentVersion\Internet Settings\Zones\0"，在右边窗口中找到类型为 "REG_DWORD" 的 "Flags"。双击 "Flags" 选项，在弹出的对话框中将它的默认键值 0x00000021（十六进制的 21，相当于十进制的 33）改为 "1" 即可，如图 7-14 所示。关闭注册表编辑器，重新打开 IE，再次选择 "工具" → "Internet 选项" → "安全" 选项卡，就会看到多了一个 "我的电脑" 图标。在 "我的电脑" 上，用户可以对 IE 的本地安全进行配置，禁用 ActiveX 就可以避免 IE 可在本地执行任意命令以及 IE 的 ActiveX 安全设置被绕过等安全隐患。

图 7-14 通过注册表设置"我的电脑"安全

4. Cookie 安全设置

Cookie 是 Web 服务器通过浏览器安插在用户计算机硬盘上，用于自动记录用户个人信息的文本文件。很多免费下载、视听服务的网站内容是基于用户打开 Cookie 的前提下才提供的。这些 Web 服务提供者通过 Cookie 文件掌握用户的个人登录信息、访问记录以及爱好取向等隐私，并投其所好地推销产品、提供服务，不仅威胁用户的隐私，而且还严重妨碍 Internet 的正常使用。因此，为了保护个人隐私，用户有必要对 Cookie 的使用进行必要的限制或清理，具体设置步骤如下所示。

步 骤

步骤1 选择"工具"→"Internet选项",切换到"隐私"选项卡,如图7-15所示。

步骤2 高级隐私设置。在"设置"选项组中单击"高级"按钮,弹出"高级隐私设置"对话框,勾选"替代自动cookie处理"复选框。然后根据自己对Cookie的许可程度,在"第一方Cookie""第三方Cookie"中分别选中"接受""阻止"或"提示"单选按钮。建议安全性要求高的用户对"第三方Cookie"选用"阻止"或"提示"方式,如图7-16所示。

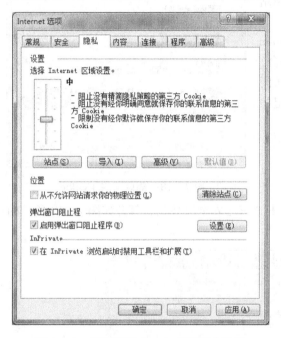

图7-15　通过限制Cookie保护用户隐私

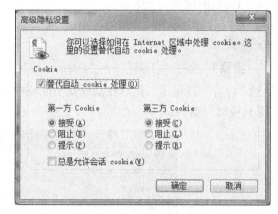

图7-16　设置高级隐私

步骤3 特殊站点隐私设置。对于一些来自特殊"站点"的Cookie,比如可信任的Web站点(或者是不受欢迎的Web站点),用户可以通过在"设置"选项组中单击"站点"按钮,打开如图7-17所示的"每站点的隐私操作"对话框,然后一一指定对该网址总是"允许"(或"阻止")其Cookie行为即可。

步骤4 删除所有Cookie。要想彻底删除已有的Cookie,可切换到"常规"选项卡,在"浏览历史记录"栏内单击"删除"按钮,在弹出如图7-18所示的"删除浏览历史记录"对话框中勾选"Cookies和网站数据"复选框,然后单击"删除"按钮。用户也可进入系统盘"\WINDOWS\system32\config\systemprofile"目录下的Cookies

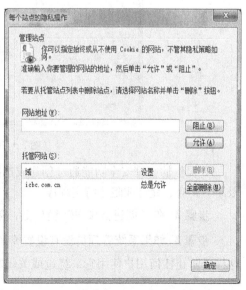

图7-17　设置特殊站点隐私策略

子目录，按 < Ctrl + A > 组合键全选，再按 < Delete > 键删除。

5. 家庭安全功能设置

用户可以根据自己的 Internet 内容需求选择：设置是否启用"家庭安全"，确认加密连接和标识的证书及发行者身份；设置是否自动完成历史输入内容匹配；设置是否提供 IE 或其他程序中读取的网站更新内容等。

IE 支持用于 Internet 内容分级的 PICS（Platform for Internet Content Selection，Internet 内容选择平台）标准，家庭安全功能可帮助用户控制计算机可访问的内容。例如，想让家里未成年孩子只能在规定的时间内访问的设置如下所示。

步骤

步骤1 选择"工具"→"Internet 选项"，切换到"内容"选项卡。然后在家庭安全区域中单击"家庭安全"按钮，打开如图 7 - 19 所示的"家长控制"窗口。

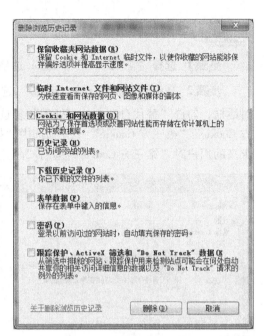

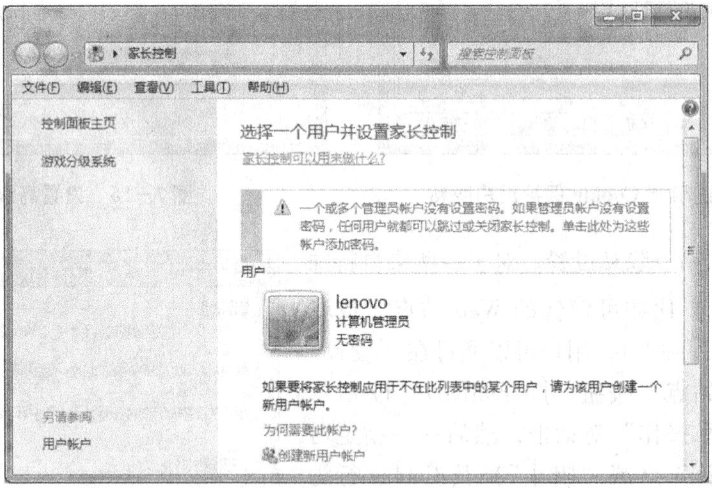

图 7 - 18 删除所有 Cookie

图 7 - 19 "家长控制"窗口

IE 提供的家庭安全功能通过创建或选择一个账户实现家长控制，家长控制的内容包括时间限制、游戏、允许或阻止特定程序。

步骤2 在"创建新账户"窗口上，创建一个新的管理账户，如图 7 - 20 所示。

步骤3 如果系统管理员没有设置密码，系统则要求为管理员创建密码，如图 7 - 21 所示。这样可防止任何用户使用它来绕过或关闭家长控制。

图 7 - 20　创建新管理账户 　　　　　　　图 7 - 21　设置管理员密码

步骤 4 单击创建的账户，然后选择时间限制，可以实现在时间上控制用户的上网时间，如图 7 - 22 所示。

另外，如果想实现用户对所玩游戏类型的限制，可以进行如下设置，具体方法如图 7 - 23 所示。

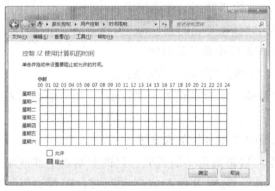
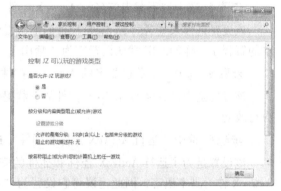

图 7 - 22　设置使用计算机的时间 　　　　　图 7 - 23　设置可以玩游戏的类型

6. ActiveX 安全设置

在 IE 中，用户可以对 ActiveX 的使用进行适当的限制。具体步骤如下所示。

步骤 1 选择"工具"→"Internet 选项"，切换到"安全"选项卡。

在"选择要查看的内容或更改安全设置"列表框中选择"Internet"，表示要设置整个 IE 的安全设置。然后单击"自定义级别"按钮，弹出如图 7 - 24 所示的"安全设置"对话框。在"设置"列表框内拖动垂直滚动滑块，可看到"ActiveX 控件和插件"设置选项共有 13 个，用户设置其中主要的 5 个。

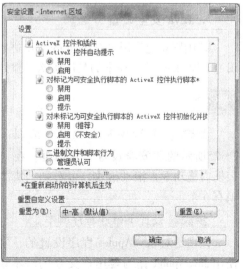

图 7 - 24　设置 ActiveX 安全

步骤 2 选中"对标记为可安全执行脚本的 ActiveX 控件执行脚本"选项的"启用"单选按钮。

该设置是为标记为安全执行脚本的 ActiveX 控件执行脚本设置执行的策略。所谓"对标记为可安全执行脚本的 ActiveX 控件执行脚本",是指具备有效的软件发行商证书的软件。该证书可说明是谁发行了该控件而且它没有被篡改。如果知道了是谁发行的控件,用户就可以决定是否信任该发行商。控件包含的代码可能会意外或故意损坏用户的文件。如果控件未签名,那么用户将无法知道是谁创建了它以及能否信任它。它指定希望以何种方式处理具有潜在危险的操作、文件、程序或下载内容。用户可选择下面的某项操作:如果希望在继续之前给出请求批准的提示,请选中"提示"单选按钮;如果希望不经提示自动继续,请选中"启用"单选按钮;如果希望不经提示并自动拒绝的操作或下载,请选中"禁用"单选按钮。

步骤 3 选中"对没有标记为安全的 ActiveX 控件进行初始化和脚本化"选项的"禁用"单选按钮。

该设置是为没有标记为安全执行脚本的 ActiveX 控件执行脚本设置执行的策略。IE 默认设置它为"禁用",用户最好不要随意改变。

步骤 4 选中"下载未签名的 ActiveX 控件"选项的"禁用"单选按钮。

该设置是为未签名的 ActiveX 控件的下载提供策略。未签名的意思和没有标记为安全执行脚本的解释是一样的。IE 默认设置它为"禁用",用户最好不要随意改变。

步骤 5 选中"下载已签名的 Active X 控件"选项的"提示"单选按钮。

该设置是为已签名的 ActiveX 控件的下载提供策略。IE 默认设置为"提示",用户最好不要自行改变。

步骤 6 选中"运行 ActiveX 控件和插件"选项的"提示"单选按钮。

该设置是为了运行 ActiveX 控件和插件的安全。这是最重要的设置,但许多站点上都使用 ActiveX 作为脚本语言,因此建议将它设置为"提示"。这样当有 ActiveX 运行时,IE 就会提醒用户,用户可以根据当时所处的网站,决定是否使用它提供的 ActiveX 控件。例如,在访问搜狐、Google 等受信任站点时,用户可以放心地运行它提供的控件。

7. Java 安全设置

IE 浏览器允许用户对 Java 的使用进行限制。在 IE 中配置 Java 使用安全的具体实施步骤如下所示。

步 骤

步骤 1 与 ActiveX 安全设置类似,打开如图 7-25 所示的"安全设置"对话框。在"设置"列表框内拖动垂直滚动滑块,可看到"脚本"设置选项有 6 个。

步骤 2 设置 Java 小程序脚本。

该项是对 JavaApplet 程序设置的,多数网站都使用 JavaApplet 作为与用户交互的脚本语言,所以

图 7-25 设置脚本安全

IE 对它的默认设置为"启用"，但可能存在安全隐患。如果用户将它设置为"禁用"，将会失去许多网站的功能支持，用户可以自行决定。

步骤3 设置活动脚本。

该项是否允许浏览器使用 JavaScript 语言进行网页的显示。同样地，多数网站上都使用 Java 作为与用户交互的脚本语言，所以 IE 对它的默认设置为"启用"，但也可能存在安全隐患。如果用户是在聊天室，就可以将这个功能设为"禁止"，以防止来自网络的各种攻击。

步骤4 设置允许对剪贴板进行编程访问。

该功能具有一定的危险性，但是它在 E-mail、表单的操作和信息的提交中都发挥着重要的作用。用户在不需要时，可以关闭这个功能。

8. DOS 下打开"Internet 属性"对话框

从上述几项设置内容看到，"Internet 属性"对话框的设置对提高 Internet 访问的安全性非常重要，因此有些恶意网页就会想办法不让用户打开它进行设置。在这种情况下，用户可以在 DOS 命令窗口中进入系统盘"\ WINDOWS \ SYSTEM32"，执行命令"RunDll32. exe shell32. dll, Control_ RunDLL inetcpl. cpl"就可打开 IE 的"Internet 属性"对话框。注意"Control_ RunDLL"的大小写及其前面的逗号。

知识点详解

1. Internet 访问中相关技术的安全问题

Cookie、ActiveX、Java、JavaApplet 等程序和控件在为用户浏览网站时提供精彩特效的同时，一些不怀好意的网络破坏者为了达到其罪恶的目的，常采用在网页源文件中加入恶意的 Java 脚本语言或嵌入恶意控件的方法。这样就给用户的上网造成信息被非法窃取或者留下安全隐患。为了避免这些问题，在安装正版防火墙的同时，用户还应该对 Cookie 信息、Java/JavaApplet 等脚本、ActiveX 的控件和插件进行限制，以确保上网安全。

（1）Cookie 很多 Internet 用户称 Cookie 为甜饼，其实有时候 Cookie 可能是具有潜在危险的木马程序，因为 Cookie 是从网站传给用户计算机上的一个认证性质的文件，由 Cookie 反馈用户计算机信息给网站的服务器，而后服务器再决定是否开启相关权限给上网用户的计算机。一旦 Cookie 被黑客利用，则用户计算机中的隐私信息和数据安全就可能被窃取。因此，用户需要限制 Cookie 的权限。

（2）ActiveX ActiveX 是一个开放的集成平台，为开发人员、用户和 Web 服务商提供了一个快速而简便的、在 Internet 和 Intranet 创建程序集成和内容的方法。使用 ActiveX，用户可方便地在 Web 页中插入多媒体效果、交互式对象以及复杂程序，创建用户体验相当好的高质量多媒体 CD-ROM。

在 Internet 上，ActiveX 控件程序的特点是：一般软件需要用户单独下载然后执行安装，而 ActiveX 控件是当用户浏览到特定的网页时，IE 浏览器即可自动下载并提示用户安装。ActiveX 控件安装的一个前提是必须经过用户的同意和确认。

（3）Java 与 JavaApplet

1）Java 与 JavaApplet 特点。对于一个经常上网的用户来说，使用 Java 语言是一件很平常的事。但是，Java 语言如果被黑客利用，也会给用户造成很大的损失。

Java 语言的诞生对整个信息产业带来了深远的影响，对传统的计算模型提出了新的挑战。Java 语言具有简单、面向对象、分布式、解释执行、安全、体系结构中立、可移植、高性能、多线程以及动态性等特点。

JavaApplet 是 Java 的小应用程序，它是动态、安全、跨平台的网络应用程序。Applet 嵌入 HTML 语言，通过主页发布到 Internet。当网络用户访问服务器的 Applet 时，这些 Applet 在网络上进行传输，然后在支持 Java 的浏览器中运行。由于 Java 语言的机制，用户一旦载入 Applet，就可以生成多媒体的用户界面或完成复杂的应用。

2）Java 攻击原理。Java 在给人们带来好处的同时，也带来了潜在的安全隐患。它使 JavaApplet 的设计者有机会入侵他人的计算机。从理论角度来看，世界上没有一个计算机系统是百分之百安全的，但由于现在 Internet 和 Java 在全球应用越来越普及，因此人们在浏览 Web 页面的同时也会下载大量的 Applet，使得 Web 用户的计算机面临的安全威胁比以往任何时候都要大。

Java 可以更改系统。像 Java 这样功能强大的程序语言，不管是在计算机的硬盘上还是在文件系统中，都具有修改数据的能力。Java 语言中包含有许多预先定义好的类（Class），其中的方法（Method）可以删除或修改文件、更改使用中的硬盘内容、内存中的进程或线程，这些功能很有可能会被 Applet 的设计者滥用。

窃取用户的隐私信息或商业信息。这种类型的攻击，就是黑客利用 Java 的漏洞暴露用户计算机上的秘密数据。例如，在 UNIX 系统中如能访问安全账户"/etc/passwd"文件，就有可能入侵整个系统。

敌对行为。还有一种类型的 Applet 攻击，只是造成使用者的困扰，虽然与以上攻击相比，其危险性要小得多，但也值得引起重视。例如，故意发出不经意的声音或在屏幕上显示不雅观的画面等。另外，单纯的程序设计错误而引起的一些不良后果也属于此类。正如前面所讲的，某些类型的拒绝系统服务式攻击，也可以归类为单纯的敌对行为。例如，产生众多窗口的操作，可能只是令人困扰而已，并不会破坏系统的数据。

2. IE 增强的安全配置

使用 IE 增强的安全配置，用户可以在 Windows Server 2003 服务器上控制允许某些用户组访问 Internet 的级别。

IE 增强的安全配置能使用户的服务器和 IE 处于这样一种配置之中：它能减少服务器对那些可能通过 Web 内容和应用程序脚本所产生潜在攻击的暴露程度。因此，某些网站可能不能按用户的预期显示或执行。

（1）IE 安全区域　在 IE 中，用户可以配置服务器多个内置安全区域的安全设置，即 Internet 区域、本地 Intranet 区域、受信任的站点区域以及受限制的站点区域。IE 增强的安全配置按下列规则指定这些区域的安全级别：

对于 Internet 区域，安全级别应设置为"高"。

对于本地 Intranet 区域，安全级别可设置为"中低"，允许用户账户和密码自动传递到需要它们的站点和应用程序。

对于受信任的站点区域，安全级别可设置为"中"，允许浏览许多 Internet 站点。

对于受限制的站点区域，安全级别应设置为"高"。

默认情况下，所有 Internet 和 Intranet 站点都被指派到 Internet 区域。Intranet 站点不是本地

Intranet 区域的一部分，除非用户明确地将其添加到该区域。

（2）启用 IE 增强的安全配置时进行浏览　增强的安全配置提高了服务器上的安全级别，不过也可能以如下方式影响 Internet 浏览。

由于已禁用 ActiveX 控件和脚本，所以部分 Internet 站点在 IE 中可能无法正常显示，并且使用 Internet 的程序可能无法正常运行。如果用户信任某个 Internet 站点并且需要其可用，则可在 IE 中将该站点添加到受信任的站点区域。如果用户尝试浏览某个 Internet 站点，而该站点使用 ActiveX 控件或脚本，那么 IE 将提示用户考虑添加站点到受信任的站点区域。仅当用户完全确信该站点值得信赖，并且待添加的 URL 真实正确时，才能够将该站点添加到受信任的站点区域。

对 Intranet 站点的访问、通过本地 Intranet 运行的应用程序以及其他网络文件共享可能都将受到限制。如果用户信任并需要某个 Intranet 站点，可以将其添加到本地 Intranet 区域。

（3）浏览器安全性最佳操作　使用服务器进行 Internet 浏览并不符合最佳安全操作，因为 Internet 浏览会增加服务器遭受潜在安全攻击的可能性。不论使用哪种浏览器，都应禁止在用户的服务器进行浏览。

为了减少服务器遭受来自基于 Web 的恶意内容的潜在攻击，应做到以下几点。

1）请勿使用服务器浏览一般的 Web 内容。

2）请使用客户端计算机下载驱动程序和服务包等。

3）请勿查看用户不能确定是否安全的站点。

4）请使用受限制的用户账户而不是管理员账户进行一般的 Web 浏览。

5）请使用组策略来防止非授权用户对浏览器安全设置进行非法更改。

任务二　网络服务器的选择

【案例 7 - 2】在计算机网络中，服务器承担着数据的存储、转发、发布等关键任务，是各类基于 C/S、B/S 模式服务中不可或缺的重要组成部分。理论上，服务器是网络环境中的高性能计算机，它侦听网络上其他计算机或数字终端提交的服务请求，并提供相应的服务。为此，服务器的性能设计目标是如何平衡各部分的性能，使整个系统的性能达到最优。根据木桶原理，如果一台服务器具有每秒处理 1000 个服务请求的能力，但网卡只能接受 200 个请求，而硬盘只能负担 150 个请求，各种总线的负载能力只能承受 100 个请求的情况下，那么该服务器的处理能力只能是 100 个请求/秒，可见超过 80% 的处理器计算能力都浪费了。

以 Web 服务为例，目前的 Web 服务器必须能够同时处理上千个访问并保证对每个访问的响应要及时，而且该 Web 服务器不能停机，否则就会造成访问用户的流失。同样地，FTP、DNS、E-mail 以及数据库存取等网络应用都需要高性能的计算机作为应用服务器或数据库服务器，才能为用户提供不间断的网络应用服务。

子任务 1　了解网络服务器与普通计算机的区别

1. 网络服务器的定义

网络服务器（Network Server，简称服务器），是网络中资源子网的核心所在。一般指在网络操作系统（如 Windows Server 系列、Linux、UNIX 等）的控制下，网络环境中运行一些服务器应用系统（如 Web 服务平台、电子邮件服务器端软件或企业 ERP 系统服务器端软件），为网络中其他计算机用户（称为客户机）提供应用服务的专用计算机。

从广义上来讲，服务器是指网络中能对其他计算机、数字终端等网络终端设备提供某种网络服务的计算机系统。因此，如果一台普通计算机（如 PC 或 Macintosh 系列微机）对外提供网络服务，也可以叫服务器。

从狭义上来讲，服务器是专指某些高性能计算机，能通过网络对外提供某种应用服务。相对于普通计算机来说，在稳定性、安全性、综合性等方面的要求都更高，因此在 CPU、芯片组、内存、硬盘等硬件，甚至在体系结构方面和普通计算机都有所不同。

服务器作为网络的主要节点，存储、处理网络中 80% 以上的数据和信息，因此也被称为网络的灵魂。网络终端设备如家庭和企业中的微机上网、获取资讯、与外界沟通及娱乐等，也必须经过服务器，因此也可以说是服务器在"组织"和"领导"这些设备。

服务器在网络操作系统的控制下，将与其相连的磁盘（阵列）、打印机、调制解调器及各种专用通信设备提供给网络上的客户站点共享，也能为网络用户提供集中计算、信息发布及数据管理等服务。它的高性能主要体现在高速度的运算能力、长时间的可靠运行、强大的外部数据吞吐能力等方面。

2. 服务器与普通计算机的区别

设计一个服务器的最终目的就是通过平衡各方面的性能，使得各部分配合得当，并能够充分提高整体性能。用户可从以下几个方面来衡量服务器是否达到了其设计目的。例如，R（Reliability）——可靠性，A（Availability）——可用性，S（Scalability）——可扩展性，U（Usability）——易用性，M（Manageability）——可管理性，即服务器的 RASUM 衡量标准。通过 RASUM 标准，服务器和普通计算机（如 PC）具有以下明显的区别。

（1）高扩展性 可扩展性是指服务器的处理器、内存、I/O（硬盘、网卡）、电源等主要配置，用户可以根据需要在原有基础上方便地增加或扩展。例如，为了实现扩展性，塔式服务器的机箱一般都比普通台式计算机的机箱大一倍以上。设计大机箱的原因有两个：一是机箱内部通风良好；二是机箱设有七八个硬盘托架，可以放置更多硬盘。

服务器的处理器一般可以有两个或多个，可以根据需要进行配置和扩展。

服务器的内存也可以根据需要扩展，一般可以扩展到几个至几十个 GB。

服务器的硬盘子系统目前一般设置为带有 RAID5 功能的磁盘阵列，以提高可靠性和吞吐量，而且可以通过热插拔随时增减硬盘。

服务器（尤其是小型机担当服务器）网卡也可以根据需要配置为高智能双网卡。

服务器的电源输出功率比普通计算机大得多，甚至有冗余电源，即两个电源。机箱电源的 D 型电源接口有十几个，而普通计算机的机箱只配备五六个，用于连接硬盘、光驱。

（2）高可靠性 服务器在网络中连续不断地工作，因此，对服务器的可靠性要求非常高。目前，提高可靠性的普通做法是部件的冗余配置。服务器可采用 ECC 内存、RAID、热插拔、冗余电源、冗余风扇等技术使服务器具备容错能力和安全保护能力，从而提高可靠性。

硬件的冗余设备和配件支持热插拔功能，如冗余电源、风扇等，可以在单个设备失效的情况下自动切换到备用配件上，保证系统运行的连续性。RAID 技术可保证硬盘在出现问题时进行在线切换，从而保证了数据的完整性。

（3）高处理能力 服务器可能需要同时响应数十台，甚至数千台客户机的网络服务请求，因此，服务器的处理速度应该比普通计算机更迅速、有效。

决定服务器 CPU 性能的因素有很多，但 CPU 只是其中一个因素。其他因素，如硬盘的速度、内存的大小、网卡的数据吞吐能力等，都是制约服务器性能的重要因素。

（4）高 I/O 性能 具备 SCSI 技术、RAID 技术、高速智能双网卡、较大的内存扩充能力都是提高 IA（Intel Architecture）架构服务器的 I/O 能力的有效途径。

（5）长时间无故障运行 一般来说，工作组级服务器的要求是工作时间内（每天 8 小时，每周 5 天）没有故障；部门级服务器的要求是每天 24 小时，每周 5 天内没有故障；企业级服务器要求全年 365 天，每天 24 小时都没有故障，服务器随时可用，简称 7×24。

（6）超强管理性 IA 架构服务器主板上集成了各种传感器，用于检测服务器上的各种硬件设备，配合相应软件，可以远程监测服务器。

（7）运行服务器操作系统 服务器是硬件与软件相结合的系统，一般来说，安装和运行专用的服务器操作系统。虽然在一台普通计算机上安装网络操作系统，也可以称为服务器，但这台服务器不具备真正服务器的特性。

（8）提供网络应用服务 已经具备了相应硬件平台和操作系统的服务器还不能发挥它的作用。只有在网络服务器上安装网络服务软件，才能提供它的网络应用服务，如企业 ERP 系统、医保服务平台等。

为满足上述的综合需求，不能把一台普通计算机（如 PC）作为服务器来使用，因为普通计算机远远达不到要求——服务器必须具有承担服务并保障服务质量的能力。

在当今主流的信息系统中，服务器主要应用于数据库、Web 以及 E-mail，而 PC 主要应用于桌面计算和网络终端，设计根本出发点的差异决定了服务器应该具备比 PC 更高速可靠的持续运行能力、更强大的存储和通信能力、更快捷的故障恢复功能和更广阔的扩展空间，同时，对数据相当敏感的应用还要求服务器提供数据备份功能。而 PC 在设计上则更加重视人机接口的易用性、图像和 3D 处理能力及其他多媒体性能。

信息卡

服务器性能评价指标与 TPC 基准程序

用户总希望有一种简单、高效的度量标准，来量化评价服务器系统，以便作为选择的依据。但实际上，服务器的系统性能很难用一两种指标来衡量。TPC、SPEC、SAP SD、Linpack 和 HPCC 等众多服务器评测体系，从处理器性能、服务器系统性能、商业应用性能直到高性能计算机的性能，都给出了一个量化的评价指标。其中，TPC 推出的几个基准程序广泛被用户接受和应用。

TPC（Transactionprocessing Performance Council，事务处理性能委员会）是由数十家会员公司创建的非营利组织，总部设在美国。TPC 的成员主要是计算机软硬件厂家，而非计算机用户，其功能是制定商务应用基准程序的标准规范、性能和价格度量，并管理测试结果的发布。

TPC-C 使用三种性能和价格度量，其中，性能由 tpmC（transactions per minute，tpm）衡量，C 指 TPC 制定的 C 基准程序。它的定义是每分钟内系统处理的新订单个数。TPC-C 还经常以系统性能价格比的方式体现，单位是 \$/tpmC，即以系统的总价格（单位是美元）/tpmC 的数值得出。

选购服务器时需要注意：tpmC 指标主要衡量从 Client 到终端网络的性能区域，而不是通常误认为的服务器到企业端网络的性能。由此可见，如果用户是建立一套全新的业务系统，那么多借鉴 tpmC 的性能指标，如果只是采购硬件设备，则需要参考更多的指标。

TPC-C 是在线事务处理的基准程序，TPC-D 是决策支持（Decision Support）的基准程序。它们都在 2007 年被作为大型企业信息服务的基准程序 TPC-E 所取代。

子任务 2　了解服务器的分类

服务器的分类标准和方法很多，下面介绍主要的几种分类方法。

1. 按体系架构分类

按照体系架构来区分，目前的服务器主要分为 CISC、RISC、VLIW 三大类。

1）CISC（Complex Instruction Set Computer，复杂指令集计算机）架构服务器，也称为 x86 服务器，是通常所说的 PC 服务器。它是基于 PC 体系结构，使用 Intel 或其他兼容 x86 指令系统的处理器芯片和运行 Windows Server、Linux 操作系统的服务器，如 IBM 的 System X 系列、HP 的 Proliant 系列服务器等。其价格便宜、兼容性好、稳定性差、不安全，主要用于中小企业和非关键业务。

2）RISC（Reduced Instruction Set Computer，精简指令集计算机）架构服务器，也称为非 x86 服务器，包括大型机、小型机和 UNIX 服务器。它是使用 RISC 或 EPIC 处理器，并且主要采用 UNIX 和其他专用操作系统的服务器。精简指令系统处理器主要有 IBM 公司的 PowerPC、SUN 公司的 SPARC 等。这种服务器价格昂贵、体系封闭，但是稳定性好、性能强，主要用于金融、电信等大型企业的核心系统。

3）VLIW（Very Long Instruction Word，超长指令字）架构服务器。20 世纪 80 年代用于大型机系统的 VLIW 架构采用了先进的 EPIC（Explicitly Parallel Instruction Code，清晰并行指令）设计。VLIW 的最大优点是通过简化处理器内部许多复杂的控制电路来提升处理器的性能，这些电路通常是超标量芯片（CISC 和 RISC）协调并行工作时必须使用的。VLIW 的结构简单，也能够使其芯片制造成本降低、价格低廉、能耗少，而且性能也要比超标量芯片高得多。通常每时钟周期 CISC 只能运行 1~3 条指令，RISC 能运行 4 条指令，而 VLIW 架构（如 IA-64）可运行 20 条指令，可见 VLIW 要比 CISC 和 RISC 强大得多。目前基于 VLIW 架构改进的微处理器主要有 Intel 的 IA-64 和 AMD 的 x86-64 两种类型。其中，Intel 的 IA-64 主要产品 Itanium（安腾）处理器主要面向高端企业级 64 位计算环境中的小型机系统，一般运行 HP-UX、IBM AIX 等 UNIX 系统，对抗基于 IBM Power4/5、HP PA-RISC、Sun UltraSparc-III 及 DEC Alpha 的 64 位服务器。因此，现在有人称 VLIW 为“IA-64 架构”。

从目前的网络发展状况来看，在市场前景广阔的全世界中小企业网络应用领域，以小巧、易用、价廉、兼容性强为特点的 x86 架构 PC 服务器得到了更为广泛的应用。

2. 按应用层次分类

按应用层次分类通常也称为“按服务器档次分类”或“按网络规模分类”，是服务器最为普遍的一种分类方法。它主要根据服务器的档次进行分类。需要注意的是，这里所指的服务器档次并不是按服务器 CPU 主频高低来分类，而是依据整个服务器的综合性能，特别是所采用的一些服务器专用技术来衡量的。按这种分类方法，服务器可分为入门级服务器、工作组级服务器、部门级服务器、企业级服务器四个层次。

（1）入门级服务器　入门级服务器是最基础的一类服务器，也是最低档的服务器。随着 PC 技术的日益提高，现在许多 PC 的配置已经与入门级服务器差不多，所以目前也有部分人认为入门级服务器与"PC 服务器"等同。这类服务器通常只具备以下几方面服务器特性。

1）有一些基本硬件的冗余，如硬盘、电源、风扇等，但不是必需的。

2）通常采用 SCSI 接口硬盘，现在也有采用 SATA 串行接口的。

3）部分部件支持热插拔，如硬盘和内存等，这些也不是必需的。

4）通常只有 1 个 CPU，但有些入门级服务器也可支持两个处理器。

5）内存容量一般在 1GB 以内，但通常会采用带 ECC 纠错技术的服务器专用内存。

入门级服务器主要运行 Windows、Linux 网络操作系统，可以充分满足中小型网络用户的文件共享、数据处理、Internet 接入及简单数据库应用的需求。

入门级服务器所连的客户机比较有限，通常为 20 台以内。其稳定性、可扩展性以及容错冗余性能较差，仅适用于没有大型数据库数据交换、日常工作网络流量不大、无须长期不间断开机的小型企业。

（2）工作组级服务器　工作组级服务器是一个比入门级高一个层次的服务器，但仍属于低档服务器。它只能连接一个工作组，50 台左右客户机，网络规模较小，服务器的稳定性也不像企业级服务器那样高，当然在其他性能方面的要求也相应要低一些。工作组级服务器具有以下几方面的主要特点。

1）通常只支持单或双 CPU 结构的应用服务器。

2）可支持大容量的 ECC 内存和增强服务器管理功能的 SM 总线。

3）功能较全面、可管理性强，易于维护。

4）采用 Intel 的服务器 CPU 和 Windows/Linux 网络操作系统，但也有一部分是采用 UNIX 操作系统。

5）可满足中小型网络的数据处理、文件共享、Internet 接入及简单数据库应用需求。

工作组级服务器较入门级服务器来说，性能有所提高、功能有所增强，并有一定的可扩展性，但容错和冗余性能仍不完善，也不能满足大型数据库系统的应用，但价格也比前者贵许多，一般相当于 2～3 台高性能的 PC（品牌机）总价。

（3）部门级服务器　部门级服务器属于中档服务器，一般都支持双 CPU 以上的对称处理器结构，具备比较完备的硬件配置，如磁盘阵列、存储托架等。部门级服务器的最大特点是，除了具有工作组级服务器全部服务器特点外，还集成了大量的监测及管理电路，具有全面的服务器管理能力，可监测如温度、电压、风扇、机箱等状态参数，结合标准服务器管理软件，使管理人员及时了解服务器的工作状况。同时，大多数部门级服务器具有良好的系统扩展性，能够满足用户在业务量迅速增大时及时在线升级系统，充分保护了用户的投资。它是企业网络中分散的各基层数据采集单位与最高层的数据中心保持顺利连通的必要环节，一般为中型企业的首选，也可用于金融、邮电等行业。

部门级服务器一般采用 IBM、SUN 和 HP 各自开发的 CPU 芯片，这类芯片一般是 RISC 结构，所采用的操作系统一般是 UNIX 系列操作系统，现在的 Linux 也在部门级服务器中得到了广泛应用。目前，能研发和生产部门级服务器的国外厂商有 IBM、HP、SUN 等，国内厂商有联想、曙光、浪潮等。

部门级服务器可连接 100 个左右的计算机用户，适用于对处理速度和系统可靠性要求高一些的中小型企业网络。其硬件配置相对较高，可靠性比工作组级服务器要高一些，当然其价格也较高。由于这类服务器需要安装比较多的部件，所以一般采用机柜式。

（4）企业级服务器　企业级服务器属于高档服务器，正因如此，能研发、生产这种服务器的企业也不是很多。企业级服务器最起码是采用4个以上CPU的对称多处理器（Symmetric Multi-Processing，SMP）结构，有的高达几十个CPU。另外，该级服务器一般还具有独立的双PCI通道和内存扩展板设计，具有高内存带宽、大容量热插拔硬盘和热插拔电源、超强的数据处理能力和群集性能等。企业级服务器产品除了具有部门级服务器全部服务器特性外，最大的特点就是它还具有高度的容错能力、优良的扩展性能、故障预报警功能、在线诊断和热插拔性能（如RAM、PCI、CPU等）。有的企业级服务器还引入了大型计算机的许多优良特性，如IBM和SUN公司的企业级服务器。这类服务器所采用的操作系统一般是UNIX（Solaris）或Linux。目前在全球范围内能生产高档企业级服务器的厂商也只有IBM、HP、SUN这么几家，绝大多数国内外厂家的企业级服务器都只能算是中、低档企业级服务器。企业级服务器适合运行在需要处理大量数据、高处理速度和对可靠性要求极高的金融、证券、交通、邮电、通信或大型企业。企业级服务器用于联网计算机在数百台以上、对处理速度和数据安全要求非常高的大型网络。

3. 按照结构划分

1）塔式服务器。塔式服务器也称为台式服务器，很多采用大小与普通台式计算机大致相当的机箱，有的采用大容量的机箱，像个硕大的柜子，如图7-26所示。低档服务器由于功能较弱，整个服务器的内部结构比较简单，所以机箱不大，都采用塔式机箱结构。这里所介绍的台式不是平时普通计算机中的台式，立式机箱也属于台式机范围，目前这类服务器在整个服务器市场中占有相当大的份额。

2）机架式服务器。机架式服务器的外形看起来不像计算机，而像交换机，如图7-27所示。这种结构的服务器多为功能型服务器。

图7-26　塔式服务器

对于信息服务企业（如ISP、ICP、ISV、IDC）而言，选择服务器时首先要考虑服务器的体积、功耗、发热量等物理参数，因为信息服务企业通常使用大型专用机房统一部署和管理大量的服务器资源，机房通常设有严密的保安措施、良好的冷却系统、多重备份的供电系统，其机房的造价相当昂贵。如何在有限的空间内部署更多的服务器直接关系到企业的服务成本，通常选用机械尺寸符合19英寸工业标准的机架式服务器。机架式服务器也有多种规格，如1U（1U = 1.75英寸 = 4.45cm）、2U、4U、

图7-27　机架式服务器

6U、8U等。通常1U的机架式服务器最节省空间，但性能和可扩展性较差，适合一些业务相对固定的使用领域。4U以上的产品性能较高，可扩展性好，一般支持4个以上的高性能处理器和大量的标准热插拔部件，管理也十分方便，厂商通常提供相应的管理人员和监控工具，适合大访问量的关键应用，但体积较大，空间利用率不高。

3）刀片式服务器。所谓刀片式服务器是指在标准高度的机架式机箱内可插装多个卡式的服务器单元，实现高可用和高密度，如图7-28所示。每一块"刀片"实际上就是一块系统主板。它们可以通过板载硬盘启动自己的操作系统，如Windows NT/200X

图7-28　刀片式服务器及机箱

Server、Linux 等，类似于一个个独立的服务器，在这种模式下，每一块母板运行自己的系统，服务于指定的不同用户群，相互之间没有关联。不过，管理员可以使用系统软件将这些母板集合成一个服务器集群。在集群模式下，所有的母板可以连接起来提供高速的网络环境，并同时共享资源，为相同的用户群服务。在集群中插入新的刀片，就可以提高整体性能。而由于每块刀片都是热插拔的，所以，系统可以轻松地进行替换，并且将维护时间减少到最小。

4）机柜式服务器。在一些高档企业服务器中由于内部结构复杂，内部设备较多，有的还具有许多不同的设备单元或几个服务器都放在一个机柜中，这种服务器就是机柜式服务器，如图 7-29 所示。

图 7-29　机柜式服务器

对于证券、银行、邮电等重要企业，则应采用具有完备的故障自修复能力的系统，关键部件应采用冗余措施，对于关键业务使用的服务器也可以采用双机热备份技术高的系统或者是高性能计算机，这样系统可用性才能得到很好的保证。

子任务 3　了解与选择服务器硬件相关的关键技术

目前应用于服务器产品的主流技术较多，主要包括群集技术、双机热备份技术、热插拔技术、负载均衡技术、多处理器技术、虚拟技术、RAID 技术、PCI-Express 技术、内存镜像技术、SCSI320 与 SAS 技术、冗余技术、服务器静音技术、服务器低功耗产品设计技术等。

市场上流行的 PC 服务器系统其硬件构成与用户的普通计算机有很多相似之处，仍然包含中央处理器、内存、芯片组、I/O 总线、I/O 设备、电源、机箱和相关软件。下面主要以选购 PC 服务器为例，介绍应用于服务器硬件产品的几个关键技术。

1. 群集技术

群集（Cluster）技术是近年发展起来的高性能计算机技术。它是由一组相互独立的计算机，利用高速通信网络组成一个单一的计算机系统，拥有一个共同的名称，并以单一系统的模式进行管理。一台服务器群集包含多台拥有共享存储空间的服务器，各台服务器之间通过内部网络相互通信。任一系统上运行的服务都可被网络中所有的客户计算机使用。当一台服务器发生故障时，它所运行的应用程序将由其他服务器自动接管。

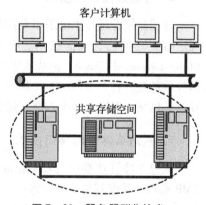

如图 7-30 所示，群集为用户提供了高可靠、可扩充和高可用的网络服务器解决方案。

图 7-30　服务器群集技术

2. 双机热备份技术

双机热备份是一种系统设计技术。通过对关键设备部件的冗余设计，保证系统硬件具有很高的可用性。如图 7-30 所示，与群集技术不同，当不同名的两个服务器在线同步操作数据库时，系统就实现了双机热备份功能。

正常情况下，两台服务器同时工作，通过局域网和 RS-232 串行接口互相进行监测，并不断完成同步操作，数据保存在共享磁盘阵列中。当任一台服务器发生故障时，另一台服务器将快速接管服务。

3. 热插拔技术

所谓热插拔（Hot Swap）技术是指在不关闭服务器和不停止服务的前提下，更换服务器系统中出现故障的部件，达到提高服务器系统可用性的目的。

目前，热插拔技术已经可以支持硬盘、电源和扩展板卡。而且，系统中更为关键的 CPU 和存储器的热插拔技术也已日渐成熟。

热插拔技术将会使服务器系统的结构朝着模块化方向发展，大量的部件都将可以通过热插拔方式进行更换。

4. 可用性技术

服务器系统硬件的可用性（Availability）在很大程度上取决于那些对系统正常运行有重大影响的部件。

对关键部件进行冗余设计，可以大大提高系统的可用性——硬盘、风扇、电源、网络系统冗余等技术。

5. 智能输入/输出技术

作为网络信息服务的核心设备，服务器系统的数据吞吐量越来越高，I/O 数据传输经常成为整个系统的瓶颈。智能输入/输出（Intelligent I/O）技术把任务分配给智能 I/O 系统。在这些子系统中，专用的 I/O 处理器将负责中断处理、缓冲存取及数据传输等任务，不但使得系统的吞吐能力得到了提高，还能够将服务器的主处理器解放出来去处理更为重要的任务。

6. 智能监控管理技术

智能监控管理技术是采用专用服务处理器（Service Processor）对服务器系统的整体运行情况进行实时监控管理的技术。服务器中一些关键部件的工作情况，可以通过一条称为 I2C（Inter-Integrated Circuit，两线式串行）总线的串行通信接口传送到服务处理器，并通过专用的监控软件监视各个部件的工作状态。它可以对服务器的所有部件进行集中管理，随时监控内存、硬盘、网络、温度等多个参数，增加了系统的安全性，方便了管理。

7. 紧急事件管理端口技术

紧急事件管理端口（Emergency Management Port，EMP）技术是一种远程管理技术。利用 EMP 端口，系统管理员可以将自己的计算机通过电话线或电缆直接连接到服务器，异地远程进行关闭操作系统、启动电源、关闭电源、捕捉服务器屏幕和配置服务器的 BIOS 等操作，是一种非常方便和高效的服务器维护管理技术手段。

8. 分布式内存存取技术

NUMA（Non-Uniform Memory Access，分布式内存存取）技术是在对称多处理技术和集群技术的基础上发展起来的，结合了两种技术的优势。NUMA 将多个对称多处理结构的服务器通过专用高速网络连接起来，组成多 CPU 的高性能主机。该技术克服了对称多处理结构的服务器在多 CPU 共享内存总线带宽时产生的系统性能瓶颈，可以支持 64 个以上的 CPU。采用 NUMA 技术后，每一个对称多处理节点机都拥有其自己的局部内存，并能够形成与其他节点中的内存静态或动态的连接。NUMA 实现了大量处理器间接共享内存。

9. InfiniBand 技术

InfiniBand 技术是一种新型的高速总线体系结构，是一种将服务器、网络设备和存储设备连接在一起的交换结构的 I/O 技术。它可以消除服务器和存储系统之间的瓶颈问题，有望广泛取代目前的 PCI 技术并大大提高服务器、网络和存储设备的性能。

用 InfiniBand 技术替代总线结构所带来的最重要变化是建立了一个灵活、高效的数据中心，省去了服务器复杂的 I/O 部分。

10. 负载均衡技术

由于目前现有网络的各个核心部分随着业务量的提高、访问量和数据流量的快速增长，其处理能力和计算强度也相应地增大，使得单一的服务器设备根本无法承担。在此情况下，如果扔掉现有设备去做大量的硬件升级，这样将造成现有资源的浪费，而且如果再面临下一次业务量的提升时，这又将导致再一次硬件升级的高额成本投入，甚至性能再卓越的设备也不能满足当前业务量增长的需求。多服务器负载均衡（Load Balance）技术是目前解决此问题而采用的主要措施之一。

目前，主要的多服务器负载均衡技术有 DNS 负载均衡、代理服务器负载均衡、地址转换网关负载均衡、协议内部支持负载均衡、NAT 负载均衡等。

> **知识点详解**

服务器主要部件选配知识

1. CPU 选配相关知识

（1）双核与多核技术　双核处理器（Dual Core Processor）技术就是在一个物理处理器内部集成两个处理器内核的技术，从逻辑上来看是两个处理器，从而提高运算能力。"双核"的概念最早由 IBM、HP、Sun 等支持 RISC 架构的高端服务器厂商提出，主要应用于服务器。而台式机上的应用则是在 Intel 和 AMD 的推广下，才得以普及。双核技术与超线程技术有着本质的区别，超线程技术中是将一个物理处理器在逻辑上虚拟成两个处理器，而在硬件上只有一个处理器的技术；双核技术是在物理上具备一个处理器两个物理内核，每个内核独立处理，即每个内核就相当于原来一个单核处理器。多核技术是在双核技术的基础上实现的，在一个物理处理器内集成三个或三个以上内核的技术。无论是双核还是多核技术，都是致力于提高处理器性能和处理密度，实现在较小的空间内有较大性能的输出。

目前市场上的高端主流产品有 Intel 的 Xeon Phi，采用 MIC 架构（Many Integrated Core），最多 61 个内核，利用硬件型超线程让每个核心拥有 4 个线程，总共 244 个线程。Xeon Phi 用作高效运算（Hight Performance Computing, HPC）加速，主要用于超级计算机及 HPC 服务器。另外，AMD 的 AMD Opteron 6000 系列 12 核皓龙 6174 采用 2.2GHz 主频、Magny-Cours 内核、AMD VT 虚拟化技术。Intel、AMD 多核处理器产品如图 7-31 所示。

图 7-31　Intel、AMD 多核处理器产品

(2) 多处理器及相关技术

1) 多处理器技术。所谓多处理器系统（Multi-Processor Systems，MPS），即一个含有多个处理器的计算机系统，是一种专门为高端工作站或超级服务器设计的处理器技术系统。MPS需要硬件和软件的同时支持，根据多处理器之间的相互联系程序和工作特点，MPS又可以分成松耦合多处理器系统、对称多处理器（Symmetric Multi-Processor，SMP）系统和非对称多处理器（Asymmetric Multi-Processor，ASMP）系统。

松耦合多处理器系统中，每个处理器都有较大容量的本地存储器，可以各有一套I/O设备，系统的耦合度比较松散，并行运行的协调以消息传送方式进行通信。这种多处理器系统在WINTEL（即Microsoft Windows和Intel x86 CPU组成的联盟）架构中，处理器组合性能并没有达到最佳效果，应用价值十分有限。而在ASMP系统中，任务和资源由不同的处理器管理，系统将执行的所有任务按照功能的不同，分配给不同的处理器去完成，如基本处理器运行系统软件、实用软件和中断服务，I/O任务则交给一个或多个专门化的处理器去完成。显然，ASMP系统不能实现负载平衡，因而容易产生一个处理器忙碌不堪，另一个处理器却空闲无事的资源浪费现象。当然，松耦合多处理器系统和ASMP系统也有非常明显的优势，可以方便完成多达百个以上处理器的组合，所以这类多处理器技术主要应用在小型机和大型机，属于专有系统技术。

与前两者完全不同的是，SMP系统中的存储器、硬盘I/O等系统主要资源被系统中的所有处理器共享，工作负载被均匀地分配到所有可用的处理器上，避免了系统在执行某些特定任务时一些处理器忙不过来，而另一些处理器却闲着的性能浪费。当系统增加了一个处理器时，系统就会重新分配正在执行的任务，将其他处理器上的部分任务调剂到这个处理器上，使系统执行的所有任务由所有处理器共同均担。可见，SMP系统具有很强的负载均衡与调节能力，不仅可保证计算系统的整体性能得到充分提高，在可靠性和稳定性方面也使得系统得到了极大改善。SMP广泛应用于RISC和IA架构系统，尤其是目前的IA服务器系统中普遍采用SMP技术，这是因为SMP技术更容易在IA架构中实现。

2) 多线程与超线程技术。在操作系统中，正在计算机内存中执行的程序称为进程（Process）。进程是具有不同的地址空间并且在同一系统上运行的不同程序，如在Windows XP上打开的Word和Excel就是两个进程，进程间的通信是很费时而且有限的。上下文切换、改变运行的进程也是非常复杂的。进程间的通信很复杂，可能需要管道、消息队列、共享内存或信号处理来保证进程间的通信。尽管许多进程都在并行运行，但每个进程每次只能与其中的某一个进程实现通信。

线程（Thread）是指进程中单一顺序的控制流，又称为轻量级进程。它是系统分配处理器时间资源的基本单元，是进程之内独立执行的一个单元或一条执行路径。线程包含独立的堆栈和CPU寄存器状态，每个线程共享所有的进程资源，包括打开的文件、信号标识及动态分配的内存等。一个进程中的多个线程共享相同的地址空间，这些线程间的通信是非常简单而有效的，上下文切换非常快并且作为整个大程序的一部分切换。从程序开发角度来看，每个线程是一个功能调用，它们彼此独立执行，使得开发人员在一个应用程序中编写程序功能更加自由和丰富。例如，打开Word进行图文编辑时，打印、另存为、用户键盘输入等几个功能就是可以并行的线程。多线程可以增进程序的交互性，提供更多的功能、更友好的GUI（Graphical User Interface，图形用户接口）和更强大的服务器功能。

利用多线程并行机制可以很好地解决交互式网络程序中的许多问题，像大量网络文件资源的读写、用户输入响应、动画显示等问题不需要 CPU 太多时间，而耗时的复杂计算通常并不需要立即响应，所以无需将 CPU 时间全部分配给它。

长期以来，任务、进程、线程的处理机制，大多数都是通过操作系统等软件来实现的。多任务、多进程早已在普通操作系统上得以实现，如 Windows 9x 等系统就可以让不同的多个应用（任务）同时使用一个处理器。多线程也已在服务器操作系统上实现，如 Windows NT 4.0 开始就可让同一应用占用不同的处理器。但是，多处理器系统可以通过多处理器来提高服务器系统的处理性能，然而协同多处理器同时工作的网络操作系统的多线程机制，无法充分发挥所有处理器的效能。为此，用硬件实现的超线程（Hyper-Threading，HT）技术产生了，超线程技术将多线程技术在软件上不能解决的问题从硬件上解决了。所谓超线程技术，其核心仍然是多线程技术，只不过它是由 Intel 公司为了解决在 NetBurst 微架构中充分利用 20 级超长流水线资源的问题而专门设计的。例如，Linux 内核 2.6 支持的"对称多线程"（Symmetric Multithreading）功能因为 Intel 的超线程处理器而闻名，它能够让一个 Pentium 4 或者 Xeon 处理器被系统当作两个处理器来使用。从这点上来讲，Linux 内核 2.6 不区分两种虚拟或者现实的处理器，就可以为带有对称多线程的处理器提供更好的系统负载平衡。

目前，国际上大服务器厂商的主流产品几乎都是采用了 SMP 体系结构的高端服务器产品。随着大规模集成电路技术的发展，在芯片容量足够大时，开发商就可以将大规模并行处理器中的 SMP 或 DSP（Distributed Share Processor，分布共享处理器）节点集成到同一芯片内，即将多个物理处理器及其多处理器管理机制集成到一个芯片中，且集成的各个处理器可以并行执行不同的进程，这就是未来的多处理器技术、多核多线程处理器技术。

无论是多线程技术，还是超线程技术，都是多处理器技术的极大延伸，将这些技术应用于多处理器系统中，可成倍提高服务器系统的性能，因为物理上的多处理器配置加上逻辑上的多线程或超线程技术支持，操作系统和应用软件所感受到的则是物理处理器数量的倍数，不仅可以提高系统的运行速度和性能，还能节省用户的成本投入。所以，在多处理器系统中，多线程技术和超线程技术，有着良好的发展空间和巨大的市场潜力。

2. 存储系统选配相关知识

（1）SCSI 及 SAS 技术　SCSI（Small Computer System Interface，小型计算机系统接口）技术采用传输线长度为 3～10m 的专用总线，连接以硬盘驱动器为代表的存储设备，目前已成为服务器系统的基本设计。SCSI 适配器通常使用主机的直接内存存取通道把数据传送到内存，降低系统在 I/O 操作时的 CPU 占用率。常用规格有 Ultra160（160Mbit/s）、Ultra320（320Mbit/s）和 Ultra640（640Mbit/s）。它们是服务器领域最为成熟的技术，安全、可靠和传输效率高，仍占据着目前市场主流。

SAS（Series Attach SCSI）是在 SCSI 技术基础上发展起来的下一代串行传输技术。和目前流行的 SATA（Serial Advanced Technology Attachment，串行高级技术附加装置）硬盘相同，都是采用串行技术以获得更高的传输速度，并通过缩短连接线来改善内部空间等。SAS 是并行 SCSI 接口之后开发出的全新接口，该接口的设计是为了改善存储系统的效能、可用性和扩充性，并且提供与 SATA 硬盘的兼容性。从接口标准上而言，SATA 是 SAS 的一个子标准，因此 SAS 控制器可以直接控制 SATA 硬盘，但是 SATA 控制器并不能对 SAS 硬盘进行控制。目前 SAS 1.0 的传输率为 300Mbit/s，在 SAS 2.0 后，传输率提高到了 600Mbit/s。

（2）RAID 技术　1988 年，由加州大学 Berkeley 分校的 David A. Patterson 等人在原有技术的基础上进行了扩充，提出几种新的磁盘组织方式，目的是用多块用于 PC 上的廉价硬盘替代当时价格昂贵的 SLEDs 磁盘。根据这一目的，David A. Patterson 等人首次使用了 RAID

（Redundant Array of Inexpensive Disks，廉价磁盘的冗余阵列）这一名称。但是，现在普遍采用的硬盘在价格和性能上相差不多，因此如果再用廉价（Inexpensive）来形容组成 RAID 的硬盘就不合适了。为了适应技术的发展，RAID 咨询委员会开始普遍把 RAID 解释为 Redundant Array of Independent Disks（独立磁盘的冗余阵列）。

RAID 通过 EDAP（Extended Data Availability and Protection，扩充数据可用性与保护机制），强调硬盘的扩充性及容错机制，是各家厂商（如 Mylex、IBM、HP、Adaptec、Infortrend 等）追求的目标。EDAP 包括在不需停机的情况下可进行以下操作：自动检测故障硬盘、重建硬盘损坏柱面的数据、硬盘备援（Hot Spare）和硬盘替换（Hot Swap）、扩充硬盘容量等。

RAID 技术经过不断地发展，现在已拥有了 RAID 0~6 七种基本的 RAID 级别，还有一些基本 RAID 级别的组合形式：RAID 10（RAID 0+1）、RAID 30（RAID 0+3）和 RAID 50（RAID 0+5）等。不同 RAID 级别代表着不同的存储性能、数据安全性和存储成本。目前，常用的 RAID 类型可分为 RAID 0、RAID 1、RAID 10、RAID 5、RAID 50 等，其中 RAID 1 和 RAID 5 使用最多。

1）RAID 0。RAID 0 又称为带区集（Striping），它代表了所有 RAID 级别中最高的存储性能，如图 7-32 所示。

工作原理：把连续的数据分散到多块硬盘上存取。这种数据上的并行操作可以充分利用总线带宽，显著提高硬盘整体存取性能。

2）RAID 1。RAID 1 又称为镜像（Mirroring），最大限度地保证用户数据的可用性和可修复性，如图7-33所示。

图 7-32　RAID 0 示意图

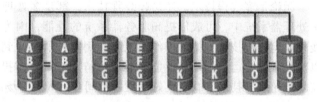

图 7-33　RAID 1 示意图

工作原理：把用户写入硬盘的数据百分之百地自动复制到另外一个硬盘上。

3）RAID 5。RAID 5 又称为分布奇偶位带区集，有独立的数据硬盘与分布式校验块，是一种存储性能、数据安全和存储成本兼顾的存储方案，如图 7-34 所示。

工作原理：把数据和相对应的奇偶校验信息存储到组成 RAID 5 的各个硬盘上，并且奇偶校验信息和相对应的数据分别存储于不同的硬盘上。当 RAID 5 的一个硬盘数据发生损坏后，利用剩下的数据和相应的奇偶校验信息去恢复被损坏的数据。

4）RAID 10。RAID 10 即 RAID 0+1，是 RAID 0 和 RAID 1 的组合形式，因此又称为镜像阵列带区集，如图 7-35 所示。

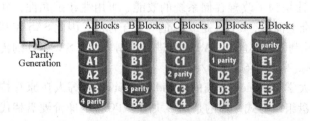

图 7-34　RAID 5 示意图

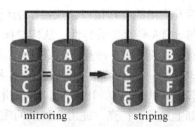

图 7-35　RAID 10 示意图

工作原理：提供与 RAID 1 一样的数据安全保障，也提供与 RAID 0 近似的存储性能。

常用 RAID 的性能对比见表 7 - 1。

表 7 - 1 常用 RAID 性能对比

RAID 级别	RAID 0	RAID 1	RAID 5	RAID 10
别名	带区集	镜像	分布奇偶位带区集	镜像阵列带区集
容错性	没有	有	有	有
冗余类型	没有	复制	奇偶校验	复制
热备份选项	没有	有	有	有
读性能	高	低	高	中
随机写性能	高	低	低	中
连续写性能	高	低	低	中
最少磁盘数	n（$n \geqslant 2$）	$2n$（$n \geqslant 1$）	n（$n \geqslant 3$）	$2n$（$n \geqslant 2$）
RAID 可用容量（单盘容量为 1）	n	n	$n-1$	n
典型应用	无故障的高速读写，要求安全性不高，如图像、视频生成与编辑等领域	随机数据写入，要求安全性高，如服务器、数据库存储等领域	随机数据传输，要求安全性高，如金融领域、数据库存储等，适用领域最广	要求数据量大、安全性高，如金融领域

注 意

对于 RAID 0、RAID 1、RAID 5 以及组合型的 RAID 10 系列磁盘阵列，当出现故障时只要不对阵列进行初始化或重建操作，就有机会恢复已发生故障的 RAID 磁盘阵列数据。

3. 内存选配相关技术

在服务器内存技术中，除了与 PC 共有的内存技术之外，服务器也有一些独特的内存技术，一般是由服务器巨头（如 IBM、HP 和 Intel）提出，形成统一的国际标准或仅用于自己的服务器产品之中。

服务器上运行着企业的关键业务，一次内存错误导致的死机将使数据永久丢失。内存作为一种电子器件，很容易出现各种错误。因此，面对企业数据运行安全的需求压力和内存本身的不足，各个厂商都积极推出自己独特的服务器内存技术，如 HP 的在线备份内存和热插拔 RAID 内存技术、IBM 的内存保护和镜像技术、Intel 的 FB-DIMM 互联架构和内存存取模式等。从理论角度来看，其中主要有内存镜像技术和 ECC 技术。

（1）内存镜像技术 内存镜像技术是目前在 PC 服务器上的一种新技术，通过在服务器内存中实现数据镜像和热备份来提高服务器可靠性。目前，多核、多处理器服务器基本上都支持内存镜像技术。

（2）ECC 技术 从技术层面来说，服务器都采用 ECC（Error Checking and Correcting，错误检查与纠正）内存。ECC 技术广泛应用于各种领域的计算机指令中。ECC 和奇偶校验（Parity）类似，也是通过在原来的数据位上额外增加数据位来实现的。例如，对于 8 位数据，则 Parity 检验需 1 位，而 ECC 检错纠错用 5 位，这额外的 5 位用来重建错误的数据。当数据的位数增加一倍，Parity 也增加一倍，而 ECC 只需增加一位，所以当数据为 64 位时所用的 ECC 和 Parity 位数相同（都用 8 位）。在那些 Parity 只能检测到错误的地方，ECC 实际上可以纠正绝大多数错误。经过内存的纠错，计算机的操作指令才可以继续执行，保证了服务器系统的稳定可靠。但 ECC 技术只能纠正单比特的内存错误，当有多比特错误发生的时候，ECC 内存会生成一个不可屏蔽的中断（Non-Maskable Interrupt，NMI），系统将会自动中止运行。

为了解决 ECC 内存无法对多比特错误的检错纠错这一缺陷，IBM 开发利用内存的子结构的 Chipkill 技术，还有 Register 寄存器（或称作目录寄存器）技术，采用检索寄存器中的目录，然后再进行读写操作的方法来提高服务器内存工作效率。

目前，服务器常用的内存有 SDRAM（Synchronous Dynamic Random Access Memory，同步动态随机存取存储器）和 DDR SDRAM（Double Data Rate SDRAM，双倍速内存，简称 DDR 内存，并有 DDR2、DDR3、DDR4 等几代标准）两种类型。主要生产厂家如 Kingmax、Kinghorse、现代、三星、Kingstone、IBM 等。

注 意

WebBench、NetBench 是在服务器测试中普遍使用的两款软件，可通过网络环境对服务器进行压力测试。WebBench 侧重于服务器 CPU 子系统的性能评估，NetBench 则侧重于 I/O 子系统的性能评估。综合两者的评分，可以评估出服务器在实际应用中的大致表现。

学材小结

理论知识

一、填空题

1. IE 浏览器包含了_____、_____、_____和_____安全区域。

2. IE 将浏览过的_____、_____、_____等临时文件保留在指定目录或系统盘上的默认目录_____中。

3. IE 中用户可以通过拖动滑动按钮来为 Internet 区域设置 Cookie 的隐私设置，从高到低划分为：_____、_____、_____、_____、_____和"接受所有 Cookie"等六个级别。

4. VNC 是英文_____的缩写，它由_____和_____组成。

5. Google Chrome 浏览器的选项对话框有_____、_____和_____三个选项卡。其中，在第三个选项卡之中可以设置_____、_____、_____和安全配置。

6. 在 IE 中调整特定区域的安全级别只能由_____和_____两个用户（组成员）完成。

7. Firefox 浏览器的主要特点有_____。

8. Java 攻击的主要方式有_____。

9. 代理服务器必须完成的功能有_____。

二、选择题

1. IE 从（　　）版本开始支持"多选项卡式浏览"功能。

A. 5.0   B. 6.0   C. 7.0   D. 8.0

2. 下列软件中，不是代理服务器产品的是（   ）。

   A. Microsoft Proxy Server   B. Microsoft Server 2003

   C. Socks5 Server   D. WinGate

3. 使用二级代理上网浏览 Web 的正确流程是（   ）。

   A. 浏览器↔二级代理服务器↔代理服务器↔服务器

   B. 浏览器↔服务器↔二级代理服务器↔代理服务器

   C. 浏览器↔代理服务器↔二级代理服务器↔服务器

   D. 浏览器↔服务器↔代理服务器↔二级代理服务器

4. IE 包含的安全区域，除了 Internet、受信任站点、受限站点以外，还有（   ）。

   A. 本地硬盘   B. 本地计算机   C. 本地 Intranet   D. Extranet

5. IE 默认的安全级别有四个，除了低、中低、中高以外，还有（   ）。

   A. 最低   B. 中   C. 高   D. 最高

6. 在"高级隐私策略设置"对话框，建议安全性要求高的用户"替代自动 cookie 处理"选项的策略是对"第三方 Cookie"选用（   ）。

   A."接受"或"阻止"方式   B."阻止"或"提示"方式

   C."接受"或"提示"方式   D."接受""阻止"或"提示"方式

7. ActiveX 可能给用户带来安全问题，但由于多数网站都使用 ActiveX 作为脚本语言，因此建议将它设置为（   ）。

   A."提示"   B."启用"   C."禁用"   D. 任选

8. 在各种结构的服务器中，占用空间最小的是（   ）。

   A. 塔式   B. 机架式   C. 刀片式   D. 机柜式

9. 在服务器的 RASUM 衡量标准中，"R"表示"Reliability"，含义是（   ）。

   A. 可靠性   B. 可用性   C. 可扩展性   D. 易用性   E. 可管理性

10. 在一个物理处理器内部集成多个处理器内核的技术是（   ）。

   A. 多处理器技术   B. 多核技术   C. 超线程技术   D. 虚拟技术

11. RAID 技术中常用的 RAID 5 的别名是（   ）。

   A. 带区集   B. 镜像

   C. 分布奇偶位带区集   D. 镜像阵列带区集

实训任务

实训一   Firefox（或 Google Chrome）浏览器的安全设置（选做）

【实训目的】

1）掌握 Firefox（或 Google Chrome）等浏览器的安全设置方法。

2）通过配置通用浏览器安全选项，了解浏览器安全性能的特点和相关知识。

【实训内容】

假设用户计算机上家庭所有成员共享 Windows XP 的同一个账户，试对 Firefox（或 Google Chrome）浏览器 Internet 选项的设置，达到：①限制家庭未成年人访问不适合于自己年龄的网站；②阻止多数弹出窗口，并设置自己常用网站为"例外"；③接收来自安全站点的 Cookie；④

只有当指定的安全站点尝试安装附加组件时不发出警告。通过对 Firefox（或 Google Chrome）的具体配置，自主完成实训任务所需相关步骤。

【实训步骤】略。

实训二 **利用 MSN Messenger 实现与同学或老师之间的聊天、文件收发及远程协助（必做）**

【实训目的】

1）掌握 MSN 的文件收发功能的使用方法。

2）利用 MSN 远程协助功能，帮助解决同学学习中遇到的技术难题。

【实训内容】

假设所有用户（学生）都已经具备 MSN 注册所需邮箱，分组完成每组同学之间的 MSN 文字、语音、视频聊天，以及文件收发和远程协助功能。通过对 MSN 的安装、配置以及分组操作，完成实训任务所需相关步骤。

【实训步骤】略。

拓展练习

1. 设置小型机构 Windows Server 2008 服务器的 IE 浏览器安全选项。

2. 进入网络服务器网上商店，如 Dell、IBM 等，根据应用需求选配服务器各主要部件。

模块八
Windows 2008 服务器安装与配置

‖本模块导读‖

　　Windows Server 2008 R2 是一个全面、完整、可靠的服务器操作系统，可以帮助信息部门的 IT 人员来搭建功能强大的网站与应用服务平台，无论大、中或小型企业网络，都可以使用其强大管理功能及经过强化的安全措施，来简化网站与服务器的管理。

　　Windows Server 2008 R2 是一个多用户、多任务的操作系统，它能够按照企业的实际需求，以集中或分布的方式处理各种服务器角色。Windows Server 2008 R2 是第一个只提供 64 位版本的服务器操作系统。

　　本模块主要介绍 Windows Server 2008 R2 网络服务器架设的内容，内容实用性强，讲解通俗易懂，采用了循序渐进的叙述方式，适合于不同层次的读者。

‖本模块要点‖

- 熟悉 Windows Server 2008 R2 的安装
- 掌握 WWW 服务器配置技术
- 掌握 DNS 服务器配置技术
- 掌握活动目录服务配置技术
- 掌握 DHCP 服务器配置技术
- 掌握 FTP 服务器配置技术

任务一　Windows Server 2008 R2 入门与安装

子任务1　认识 Windows Server 2008 R2 的特性

知识导读

Windows Server 2008 R2 企业级操作系统，是 Windows Server 2008 的一次更新，通俗地可以理解为 Windows Server 2008 的增强版。Windows Server 2008 R2 虽然和 Windows Server 2008 没有本质的区别，基本特性当然也是相同的，不过 R2 版融入了一些非常吸引人的新特性，为企业用户提供了更强大的企业应用支持，其安全性、可靠性更高。

1. Windows Server 2008 R2 新特性

Windows Server 2008 R2 系统提供了很多比 Windows Server 2008 系统更优秀的特性。

（1）X64 平台　Windows Server 2008 分别提供了 32 位和 64 位版本，不过在 R2 中完全摒弃 32 位版本，只有 64 位版本。在服务器领域，32 位处理器已经是日落黄昏，不出几年将完全被 64 位处理器取代，所以 Windows Server 2008 R2 将完全建立于 X64 平台，也是微软首款只具有 64 位版本的操作系统。

（2）支持实时迁移的 Hyper-V 2.0　在 Windows Server 2008 R2 中，微软的服务器虚拟化工具 Hyper-V 得到增强，新增了 Live Migration（实时迁移）技术，几毫秒就可以实现对物理主机和虚拟机之间的实时迁移，而不会造成服务或用户链接的中断。数据中心也实现了真正的虚拟化，在很大程度上脱离了对软件和硬件的管理，所有的操作都在单一的操作系统框架内完成。Hyper-V 2.0 虚拟机在逻辑处理器和内存支持上得到增强，目前的 Hyper-V 可以支持 24 个逻辑处理器，而 Hyper-V 2.0 中每个虚拟机可以支持 32 个逻辑处理器和最高 64GB 的内存。

（3）电源管理增强　PowerShell 是微软公司于 2006 年第四季度正式发布的一款基于对象的 Shell，PowerShell 2.0 也已经以测试版和用户技术预览版的方式发布了，它将在 Windows Server 2008 R2 正式发布的时候完全融入这个软件中。Windows Server 2008 R2 包括一系列新的服务器管理界面，这些均建立在 PowerShell 2.0 之上。它新增了 240 个 cmdlets 命令集，新的 PowerShell 图形用户界面也增加了开发功能，从而使用户能更简单地创建自己的命令行。而且，PowerShell 将能够安装到 Windows 服务器内核。

（4）PowerShell 2.0　作为卷影子副本服务的一部分，此功能使管理员能够在不中断服务的情况下配置关键数据卷的即时点副本，可使用这些副本进行服务还原或存档。用户可以检索其文档的存档版本，服务器上保存的这些版本是不可见的。

（5）IIS 7.0　Windows Server 2008 R2 中的 IIS 版本为 7.0，在 PowerShell 2.0 的支持下其功能更加强大，包括故障切换集群的更新以及一些流行的 IIS 扩展（如 WebDAV 和 Administration Pack），而且它也支持了更多的开发技术，如 SilverLight 和 PHP。

（6）直接访问　Windows Server 2008 R2 中的直接访问（Direct Access，DA）功能允许用户在任何网络位置访问公司网络中的文件、数据或使用应用程序，而不必通过传统的手动连接 VPN。直接访问降低了终端用户的操作复杂性，并可以保证远程访问的安全性。

2. Windows Server 2008 R2 系列版本介绍

Windows Server 2008 R2 家族系列都是 64 位操作系统，不支持 32 位。

（1）Windows Server 2008 R2 Foundation 版　Windows Server 2008 R2 Foundation 版是一种成本低廉的项目级技术基础版本，面向的是小型企业和 IT 多面手，用于支撑小型的业务。

它是最经济的入门版本，具备容易部署、可靠、稳定等特性，小型企业可利用它来执行常用的商业应用程序与信息分享的平台。

（2）Windows Server 2008 R2 Standard 版　Windows Server 2008 R2 Standard 版是目前最健壮的 Windows Server 操作系统。它自带了改进的 Web 和虚拟化功能，这些功能可以提高服务器架构的可靠性和灵活性，同时还能帮助用户节省时间和成本。利用其中强大的工具，用户可以更好地控制服务器，提高配置和管理任务的效率。而且，改进的安全特性可以强化操作系统，保护数据和网络，为业务提供一个高度稳定可靠的基础。

此版本具备关键性服务器所拥有的功能，它内置网站与虚拟化技术，可以增加服务器基础结构的可靠性和弹性、节省搭建时间与降低成本。

（3）Windows Server 2008 R2 Enterprise 版　Windows Server 2008 R2 Enterprise 版是一个高级服务器平台，为重要应用提供了一种成本较低的高可靠性的支持平台。它还在虚拟化、节电以及管理方面增加了新功能，使得流动办公的员工可以更方便地访问公司的资源。

此版本提供更高的扩展性与可用性，并且增加适用于企业的技术，如故障转移群集功能（Failover Clustering）。

（4）Windows Server 2008 R2 Datacenter 版　Windows Server 2008 R2 Datacenter 版是一个企业级平台，可以用于部署关键业务应用程序，以及在各种服务器上部署大规模的虚拟化方案。它改进了可用性、电源管理，并集成了移动和分支位置的解决方案。通过不受限的虚拟化许可权限合并应用程序，降低了基础架构的成本。它可以支持 2 ~ 64 个处理器。Windows Server R2 2008 Datacenter 提供了一个基础平台，在此基础上可以构建企业级虚拟化和按比例增加的解决方案。

此版本除了拥有 Windows Server 2008 R2 Enterprise 的所用功能之外，它还支持更大的内存与更好的处理器。

（5）Windows Web Server 2008 R2 版　Windows Web Server 2008 R2 版是一个强大的 Web 应用程序和服务平台。它拥有多功能的 IIS 7.5，是一个专门面向 Internet 应用而设计的服务器，它改进了管理和诊断工具，在各种常用开发平台中使用它们，可以帮助用户降低架构的成本。在其中加入 Web 服务器和 DNS 服务器后，这个平台的可靠性和可量测性也会得到提升，可以管理最复杂的环境——从专用的 Web 服务器到整个 Web 服务器场。

（6）Windows Web Server 2008 R2 for Itanium-Based Systems 版　Windows Server 2008 R2 for Itanium-Based Systems 版是一个企业级的平台，可以用于部署关键业务应用程序。可量测的数据库、业务相关和定制的应用程序可以满足不断增长的业务需求。故障转移集群和动态硬件分区功能可以提高可用性。恰当地使用虚拟化部署，可以运行不限数量的 Windows Server 虚拟机实例。Windows Server 2008 R2 for Itanium-Based Systems 可以为高度动态变化的 IT 架构提供基础平台。

子任务 2　安装 Windows Server 2008 R2

Windows Server 2008 R2 提供两种安装模式。

（1）完整安装模式　这是一般的安装模式，安装完成后的 Windows Server 2008 R2 内置窗口图形用户界面。它可以充当各种服务器角色，如 DHCP 服务器、DNS 服务器、域控制器等。

（2）服务器核心安装模式 安装完成后的 Windows Server 2008 R2 仅提供最小化的环境，它可以降低维护与管理需求、减少使用硬盘容量、减少被攻击次数。由于它没有窗口管理界面，因此只能在命令提示符（Command Prompt）或 Windows PowerShell 内使用命令管理系统。它仅支持部分的服务器角色。

设置计算机的 BIOS 从光驱引导，然后在计算机上安装 Windows Server 2008 企业版，具体步骤如下。

步 骤

步骤 1 启动计算机，设置计算机 BIOS 从光驱引导后，然后利用 Windows Server 2008 R2 安装光盘启动计算机，进入安装向导。首先弹出"安装 Windows"对话框，使用默认的中文（简体）即可，如图 8-1 所示。

步骤 2 单击"下一步"按钮，弹出如图 8-2 所示的"安装 Windows"对话框。

图 8-1 "安装 Windows"对话框 1 　　　　　图 8-2 "安装 Windows"对话框 2

步骤 3 单击"现在安装"按钮，弹出如图 8-3 所示的"选择要安装的操作系统"对话框。在操作系统列表中，选择要安装的操作系统版本，这里选择 Windows Server 2008 R2 企业版。

步骤 4 单击"下一步"按钮，弹出如图 8-4 所示的"请阅读许可条款"对话框。用户需要阅读并接受许可条款，然后勾选"我接受许可条款"复选框。

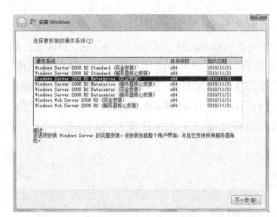

图 8-3 "选择要安装的操作系统"对话框 　　　　图 8-4 "请阅读许可条款"对话框

步骤 5　单击"下一步"按钮，弹出如图 8-5 所示的"您想进行何种类型的安装"对话框，可以选择安装方式。如果当前服务器中已安装有操作系统，需要升级新版本，则可单击"升级"选项；如果要全新安装，则单击"自定义（高级）"选项。

步骤 6　单击"自定义（高级）"选项，弹出如图 8-6 所示的"你想将 Windows 安装在何处"对话框，列出了当前服务器中安装的硬盘，并可为硬盘分区格式化。

图 8-5　"您想进行何种类型的安装"对话框　　　图 8-6　"您想将 Windows 安装在何处"对话框

步骤 7　选择第一个硬盘，单击"驱动器选项（高级）"超链接，再单击"新建"超链接，在"大小"文本框中可以设置新分区大小，如图 8-7 所示。这里将第一块硬盘划分为一个分区，作为系统分区。

步骤 8　单击"应用"按钮，弹出如图 8-8 所示的"安装 Windows"提示框，提示 Windows 要为系统文件创建额外的分区。

图 8-7　创建分区　　　　　　图 8-8　"安装 Windows"提示框

步骤 9　单击"确定"按钮，第一个分区完成，同时创建了一个大小为 100MB 的"系统保留分区"，如图 8-9 所示。

步骤 10　选择主分区用来安装 Windows Server 2008 R2 系统，单击"下一步"按钮，弹出如图 8-10 所示的"正在安装 Windows"对话框，即可开始复制文件并安装 Windows Server 2008 R2 系统。

图 8 - 9 准备安装

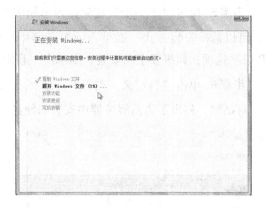

图 8 - 10 "正在安装 Windows"对话框

步骤 11 安装完成以后，系统会自动重新启动。由于安装过程中不会为系统账户设置密码，因此，在第一次登录系统之前，必须为管理员账户设置一个新密码，如图 8 - 11 所示。

步骤 12 设置完密码后，输入密码，即可登录到 Windows Server 2008 R2，如图 8 - 12 所示。

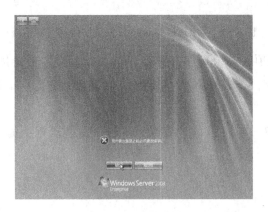

图 8 - 11 设置密码

图 8 - 12 登录 Windows

任务二 架设 WWW 服务器

子任务 1 认识 WWW 的相关知识

知识导读

1. Web 的概念

World Wide Web，简称 WWW 或 Web，国内称为"环球信息网"或"万维网"，是英人 Tim Berners-Lee 在 1989 年欧洲共同体的一个大型科研机构工作时发明的。通过 WWW，Internet 上的资源可以比较直观地在一个网页里表示出来，而且在网页上可以互相链接。

2. WWW 的特点

（1）图形化和易于链接 WWW 非常流行的一个很重要的原因就在于可以在页面上同时显示色彩丰富的图形和文本内容，可以将图形、音频和视频等多媒体信息集合于一体；同时非常易于链接，可以在各网页、站点之间进行浏览。

（2）与操作系统、浏览器平台无关 无论用户的操作系统平台是 Windows、Linux、Mac OS 还是 UNIX，都可以通过 Internet 访问 WWW 网站。

（3）分布式站点 大量的文件、图像、音频和视频信息会占用相当大的硬盘空间，而对于 WWW 内容，可以将其放在不同的站点上，只需要在网页中链接这个站点就可以了。

（4）动态信息 由于各 WWW 站点的信息包含站点本身的信息，所以信息的提供者可以经常对网站上的信息进行更新，如某个产品的介绍以及公司的广告等。一般各 WWW 站点都会尽量保证信息的时间性，所以 WWW 站点上的信息是动态的、经常更新的。

（5）交互性 WWW 的交互性表现在它的超链接上，用户的浏览顺序和所到站点完全由自己决定。

提示

本书所述 WWW 服务是万维网提供的网页浏览服务，有些书籍中也称作"Web 服务"，与目前用于应用系统集成及互操作的 Web 服务（Web Services）在概念上有本质的区别。为避免概念的混淆，本书统一采用"WWW 服务"或"万维网服务"。

3. IIS 7.5 新增功能

IIS 可以启用 Web 应用程序和 XML Web 服务，用来搭建 Web 网站，同时为 Intranet 和 Internet 提供信息发布功能。IIS 是 Windows Server 操作系统自带的组件，在 Windows Server 2008 R2 中的版本为 7.5，不仅支持各种语言的动态网站，而且能以"随需定制"的模式展现，管理员可以只安装所需的组件。由于安装组件较少，攻击面也随之降低，安全性越来越高。

（1）组件化定制 IIS 7.5 被分割成了 40 多个不同功能的模块，如身份验证、静态页面、IIS 管理器授权、ASP. Net 等功能，可使网络管理员根据需要定制、安装相应的功能模块，不需要的模块将不会被加载到内存。这样，Web 网站的受攻击面减小，安全性和性能大大提高，并且更易于管理。

（2）XML 配置和部署 IIS 7.5 的配置工作可以完全通过 XML 文件来实现。管理工具使用了新的分布式 Web. config 配置模式。IIS 7.5 不再使用 metabase 配置储存，而是使用和 ASP. NET 同样的 Web. config 文件模型，允许用户把配置和 Web 应用内容一起存储和部署。管理员只需借助 Xcopy 工具，将现行配置文件复制到新服务器上即可，不需要再重新编写管理脚本来定制配置。在新的 IIS 7.5 中，所有配置都存储在". config"文件中，其所使用的格式为 XML。文件的保存位置为"C:\Windows\System32\inetsrv\config"目录下的 ApplicationHosta. config 文件中，保存了 IIS 的一些基本设置和策略，以及一些安装设置。

（3）远程管理 IIS 管理员可以给其他用户授予远程管理权限，用户可以具备 Windows 身份，或者由 IIS 管理员临时指定的非 Windows 身份。允许授权管理的目标包括 IIS 服务器、站点及应用程序。

（4）MMC 3.0 管理界面 IIS 管理器和以前的版本不同，将统一使用 MMC 3.0 版本的操作界面。在 IIS 管理器窗口中，左侧为树形分级菜单，中部区域是功能面板，右侧区域为针对某个功能面板的操作任务区，显示了所选服务或功能相关组件的常见任务。

4. Web 动态网站

默认情况下，IIS 中的 Web 网站支持静态网站。静态网站只能运行静态的 HTML 网页，Web 网站只能将存储了 HTML 文本文件和图像的静态页面发送给客户浏览器，但无法做到访问数据库、与用户进行交互等功能。于是，动态网站出现了。

动态网站也成了互动网站，是指服务器和客户端浏览器之间能够进行数据交互的网站。动态网站一般都配置了用于数据处理的 Web 应用程序，能够根据用户的请求动态地改变浏览器中显示的 HTML 内容，并可以实现 Web 数据库查询、网页内容调用等功能。目前，Internet 中有很多种动态网站技术，如 ASP、CGI、PHP、JSP 等，需要分别安装相应的动态应用程序来实现。

子任务 2　了解架设 DNS 服务器的需求和环境

知识导读

在架设 WWW 服务器之前，读者需要了解本章实例部署的需求和环境。

1. 部署需求

在部署 WWW 服务前需满足以下要求：设置 WWW 服务器的 TCP/IP 属性，手工指定 IP 地址、子网掩码、默认网关、DNS 服务器和 IP 地址等。

2. 部署环境

WWW 服务器主机名为 WEBSERVER，其本身是域控制器和 DNS 服务器，IP 地址为 192.168.1.2；Web 客户机的主机名为 Client，其本身是域成员服务器，IP 地址为 192.168.1.23。

子任务 3　添加 WWW 服务

1. 安装 WWW 服务

【案例 8-1】安装 Web 服务器。

Web 服务器的安装非常简单，只要运行"添加角色向导"，并且选择"Web 服务器"即可。安装完以后，Web 服务会自动运行，并且可以投入使用。具体操作步骤如下所示。

步骤 1 打开"服务与管理器"控制台，在"服务器管理器"控制台中运行"添加角色向导"，当弹出"选择服务器角色"对话框时，勾选"Web 服务器（IIS）"复选框，如图 8-13 所示。

图 8-13　"选择服务器角色"对话框

步骤2 单击"下一步"按钮,弹出"Web 服务器(IIS)"对话框。继续单击"下一步"按钮,弹出如图 8－14 所示的"选择服务器角色"对话框,列出了 Web 服务器所包含的所有组件,可由用户自主选择。如果要安装 ASP. NET 功能,则可勾选"ASP. NET"复选框。

步骤3 单击"下一步"按钮,弹出"确认安装选择"对话框。单击"安装"按钮,即可开始安装 Web 服务器。安装完成后,弹出如图 8－15 所示的"安装结果"对话框,单击"关闭"按钮即可。

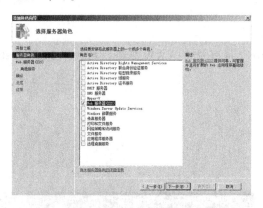
图 8－14　"选择服务器角色"对话框

图 8－15　安装完成

2. 验证安装

【案例 8－2】验证 Web 服务器的安装。

Web 服务器安装完毕后,会在 Windows Server 2008 R2 系统中出现相应的文件和服务,用户可以通过查看这些信息检验 WWW 服务是否安装成功,具体步骤如下。

步骤1 打开 IIS 管理器。

依次单击"开始"→"管理工具"→"Internet 信息服务(IIS)管理器",打开 IIS 管理器,即可看到已安装的 Web 服务器,如图 8－16 所示。Web 服务器安装完成以后,默认会创建一个站点,名称为"Default Web Site"。

图 8－16　IIS 管理器

步骤2 浏览器验证。

此时，在网络中的另一台计算机上打开 IE 浏览器，在地址栏中输入 Web 服务器的 IP 地址并按 <Enter> 键，如果能打开如图 8-17 所示的窗口，说明 Web 服务器安装成功。否则就说明安装不成功，需要重新检查服务器及 IIS 配置。

这样，Web 服务器就安装完成了。用户只需要将做好的网页文件放在"C：\innetpub\wwwroot"文件夹中，并且将首页命名为 index. htm 或 index. html 即可，网络中的用户就可以访问该 Web 网站了。

步骤3 使用 net 命令停止、启动 WWW 服务。

在命令行提示符界面输入命令"net stop w3svc"即可停止 WWW 服务，输入命令"net start w3svc"可启动 WWW 服务，如图 8-18 所示。

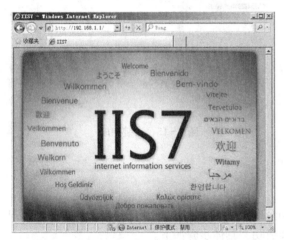

图 8-17　Web 服务器安装成功

图 8-18　使用 net 命令界面

3. 配置 Web 网站

【案例 8-3】配置 IP 地址和端口。

Web 服务器安装完成以后，默认创建了一个 Web 站点"Default Web Site"，使用此站点即可查看 Web 网站。默认情况下，Web 站点会自动绑定本地计算机的所有 IP 地址，端口为 80，用户使用 Web 服务器上的任何一个 IP 地址均可访问。因此，用户需要为 Web 站点指定唯一的 IP 地址及端口。具体操作步骤如下所示。

步骤

步骤1 在 IIS 管理器中选择默认站点，在如图 8-19 所示的"Default Web Site 主页"窗格中，用户可以设置默认 Web 站点各种配置；在右侧的"操作"面板中，用户可以对 Web 站点进行操作。

步骤2 右击"Default Web Site"，在弹出的快捷菜单中选择"编辑绑定"命令，或者单击右侧"操作"面板中的"绑定"超级链接，弹出如图 8-20 所

图 8-19　默认 Web 站点

示的"网站绑定"对话框。默认端口为 80，IP 地址显示为"＊"，表示绑定所有 IP 地址。

步骤 3 选择该网站，单击"编辑"按钮，弹出如图 8-21 所示的"编辑网站绑定"对话框，"IP 地址"默认为"全部未分配"。在"IP 地址"下拉列表中选择要指定的 IP 的地址；在"端口"文本框中输入 Web 站点的端口号，不能为空，通常使用默认的 80 即可。

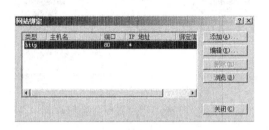

图 8-20 "网站绑定"对话框

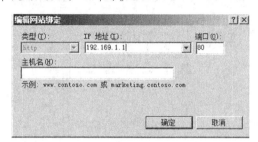

图 8-21 "编辑网站绑定"对话框

提示

使用默认值 80 端口时，用户访问该网站不需输入端口号，如 http://192.168.1.1；但如果端口号不是 80，那么访问 Web 网站时就必须提供端口号，如 http://192.168.1.1:8000。

步骤 4 设置完成以后，单击"确定"按钮保存设置，并单击"关闭"按钮。此时，用户将只能使用所指定的 IP 地址和端口访问 Web 网站。

【案例 8-4】 配置主目录。

主目录也就是网站的根目录，保存着网站的网页、图片等数据，默认路径为"C:\Intepub\wwwroot"文件夹。不过，数据文件和操作系统放在同一硬盘分区中，会失去安全保障。

步骤

步骤 1 打开 IIS 管理器，选择 Web 站点，在右侧的"操作"面板中单击"基本设置"超级链接，弹出如图 8-22 所示的"编辑网站"对话框。在"物理路径"文本框中显示的就是网站的主目录。

步骤 2 在"物理路径"文本框中键入 Web 站点的新主目录的路径，或者单击"浏览"按钮 选择路径，单击"确定"按钮保存即可。

图 8-22 "编辑网站"对话框

【案例 8-5】 配置默认文档。

在访问网站主页时，通常只需输入网站域名即可打开，无须输入网页名。实际上，此时显示的网页就是默认文档。通常，Web 网站的主页都会设置成默认文档。当用户使用 IP 地址或域名访问且没有输入网页名时，Web 服务器就会显示默认文档的内容，从而便于用户的访问。具体操作步骤如下所示。

步骤

步骤 1 在 IIS 管理器中选择默认 Web 站点，在"主页"窗格中，找到"IIS"选项区域的

"默认文档"图标，如图8-23所示。

步骤2 双击"默认文档"图标，显示如图8-24所示的"默认文档"窗格。系统自带有5种默认文档，分别为 Default. htm、Default. asp、index. html、index. html 和 iisstar. htm。

图8-23 "Default Web Site 主页"窗格 　　　　图8-24 "默认文档"窗格

步骤3 如果要使用其他名称的默认文档，例如，当前网站为动态网站，首页名称为index. asp，则需要添加该类型的默认文档。单击右侧"操作"面板中的"添加"超链接，弹出如图8-25所示的"添加默认文档"对话框，在"名称"文本框中键入主页名称。

步骤4 单击"确定"按钮，即可添加该默认文档。新添加的默认文档自动排列在最上方，如图8-26所示。用户也可以通过"上移"和"下移"超链接来调整各个默认文档的顺序。

图8-25 添加默认文档 　　　　　　　　图8-26 添加默认文档

当用户访问 Web 服务器时，IIS 会自动按顺序由上至下依次查找与之相对应的文件名。因此，应将设置为 Web 网站主页的默认文档移动到最上面。如果想删除或禁用某个默认文档，用户只需选择相应的默认文档，然后单击"操作"面板中的"删除"或"禁用"链接即可。

任务三　架设 DNS 服务器

知识导读

1. DNS 概述

TCP/IP 通信是基于 IP 地址的，但谁能记住那一串单调的数字呢？大家基本上都是通过访问计算机域名，再通过某种机制将计算机域名解析为 IP 地址。而 DNS 就是一种标准的名称解析方式，在 Windows Server 2008 R2 系统中，DNS 是首选的名称解析方式。

2. DNS 定义

DNS 用于命名组织到域层次结构中的计算机和网络服务。DNS 命名用于 TCP/IP 网络中，通过用户友好的名称查找计算机和服务。当用户在应用程序中输入 DNS 名称时，DNS 可将此名称解析为相关的 IP 地址。

子任务1　了解架设 DNS 服务器的需求和环境

知识导读

在架设 DNS 服务器之前，读者需要了解部署的需求和环境。

1. 部署需求

部署 DNS 服务器前需满足以下要求。
- 设置 DNS 服务器的 TCP/IP 属性，手工指定 IP 地址、子网掩码、默认网关和 DNS 服务器 IP 地址等。
- 部署域环境，域名为 dnsserver. com。

2. 部署环境

本实例为部署在一个域环境下，域名为 lndns. com。DNS 服务器主机名为 dnsserver，其本身也是域控制器，IP 地址为 192. 168. 1. 2；DNS 客户机主机名为 client，其本身是域成员服务器，IP 地址为 192. 168. 1. 23。这两台计算机都是域中的计算机。

子任务2　架设 DNS 服务器

1. 安装 DNS 服务

【案例 8 - 6】在 Windows Server 2008 R2 上通过"服务管理器"安装 DNS 服务。具体步骤如下所示。

步骤

步骤1 打开"服务器管理"控制台，在"角色"窗口中单击"添加角色"链接，运行"添加角色向导"，当弹出"选择服务器角色"对话框时，勾选"DNS 服务器"复选框，如图8-27所示，然后单击"下一步"按钮。

图8-27 "添加角色向导"对话框

步骤2 在"DNS服务器"对话框中单击"下一步"按钮，弹出"静态IP分配"对话框，如图8-28所示。若服务器配置静态IP地址将不再显示此对话框。

步骤3 在"添加角色向导"对话框中选择"仍要安装DNS服务器"之后继续单击"下一步"按钮，直至提示DNS服务器安装成功，如图8-29所示。

图8-28 "添加角色向导"对话框

图8-29 DNS服务器安装成功

步骤4 查看管理您的服务器角色。

如果DNS服务成功安装，会在"管理您的服务器"中出现DNS服务器角色。单击"开始"→"程序"→"管理工具"→"管理您的服务器"，打开如图8-30所示的界面，显示该计算机当前角色是"DNS服务器"。

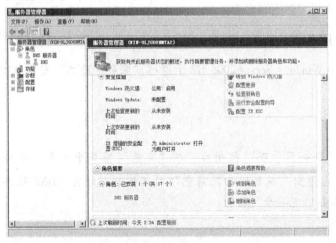

图8-30 服务器管理器

2. DNS 服务的停止和启动

【**案例 8-7**】启动或停止 DNS 服务，可用 net 命令、"DNS"控制台或"服务"控制台。具体步骤如下所示。

步 骤

步骤1 使用 net 命令。

以域管理员账户登录到 DNS 服务器，在命令提示符窗口中，输入命令"net stop dns"可停止 DNS 服务，输入命令"net start dns"可启动 DNS 服务，如图 8-31 所示。

步骤2 打开"DNS 管理器"，在左侧控制台树中右击服务器，在弹出的快捷菜单中选择"所有任务"→"停止"或"启动"即可停止或启动 DNS 服务，如图 8-32 所示。

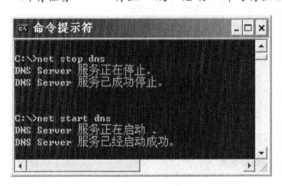

图 8-31　使用 net 命令界面

图 8-32　DNS 管理器

步骤3 使用"服务"控制台。

单击"开始"→"管理工具"→"服务"，打开"服务"控制台。右击"DNS Server"选项，在弹出的快捷菜单中选择"启动"或"停止"即可启动或停止 DNS 服务，如图 8-33 所示。

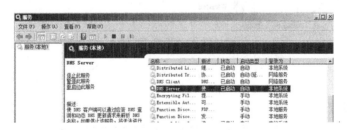

图 8-33　DNS 服务控制台界面

3. 创建 DNS 正向主要区域

DNS 区域分为正向查找区域和反向查找区域两大类。

1）正向查找区域：用于 FQDN 到 IP 地址的映射，当 DNS 客户端请求解析某个 FQDN 时，DNS 服务器在正向查找区域中进行查找，并返回给 DNS 客户端对应的 IP 地址。

2）反向查找区域：用于 IP 地址到 FQDN 的映射，当 DNS 客户端请求解析某个 IP 地址时，

DNS 服务器在反向查找区域中进行查找，并返回给 DNS 客户端对应的 FQDN。

【案例 8-8】在部署一台 DNS 服务器时，必须预先考虑 DNS 的区域类型，从而决定 DNS 服务器类型。

在 DNS 服务器上创建正向主要区域的具体步骤如下所示。

 步 骤

步骤1 打开"DNS"管理器。

以域管理员账户登录到 DNS 服务器，单击"开始"→"管理工具"→"DNS"，打开如图 8-34 所示的"DNS 管理器"，通过该控制台可以架设正向或反向 DNS 服务器。

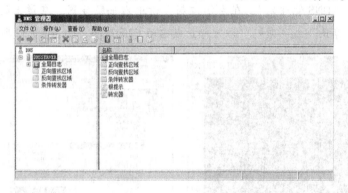

图 8-34 DNS 控制台界面

步骤2 打开新建区域向导。

在"DNS"控制台左侧界面中右击"正向查找区域"，在弹出的菜单中选择"新建区域"命令，如图 8-35 所示，打开"新建区域向导"。

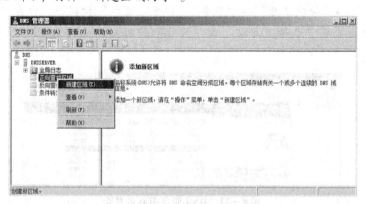

图 8-35 设置正向查找区域界面

步骤3 选择正向区域类型。

单击"下一步"按钮，出现"区域类型"对话框，可以选择区域类型为主要区域、辅助区域或存根区域，此处选中"主要区域"单选按钮并取消勾选"在 Active Directory 存储区域（只有 DNS 服务器是域控制器时才可用）"复选框，这样 DNS 就不和 AD 集成使用，如图 8-36 所示。

步骤4 设置区域名称。

单击"下一步"按钮，出现"区域名称"对话框，输入正向主要区域的名称，区域名称一般以域名表示，指定了 DNS 名称空间的部分，此处输入"lndns.com"，如图 8-37 所示。

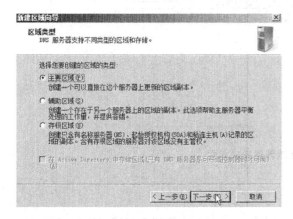

图 8-36　"区域类型"对话框　　　　　图 8-37　"区域名称"对话框

步骤5 创建区域文件。

单击"下一步"按钮，出现"区域文件"对话框，可以选择创建新的区域文件或使用已存在的区域文件，此处默认选择"创建新文件，文件名为 lndns.com.dns"，如图 8-38 所示。区域文件也称为 DNS 区域数据库，主要作用是保存区域资源记录。

步骤6 设置动态更新。

单击"下一步"按钮，出现"动态更新"对话框，可以选择区域是否支持动态更新，由于 DNS 不和 AD 集成使用，所以"只允许安全的动态更新（适合 Active Directory 使用）"不可选。此处默认选择"不允许动态更新"，如图 8-39 所示。

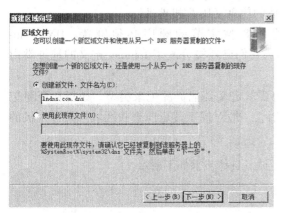

图 8-38　"区域文件"对话框　　　　　图 8-39　"动态更新"对话框

步骤7 正向区域创建完成。

单击"下一步"按钮，出现"完成"对话框，单击"完成"按钮，区域创建完成，返回 DNS 控制台。正向主要区域创建完成的效果如图 8-40 所示，创建完的区域资源记录默认只有起始授权机构（Start Of Authority，SOA）和名称服务器（Name Server，NS）记录。

图 8-40　正向区域创建完成界面

4. 创建 DNS 反向主要区域

在大部分的 DNS 查找中，客户端一般执行正向查找。正向查找是基于存储在地址资源记录中的另一台主机的 DNS 名称的搜索。这类查询希望将 IP 地址作为应答的资源数据。

DNS 也提供反向查找，允许客户端在名称查询期间使用已知的 IP 地址，并根据其地址查找计算机名。反向查找采取问答形式进行，如"您能告诉我使用 IP 地址 211.82.168.186 的计算机的 DNS 名称吗？"

在 DNS 标准中定义了特殊域"in-addr.arpa"，并将其保留在 Internet DNS 名称空间中，以便提供切实可靠的方式执行反向查询。为了创建反向名称空间，"in-addr.arpa"域中的子域按照带点的十进制表示法编号的 IP 地址的相反顺序构造。

与 DNS 名称不同，当从左向右读取 IP 地址时，它们以相反的方式解释，所以需要将域中的每 8 位字节数值反序排列。从左向右读 IP 地址时，读取顺序是从地址的第一部分中最一般的信息（IP 网络地址）到最后 8 位字节中包含的更具体的信息（IP 主机地址）。

因此，创建"in-addr.arpa"域树时，IP 地址 8 位字节的顺序必须倒置。DNS"in-addr.arpa"树的 IP 地址可以委派给某些公司，因为它们已经被分配了 Internet 定义的地址类内特定或有限的 IP 地址集。

最后，在 DNS 中建立的"in-addr.arpa"域树要求定义其他资源记录类型，如指针资源记录。这种资源记录用于在反向查找区域中创建映射，一般对应于其正向查找区域中某一主机的 DNS 计算机名的主机命名资源记录。

【案例 8-9】在 DNS 服务器上创建反向主要区域。具体步骤如下所示。

步骤 1　打开"新建区域向导"。

以域管理员账户登录到 DNS 服务器，打开 DNS 控制台并展开服务器；右击"反向查找区域"，在弹出的快捷菜单中选择"新建区域"命令，如图 8-41 所示，打开"新建区域向导"。

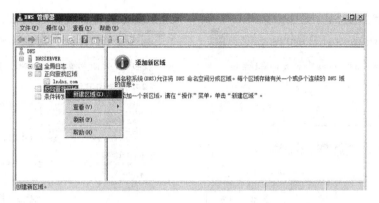

图 8-41　设置反向查找区域界面

步骤 2　选择反向区域类型。

单击"下一步"按钮，弹出"区域类型"对话框，指定区域的类型为"主要区域"；取消勾选"在 Active Directory 中存储区域（只有 DNS 服务器是域控制器时才可以用）"复选框，这样 DNS 就不和 AD 集成使用，如图 8-42 所示。

步骤 3　设置区域名称。

单击"下一步"按钮，弹出"反向查找区域名称"对话框，输入反向查找区域的网络 ID，即在"网络 ID"文本框中输入"192.168.1"，如图 8-43 所示。

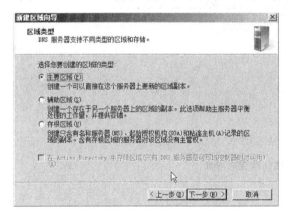

图 8-42　"区域类型"对话框

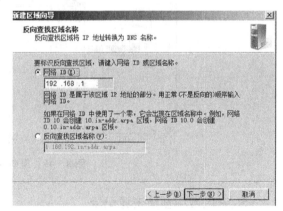

图 8-43　"反向查找区域名称"对话框

步骤 4　创建区域文件。

单击"下一步"按钮，弹出"区域文件"对话框，可以选择创建新的区域文件或使用已存在的区域文件，此处默认选择"创建新文件且文件名为 1.168.192.in-addr.arpa.dns"，如图 8-44 所示。

步骤 5　设置动态更新。

单击"下一步"按钮，弹出"动态更新"对话框，可以选择区域是否支持动态更新。由于 DNS 不和 AD 集成使用，所以"只允许安全的动态更新（适合 Active Directory 使用）"选项不可选。本例默认选择"不允许动态更新"，如图 8-45 所示。

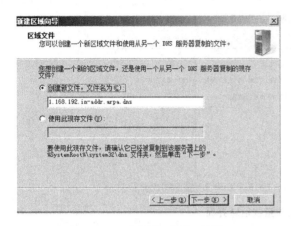

图 8-44 "区域文件"对话框

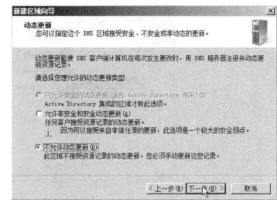

图 8-45 "动态更新"对话框

步骤 6 反向区域创建完成。

单击"下一步"按钮,弹出"完成"对话框;单击"完成"按钮,区域创建完成,返回 DNS 控制台。反向主要区域创建完成的界面如图 8-46 所示,创建完的区域资源记录默认只有起始授权机构和名称服务器记录。

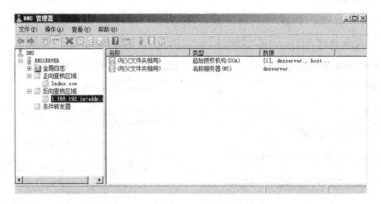

图 8-46 反向区域创建完成界面

5. 在区域中创建资源记录

资源记录是用于答复 DNS 客户端请求的 DNS 数据库记录,每一个 DNS 服务器包含其管理 DNS 命名空间的所有资源记录。资源记录包含与特定主机有关的信息,如 IP 地址、提供服务的类型等。

常见资源记录类型见表 8-1。

表 8-1　常见资源记录类型

资源记录类型	说　明	解　释
起始授权结构（SOA）	起始授权机构	此记录指定区域的起点,包含的信息有区域名、区域管理员电子邮件地址及指示 DNS 服务器如何更新区域数据文件的设置

（续）

资源记录类型	说　明	解　释
主机（A）	地址	主机记录是名称解析的重要记录，它用于将特定的主机名映射到对应主机 IP 地址上，可在 DNS 服务器中手动创建或通过 DNS 客户端动态更新来创建
别名（CNAME）	标准名称	此记录用于将某个别名指向到某个主机记录上，从而无须为某个需要更新名称解析的主机额外创建主机记录
邮件交换器（MX）	邮件交换器	此记录列出了负责接收发到域中的电子邮件的主机，通常用于邮件的收发
名称服务器（NS）	名称服务器	此记录指定负责此 DNS 区域的权威名称服务器

【案例 8-10】在 DNS 服务器上的正向主要区域中创建主机记录、邮件交换器记录和别名记录，在反向主要区域中创建指针记录。具体步骤如下所示。

步骤 1 新建主机记录。

以域管理员账户登录到 DNS 服务器上，在"DNS"控制台中选择要创建资源记录的正向主要区域，右击区域"lndns.com"并在弹出的菜单中选择"新建主机"命令，如图 8-47 所示，打开"新建主机"对话框。

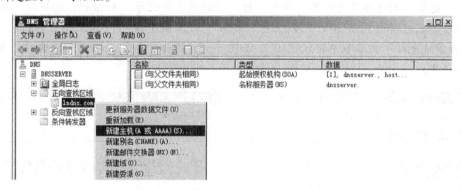

图 8-47　创建新建主机界面

通过"新建主机"对话框可以创建主机记录，如图 8-48 所示。在该对话框中输入以下信息。

1）名称：主机记录的名称，一般是指计算机名；

2）IP 地址：该计算机的 IP 地址。

3）勾选"创建相关的指针（PTR）记录"复选框。在正向区域中创建主机记录的同时已经在相应反向区域中创建指针记录。

输入完毕，单击"添加主机"按钮，出现如图 8-49 所示窗口，表示已经成功创建主机记录，单击"确定"按钮即可。

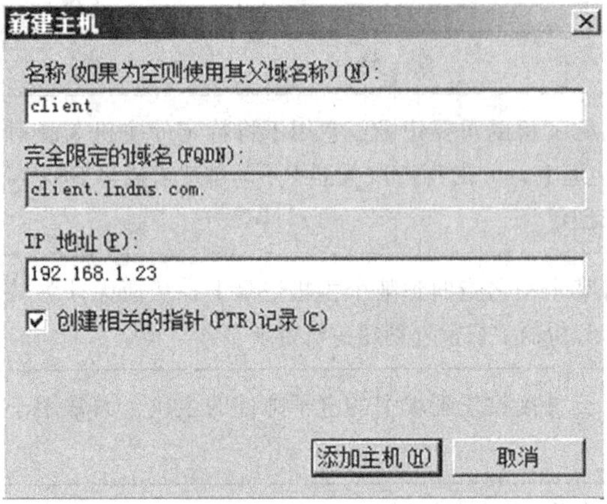

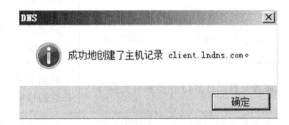

图8-48 "新建主机"对话框

图8-49 添加主机成功

步骤2 新建别名记录。

在"DNS"控制台中选择要创建资源记录的正向主要区域,右击区域"lndns.com"并在弹出的菜单中选择"新建别名"命令,打开"新建资源记录"对话框;切换到"别名"选项卡,在"目标主机的完全合格域名"文本框中输入"dnsserver.lndns.com",在"别名"文本框中输入"www",如图8-50所示;单击"确定"按钮即完成别名记录创建。

步骤3 新建邮件交换器记录。

在"DNS"控制台中选择要创建资源记录的正向主要区域,右击区域"lndns.com"并在弹出的菜单中选择"新建邮件交换器"命令,打开"新建资源记录"对话框;切换到"邮件交换器"选项卡,在"邮件服务器的完全限定的域名"文本框中输入"dnsserver.lndns.com",在"邮件服务器优先级"文本框中输入"10",如图8-51所示;单击"确定"按钮即完成邮件交换器记录创建。

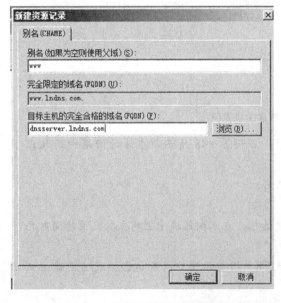

图8-50 "新建资源记录"对话框

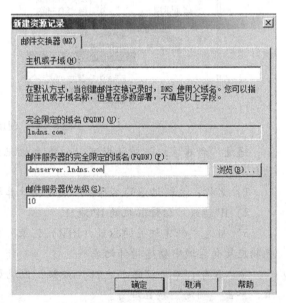

图8-51 "邮件交换器"选项卡

在正向主要区域中创建主机记录、别名记录和邮件交换器记录后的效果如图 8 - 52 所示。

图 8 - 52　创建成功效果图

步骤4 指针记录。

在"DNS"控制台中选择要创建资源记录的反向主要区域，右击"1. 168. 192. in-addr. arpa. dns"并在弹出的快捷菜单中选择"新建指针"命令，如图 8 - 53 所示，打开"新建资源记录"对话框。

图 8 - 53　新建指针界面

切换到"指针"选项卡，在"主机名"文本框中输入"dnsserver. lndns. com"，在"主机 IP 地址"文本框中 IP 地址的最后一段输入"2"，如图 8 - 54 所示；单击"确定"按钮即完成指针记录创建。

在反向主要区域中创建完指针记录后的效果如图 8 - 55 所示。

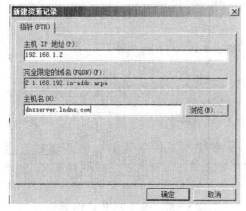

图 8 - 54　"新建资源记录"对话框

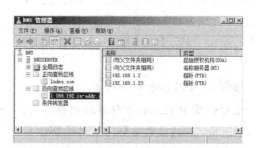

图 8 - 55　创建成功效果图界面

步骤5 查看区域文件。

在区域中创建资源记录以后，该信息将被保存到区域文件中，DNS服务器的DNS区域文件默认存储在"C:\windows\system32\dns"文件夹中，如图8-56所示。

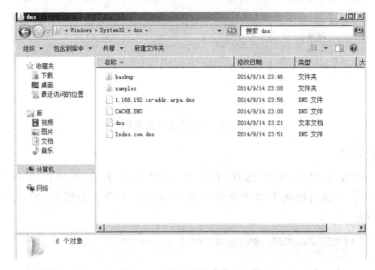

图8-56 查看区域文件窗口

6. DNS客户端的配置和测试

【案例8-11】在DNS服务器上创建完区域和资源记录后，就可以在DNS客户端上配置并测试资源记录。在DNS客户端上首先要使客户端使用DNS服务器，然后使用ping命令测试。具体步骤如下所示。

步骤

步骤1 配置DNS客户端。

以域管理员账户登录到DNS客户机上，右击任务栏的"网络"图标打开网络共享中心。单击"本地连接"并在弹出的菜单中选择"属性"命令，弹出"本地连接属性"对话框。在"本地连接属性"对话框中，双击"Internet协议（TCP/IP）"，出现"Internet协议版本4（TCP/IPV4）属性"对话框，在"首选DNS服务器"文本框中输入DNS服务器IP地址"192.168.1.2"，如图8-57所示。

步骤2 使用ping命令测试。

在DNS客户机上打开命令提示符界面，输入如图8-58所示的命令，可测试DNS服务器上主机记录，但反向主要区域上的指针

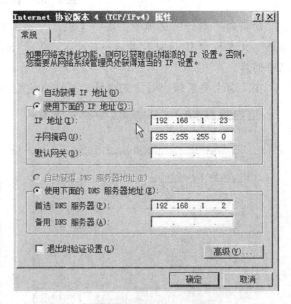

图8-57 设置TCP/IPV4属性

记录就不能测试了，所以具有一定的局限。

步骤3 使用非交互式 nslookup 测试。

以域管理员账户登录到 DNS 客户机上，打开命令提示符界面，输入如图 8 - 59 所示的命令来测试 DNS 服务器上的资源记录能否解析。

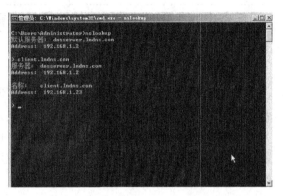

图 8 - 58　ping 测试　　　　　　　　　　图 8 - 59　nslookup 测试

任务四　安装 AD 域服务器

知识导读

活动目录服务在 Windows Server 2008 中又称为 Active Directory 域服务，是一个非常重要的目录服务，用来管理网络中的用户和资源，如计算机、打印机或应用程序。Windows Server 2008 R2 中 Active Directory 域服务在原有的基础上有了很大提高。利用活动目录，管理员可以更加方便地管理网络中的用户和计算机，并易于部署和管理各种网络服务。活动目录具有以下作用。

1. 简化管理

活动目录和域密切相关。域是指网络服务器和其他计算机的一种逻辑分组，凡是在共享域逻辑范围内的用户都在使用公共的安全机制和用户账户信息，每个使用者在域中只拥有一个账户，使用者每次登录的是整个域。

2. 增强安全性

活动目录集成了登录身份验证及目录对象的访问控制。通过单点网络登录，管理员可以管理分散在网络各处的目录数据和组织单位，经过授权的网络用户可以访问网络任意位置的资源，而未经过授权的用户则无法访问。

3. 改进性能与可靠性

Windows Server 2008 R2 能够更加有效地管理活动目录的复制与同步，不管是在域内还是在域间，管理员都可以更好地控制要在域控制器间进行同步的信息类型。此外，活动目录还提供了许多技术可以智能地选择只将那些发生更改的信息进行复制，而不是机械地复制整个目录的数据库。

子任务 1　了解安装 AD 域的背景及准备

1. 安装背景

在很多网络中，配置有多台服务器，分别提供不同的服务，而且为了网络安全，每种服务都会设置用户验证，以禁止非法用户访问。但是，如果各个服务之间互相没有关联，就需要分别设置各自的验证账户，这样不仅难以管理，也非常烦琐。而当用户访问时，就需要分别记住不同服务所设置的用户账户，从而给网络的使用者带来许多麻烦。为了解决这些问题，开发者准备在网络中配置域，统一规划管理所有用户。

2. 安装准备

在安装 AD DS 之前，要做好准备工作，如网络环境、系统环境等，主要包括以下几点。

1）规划 DNS 域名。

2）活动目录必须安装在 NTFS 分区，因此，服务器的硬盘分区必须为 NTFS 文件系统。

3）正确配置网络连接，并记录计算机的相关参数，如 IP 地址和计算机名等。

提 示

在升级为 Active Directory 服务器时，如果网络中并无其他域控制器，则"DNS 服务器"必须设置为本地计算机的 IP 地址，并且必须是一个静态地址。

活动目录需要使用 DNS 域名，通常是该域的完整 DNS 名称，如"coolpen.net"。如果该 DNS 域名要应用于 Internet，就必须使用在 Internet 中有效的域名，并且 DNS 服务器要拥有在 Interent 中有效的 IP 地址。用户可以向域名机构申请有效的域名，并且将域名与 IP 地址在域名机构注册，使 Internet 上的用户能够访问。

如果 DNS 域名仅在局域网中应用，并且局域网使用了 Internet 连接共享，那么用户可以使用任何的域名，但尽量不要使用 Internet 中已存在的 DNS 域名，以免局域网用户在访问时解析错误。

子任务 2　安装域控制器

【案例 8-12】在 Windows Server 2008 R2 上通过"服务管理器"安装 AD 域服务器。

在 Windows Server 2003/2008 系统中，均可以直接运行 dcpromo 命令来启动"Active Directory 安装向导"，安装活动目录。而在 Windows Server 2008 R2 系统中，还可以通过"服务器管理器"，先安装 Active Directory 域服务，再运行 dcpromo 命令安装活动目录。安装域控制器的具体步骤如下所示。

步 骤

步骤1 运行 dcpromo 命令，启动 Active Directory 安装向导。单击"下一步"按钮，弹出"操作系统兼容性"对话框，如图 8-60 所示。

提 示

如果没有勾选"使用高级模式安装"复选框，系统就会自动设置域 NetBIOS 名称，且用户不能更改，除非域中已有重名的 NetBIOS 名称。

步骤2 连续单击"下一步"按钮，弹出如图 8-61 所示的"选择某一部署配置"对话框。由于该服务器将是网络中的第一台域控制器，因此选中"在新林中新建域"单选按钮。

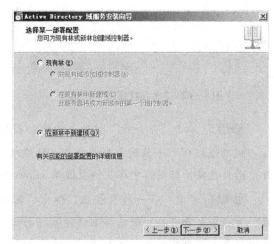

图 8-60 "操作系统兼容性"对话框   图 8-61 "选择某一部署配置"对话框

提 示

如果没有为当前服务器设置 DNS 服务器地址，那么此时会弹出"配置域名系统客户端设置"对话框，提示没有设置 DNS 服务器。

步骤3 在"命名林根域"对话框中的"目录林根级域的 FQDN"文本框中，键入事先规划的 DNS 域名"lndns.com"，如图 8-62 所示。

提 示

在 Windows Server 2008 R2 中，默认会自动将 DNS 域名的前缀创建为 NetBIOS 名称"lndns"，不需要手动设置。只有检测到该 NetBIOS 名称已在网络中使用时，系统才要求更改。

步骤4 单击"下一步"按钮，开始检查该域名及 NetBIOS 名称是否已在网络中使用，并弹出如图 8-63 所示的"设置林功能级别"对话框，应根据网络中存在的最低 Windows 版本域控制器来选择。与 Windows Server 2008 不同的是，Windows Server 2008 R2 中提供了 Windows Server 2003、Windows Server 2008 和 Windows Server 2008 R2 这 3 种模式，不再提供对 Windows 2000 Server 的支持。

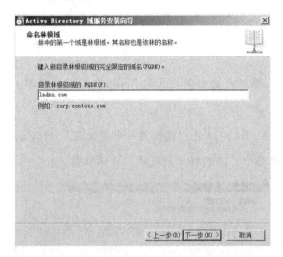

图 8-62 "命名林根域"对话框

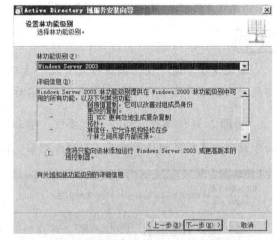

图 8-63 "设置林功能级别"对话框

步骤 5 单击"下一步"按钮，弹出如图 8-64 所示的"设置域功能级别"对话框，需要在"域功能级别"下拉列表中选择相应的域功能级别，最低级别为"Windows Server 2003"。同样，用户也要根据网络中存在的最低 Windows Server 版本来选择。

步骤 6 单击"下一步"按钮，弹出"其他域控制器选项"对话框，默认勾选"DNS 服务器"复选框。由于域中的第一个域控制器必须是全局编录服务器，因此"全局编录"选项为必选项且为不可更改状态。单击"下一步"按钮，开始检查 DNS 配置，并弹出如图 8-65 所示的警告框，提示没有找到父域，无法创建 DNS 服务器的委派。

图 8-64 "设置域功能级别"对话框

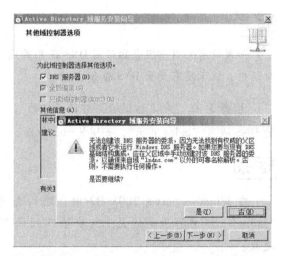

图 8-65 "其他域控制器选项"对话框

步骤 7 单击"是"按钮，在"数据库、日志文件和 SYSVOL 的位置"对话框中使用默认设置即可。单击"下一步"按钮，弹出"目录服务还原模式的 Administrator 密码"对话框，设置登录"目录还原模式"的管理员账户密码，如图 8－66 所示。该密码必须设置，否则无法继续安装。

步骤 8　在单击"下一步"按钮，弹出如图 8－67 所示"摘要"对话框，列出了前面所设置的配置信息。如果需要更改，则可单击"上一步"按钮返回。

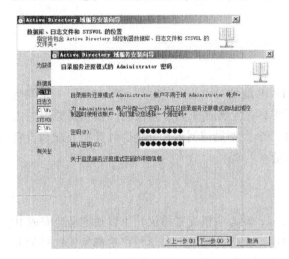

图 8－66　"目录服务还原模式的
Administrator 密码"对话框

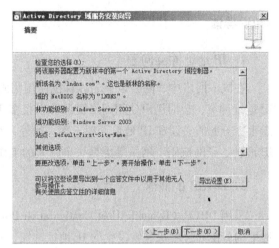

图 8－67　"摘要"对话框

步骤 9　单击"下一步"按钮，开始配置 Active Directory 域服务，如图 8－68 所示。配置过程可能需要几分钟到几小时，如果不想等待，可勾选"完成后重新启动"复选框，配置完成后会自动重新启动系统。

步骤 10　配置完成后，弹出"Active Directory 域服务安装向导"对话框，提示 Active Directory 域服务安装完成。单击"完成"按钮，提示重新启动计算机才能使更改生效，如图 8－69 所示。

图 8－68　配置 Active Directory 域服务

图 8－69　"完成 Active Directory
域服务安装向导"对话框

任务五　架设 DHCP 服务器

1. IP 地址冲突问题

在同一网络中，两台以上的计算机使用相同的 IP 地址时，就会产生 IP 地址冲突。一旦发生 IP 地址冲突，会对用户使用网络资源带来很多不便，甚至无法正常使用网络。其主要原因是由于手工分配的失误和 IP 地址管理不善。另外，在一个大型局域网内，分别为计算机分配和设置 IP 地址、子网掩码、网关等也是一个巨大的工作量。

2. DHCP 的概念

采用 DHCP（Dynamic Host Configuration Protocol，动态主机配置协议）可以很容易地完成 IP 地址的分配并且解决经常发生的 IP 地址冲突，目前绝大部分局域网和学校机房都采用这样的办法。DHCP 是一种用于简化计算机 IP 地址配置管理的标准。通过采用 DHCP，DHCP 服务器为网络上的计算机分配、管理动态 IP 地址以及其他相关配置信息。

TCP/IP 网络上的每台计算机都必须具有唯一的 IP 地址，IP 地址以及相关的子网掩码等用来标识计算机及其连接的子网。将计算机移动到不同的子网时，必须更改 IP 地址。DHCP 允许通过本地网络上的 DHCP 服务器 IP 地址数据库为客户端动态指派 IP 地址。

对基于 TCP/IP 的网络而言，DHCP 降低了重新配置计算机 IP 地址的难度，减少了涉及的管理工作量。

由于 DHCP 服务器需要固定的 IP 地址和 DHCP 客户端计算机进行通信，所以 DHCP 服务器必须配置使用静态 IP 地址。

在 DHCP 服务器上的 IP 地址数据库包含以下一些项目。

1）对 Internet 上所有客户机的有效配置参数。

2）在缓冲池中指定给客户机的有效 IP 地址及手工指定的保留地址。

3）服务器提供租约时间，即指定 IP 地址可以使用的时间。

子任务 1　了解架设 DHCP 服务器的需求和环境

在架设 DHCP 服务器之前，读者需要了解部署的需求和环境。

1. 部署需求

在部署 DHCP 服务前需满足以下要求：设置 DHCP 服务器的 TCP/IP 属性，手工指定 IP 地址、子网掩码、默认网关等。

2. 部署环境

DHCP 服务器主机名为 dhcpserver，其本身也是域控制器，IP 地址为 192.168.1.2；DHCP 客户机主机名为 client，其本身是域成员服务器，IP 地址从 DHCP 服务器动态获取；两台计算机都是域中的计算机。

子任务2 架设 DHCP 服务器的步骤

1. 安装 DHCP 服务

【案例 8-13】在 Windows Server 2008 R2 上安装 DHCP 服务。

无论是否处于域环境中，DHCP 服务器都可以向网络提供 IP 地址分配功能，当然，必须先授权才能使用。而如果其他网络服务需要与 DHCP 结合使用，如 NPS 等，就应当均加入域。安装 DHCP 服务器的过程如下所示。

步 骤

步骤1 打开"服务器管理"控制台，在"角色"窗口中单击"添加角色"链接，运行"添加角色向导"，当弹出"选择服务器角色"对话框时，勾选"DHCP 服务器"复选框，如图 8-70 所示，然后单击"下一步"按钮。

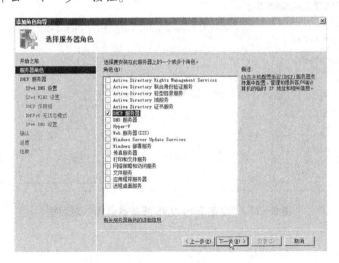

图 8-70 "选择服务器角色"对话框

步骤2 在"DHCP 服务器"对话框中单击"下一步"按钮，弹出"选择网络连接绑定"对话框，选择向客户端提供服务的网络连接，如图 8-71 所示。

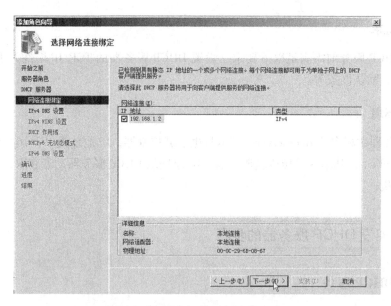

图 8-71 "选择网络连接绑定"对话框

步骤 3 单击"下一步"按钮，弹出"指定 IPv4 DNS 服务器设置"对话框，在"父域"文本框中键入当前域的域名，在"首选 DNS 服务器 IPv4 地址"和"备用 DNS 服务器 IPv4 地址"文本框中键入本地网络中所适用的 DNS 服务器的 IPv4 地址，如图 8-72 所示。

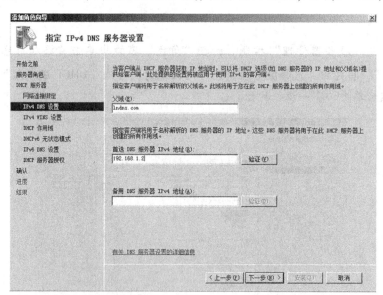

图 8-72 "指定 IPv4 DNS 服务器设置"对话框

提 示

即使 DHCP 没有处于域环境中，如果设置 DNS 服务器地址，也必须同时设置父域名称。

步骤 4 单击"下一步"按钮，弹出"指定 IPv4 WINS 服务器设置"对话框，选择是否使用 WINS 服务，如图 8-73 所示。

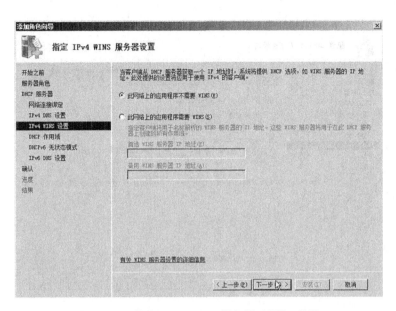

图 8-73　"指定 IPv4 WINS 服务器设置"对话框

步骤 5　单击"下一步"按钮，弹出"添加或编辑 DHCP 作用域"对话框，可以添加 DHCP 作用域，设置向客户端分配的 IP 地址范围。单击"添加"按钮，弹出如图 8-74 所示的"添加作用域"对话框，设置该作用域的名称、起始和结束 IP 地址、子网掩码、默认网关及子网类型。默认勾选"激活此作用域"复选框，可在作用域创建完成后自动激活，否则需要手动激活。

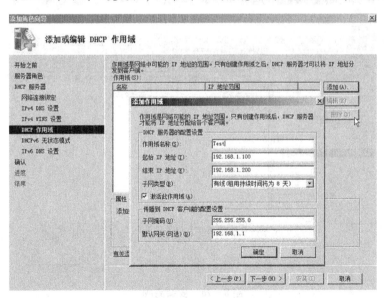

图 8-74　"添加作用域"对话框

步骤 6　单击"确定"按钮，一个作用域添加成功。单击"下一步"按钮，弹出如图 8-75 所示的"配置 DHCPv6 无状态模式"对话框。由于现在不配置 IPv6，因此，选中"对此服务器禁用 DHCPv6 无状态模式"单选按钮。

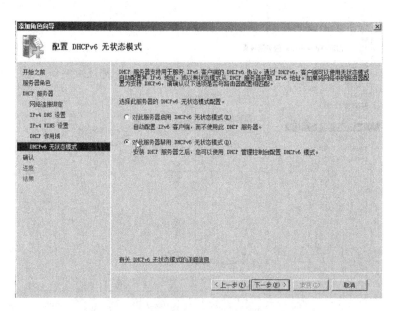

图 8-75　"配置 DHCPv6 无状态模式" 对话框

步骤 7　单击 "下一步" 按钮，在弹出的 "确认安装选择" 对话框中单击 "安装" 按钮，开始安装 DHCP 服务器。安装完成后，弹出如图 8-76 所示的 "安装结果" 对话框，提示 DHCP 服务器已经安装成功。

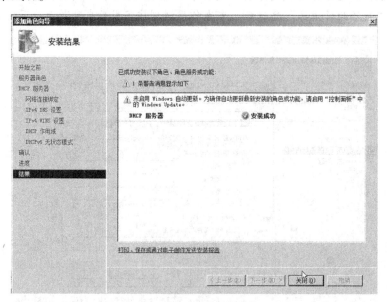

图 8-76　安装完成

2. 验证 DHCP 服务的安装

【案例 8-14】DHCP 服务安装完毕后，会在 Windows Server 2008 R2 系统中出现相应的文件、服务及快捷方式，用户可以通过查看这些信息来检验 DHCP 服务是否安装成功。具体步骤如下所示。

步骤1 查看文件。

以域管理员账户登录到 DHCP 服务器，如果 DHCP 服务成功安装，在系统目录下会存在 "C:\windows\system32\dhcp" 文件夹，该文件夹中包含了 DHCP 数据库文件、日志文件等相关文件，如图 8-77 所示。

图 8-77　查看文件窗口

步骤2 查看服务。

如果 DHCP 服务成功安装，该服务默认自动启动，可以在服务列表中查看到已经启动的 DHCP 服务。单击 "开始" → "管理工具" → "服务"，打开 "服务" 控制台，如图 8-78 所示，可以看到 DHCP 服务目前的启动状态和描述信息。

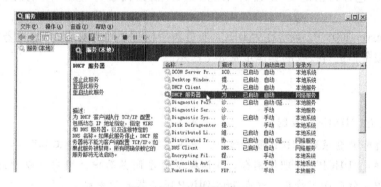

图 8-78　查看服务窗口

3. DHCP 服务的停止和启动

【案例 8-15】要启动或停止 DHCP 服务，可用 net 命令、"DHCP" 控制台和 "服务" 控制台。具体步骤如下所示。

步骤1 使用 net 命令。

以域管理员账户登录到 DHCP 服务器，在命令提示符界面中，输入 "net stop dhcpserver" 命令可停止 DHCP 服务，输入"net start dhcpserver"命令可启动 DHCP 服务，如图8-79所示。

步骤2 使用"DHCP"控制台。

打开"DHCP"控制台，在左侧控制台树中右击服务器 dhcpserver，在弹出的快捷菜单中选择"所有任务"→"停止"或"启动"命令即可停止或启动 DHCP 服务，如图8-80所示。

图 8-79　使用 net 命令界面

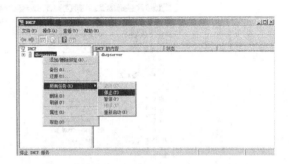

图 8-80　"DHCP"控制台

4. DHCP 服务器授权

【案例 8-16】为了防止非法的 DHCP 服务器为客户端计算机提供不正确的 IP 地址配置（只有在活动目录中进行过授权的 DHCP 服务器才能提供服务），当属于活动目录的服务器上的 DHCP 服务器启动时，会在活动目录中查询已授权的 DHCP 服务器的 IP 地址，如果获得的列表中没有包含自己的 IP 地址，则此 DHCP 服务器已停止工作，直到对其进行授权为止。

Windows Server 2008 R2 系统在为 DHCP 服务器授权时必须要安装 AD 域服务器。

对 DHCP 服务器进行授权的具体步骤如下所示。

步　骤

步骤1 打开"DHCP"控制台。

以域管理员账户登录到 DHCP 服务器上，单击"开始"→"管理工具"→"DHCP"，打开如图8-81所示的"DHCP"管理控制台。在该控制台左侧界面中，用户可以看到当前 DHCP 服务器的状态标识是红色向下箭头，这表示该 DHCP 服务器未被授权。

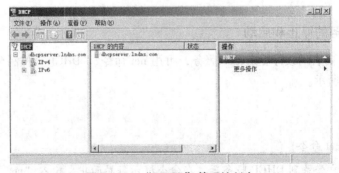

图 8-81　"DHCP"管理控制台

步骤 2 对 DHCP 服务器进行授权。

右击控制台左侧界面中的 "DHCP"，在弹出的快捷菜单中单击 "管理授权的服务器" 命令，弹出如图 8-82 所示的 "管理授权的服务器" 对话框，目前为没有经过授权的 DHCP 服务器。

单击 "授权" 按钮，弹出 "授权 DHCP 服务器" 对话框，在 "名称或 IP 地址" 文本框中输入要授权的 DHCP 服务器的主机名或 IP 地址，此处输入 "192.168.1.2"，如图 8-83 所示。

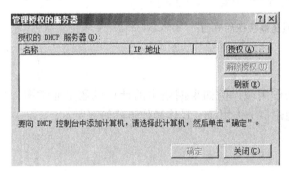

图 8-82　"管理授权的服务器" 对话框　　　　图 8-83　"授权 DHCP 服务器" 对话框

单击 "确定" 按钮，弹出 "确认授权" 对话框，该对话框中显示了将要授权的 DHCP 服务器的名称和 IP 地址信息，如图 8-84 所示。

对 DHCP 服务器的主机名和 IP 地址进行确认后单击 "确定" 按钮，返回 "管理授权服务器" 对话框，被授权的 DHCP 服务器会出现在 "授权的 DHCP 服务器" 列表中，如图 8-85 所示。

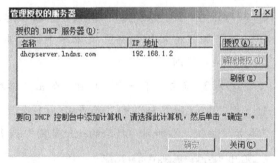

图 8-84　"确认授权" 对话框　　　　　　图 8-85　"管理授权服务器" 对话框

步骤 3 DHCP 服务器已经被授权的效果。

在 "管理授权的服务器" 对话框的列表中选择需要授权的 DHCP 服务器，单击 "关闭" 按钮，返回到 "DHCP" 控制台；在控制台左侧选择当前的 DHCP 服务器，单击工具栏中的刷新图标，DHCP 服务器附带的状态标识被替换为向上的绿色箭头，如图 8-86 所示。这表明 DHCP 服务器已经成功授权，用户可以正常地为 DHCP 客户端分配 IP 地址。

图8-86　DHCP服务器授权后界面

5. 添加 DHCP 作用域

虽然在安装 DHCP 服务器时已经创建了一个作用域，但如果网络中的计算机数量非常多，就要向多个子网提供不同的 IP 地址，因此需要创建多个作用域。具体操作步骤如下所示。

步骤

步骤1 打开"DHCP"控制台，展开服务器名，右击"IPv4"，在弹出的快捷菜单中选择的"新建作用域"命令，启动"新建作用域向导"。在"作用域名称"对话框中的"名称"文本框中键入新作用域的名称，以便与其他作用域相区分，如图8-87所示。

步骤2 单击"下一步"按钮，弹出如图8-88所示的"IP 地址范围"对话框，在"起始IP 地址"和"结束IP 地址"文本框中键入要设置的IP 地址范围。

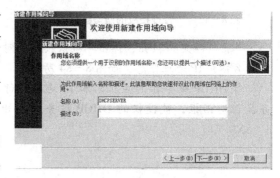

图8-87　新建作用域向导

步骤3 单击"下一步"按钮，弹出"添加排除和延迟"对话框，用来设置不分配的 IP 地址。在"起始IP 地址"和"结束IP 地址"文本框中键入要排除的 IP 地址或 IP 地址段，单击"添加"按钮，添加到"排除的地址范围"列表框中，如图8-89所示。

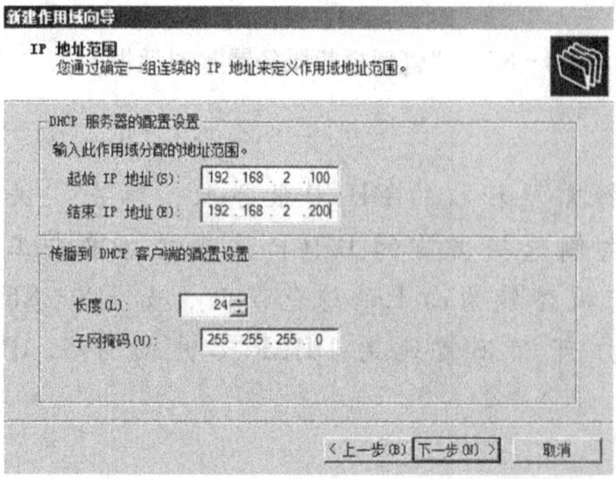

图8-88　"IP 地址范围"对话框 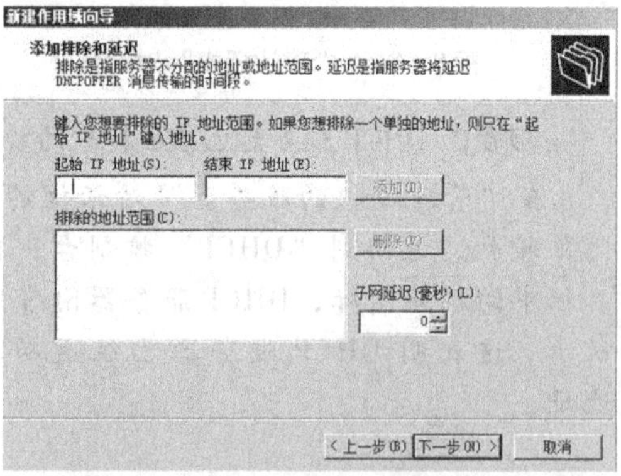　　　　　图8-89　"添加排除和延迟"对话框

步骤 4 单击"下一步"按钮，弹出如图 8-90 所示的"租用期限"对话框，用来设置客户端从此作用域所租用 IP 地址的时间。

步骤 5 单击"下一步"按钮，弹出如图 8-91 所示的"配置 DHCP 选项"对话框。选中"是，我想现在配置这些选项"单选按钮，准备配置路由器、DNS 服务器、WINS 服务器等选项。

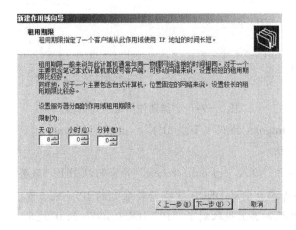

图 8-90 "租用期限"对话框

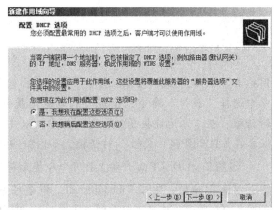

图 8-91 "配置 DHCP 选项"对话框

步骤 6 单击"下一步"按钮，弹出如图 8-92 所示的"路由器（默认网关）"对话框。在"IP 地址"文本框中键入要为客户端配置的网关地址"192.168.2.1"，单击"添加"按钮将其添加到列表框中。

步骤 7 单击"下一步"按钮，弹出"域名称和 DNS 服务器"对话框。在"父域"文本框中键入用来进行 DNS 解析时使用的父域，在"IP 地址"文本框中键入 DNS 服务器的 IP 地址，单击"添加"按钮添加到列表框中，如图 8-93 所示。

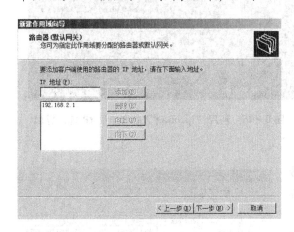

图 8-92 "路由器（默认网关）"对话框

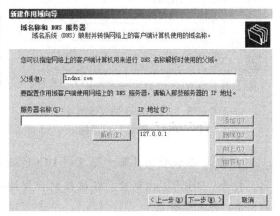

图 8-93 "域名称和 DNS 服务器"对话框

步骤 8 由于当前网络中没有配置 WINS 服务器，因此，在"WINS 服务器"对话框中不设置 WINS。在"激活作用域"对话框中，选中"是，我想现在激活此作用域"单选按钮，如

图8-94所示。

6. DHCP 客户端的配置和测试

【案例8-17】DHCP 服务器配置好以后，即可配置 DHCP 客户端使其从 DHCP 服务器上动态获取 IP 地址。具体步骤如下所示。

步 骤

步骤1 右击任务栏的"网络"图标，打开网络共享中心，右击"本地连接"并在弹出的菜单中选择"属性"命令，出现"本地连接属性"对话框。在"本地连接属性"对话框中，双击"Internet 协议（TCP/IP）"，出现"Internet 协议版本4（TCP/IPv4）属性"对话框，如图8-95所示。

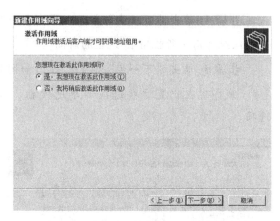

图8-94 "激活作用域"对话框

步骤2 在 DHCP 客户端上打开命令提示符界面，输入"ipconfig/renew"命令可从 DHCP 服务器上申请 IP 地址，输入"ipconfig/all"命令可查看客户端从 DHCP 服务器获取到的 IP 地址信息，如图8-96所示。这里可以看到该客户端从 DHCP 服务器上获取到了"192.168.1.100"的 IP 地址。

图8-95 "Internet 协议版本4（TCP/IPv4）属性"对话框

图8-96 利用"ipconfig"命令申请 IP 地址界面

步骤3 以域管理员账户登录到 DHCP 服务器，打开"DHCP"控制台。在该控制台左侧界面中依次展开服务器和"作用域"，单击"地址租用"选项，可以看到当前从 DHCP 服务器上自动分配给客户端"client"的 IP 地址为"192.168.1.100"，如图8-97所示。

图8-97 DHCP 服务器控制台

任务六 架设 FTP 服务器

知识导读

1. FTP 的概念

文件传输服务是网络环境必需的一种服务，当前网络中最主要的文件传输方式就是使用 FTP。FTP 可以在网络中传输文档、图像、音频、视频以及应用程序等多种类型的文件。如果用户需要将文件从自己的计算机发送给另一台计算机，可以使用 FTP 进行上传操作，而更多的情况则是用户使用 FTP 从服务器下载文件。

一个完整的 FTP 文件传输需要建立两种类型的连接。一种为控制文件传输的命令，称为控制连接；另一种实现真正的文件传输，称为数据连接。

2. FTP 数据传输原理

用户在使用 FTP 传输数据时，整个 FTP 建立连接的过程经过以下几个步骤。

1）FTP 服务器自动对默认端口（21）进行监听，当某个客户端向这个端口请求建立连接时，便激活了 FTP 服务器上的控制进程。通过这个控制进程，FTP 服务器对连接用户名、密码以及交接权限进行身份验证。

2）验证完成后，FTP 服务器和客户端之间还会建立一条传输数据的专有连接。

3）FTP 服务器在传输数据过程中的控制进程将一直工作，并不断发出指令控制整个 FTP 传输数据，传输完毕后控制进程给客户端发送结束指令。

子任务 1 了解架设 FTP 服务器的需求和环境

知识导读

Windows Server 2008 R2 操作系统集成了 FTP 服务器功能，用户不需要下载专门的软件即可搭建一个 FTP 服务器，使用本地计算机或者域中的账户即可登录，并可利用 NTFS 文件系统来配置用户的权限，利用硬盘配额来限制用户的可用空间等。

不过，要使用 Windows Server 2008 R2 中的 FTP 服务器功能，用户需要熟悉 FTP 服务、NTFS 权限等操作的设置，对用户要求较高。因此，出现了很多专门搭建 FTP 服务器的软件，用户可从 Internet 上下载使用，如 Serv-U、雷电 FTPD、Xlight FTP、FileZilla Server、Wing FTP Server 等。其中，Serv-U 以其强大的功能、稳定的性能，在网络中使用最为广泛。

1. 部署背景

由于目前网络上出现了很多文件传输软件，FTP 的应用越来越少，已经很少有用 FTP 服务器专门向 Internet 提供文件下载，因此，FTP 服务器通常用来在网络中提供专门的网络应用，提供文件上传、下载功能。

如果 FTP 服务器的应用较多，则可以配置一台专门的 FTP 服务器，并且加入域，借助域来设置用户验证。

如果 FTP 服务器的应用较少，则不必单独占用一台服务器。如果是为了维护 Web 网站，FTP 服务器可以与 Web 服务器一同安装；如果在网络中传输少量文件，FTP 服务器则可以与文件服务器安装在一起。

2. 部署环境

FTP 的安装非常简单，不需要复杂的准备工作。因此，在安装之前做好如下准备即可：

- 将 FTP 服务器加入域。
- 在 DNS 服务器上添加 FTP 主机，并将 IP 地址指向 FTP 服务器，使用户可以通过域名访问权限。

子任务2　架设 FTP 服务器的步骤

---

1. 安装 FTP 服务

【案例 8-18】在 Windows Server 2008 R2 服务器上安装 FTP 服务。具体操作步骤如下所示。

步 骤

步骤1 在"服务器管理器"控制台中单击"添加角色"超级链接，运行"添加角色向导"。当弹出"选择服务器角色"对话框时，勾选"Web 服务器（IIS)"复选框。

提 示

如果当前服务器上已经安装了 Web 服务，则可在 Web 服务器角色窗口中，单击"添加角色服务"来添加 FTP 服务即可。

步骤2 连续单击"下一步"按钮，当显示"选择角色服务"对话框时，勾选"FTP 服务器"复选框，如图 8-98 所示。单击"添加所需的角色服务"按钮，勾选"FTP 服务器"复选框。

提 示

如果仅安装 FTP 服务器而不安装 Web 服务器，可取消勾选"Web 服务器"复选框。

步骤3 在"确认安装选择"对话框中单击"安装"按钮，开始安装 FTP 服务器。完成后弹出如图 8-99 所示的"安装结果"对话框，提示安装成功。单击"关闭"按钮，FTP 服务器安装完成。

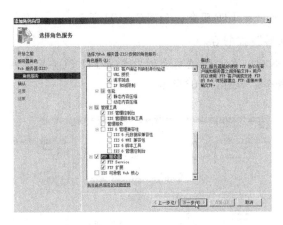

图 8-98 选择 FTP 服务

图 8-99 "安装结果"对话框

2. 验证 FTP 服务的安装

【案例 8-19】FTP 服务安装完毕后，Windows Server 2008 R2 系统中会出现相应的文件、服务以及快捷方式，用户可以通过查看这些信息检验 FTP 服务是否安装成功。具体步骤如下所示。

步骤 1 以域管理员账户登录到 FTP 服务器，如果 FTP 服务成功安装，会在系统安装路径（本案例将系统安装在"C:\"）中创建 Inetpub 文件夹，其中包含 AdminScripts 和 ftproot 子文件夹，如图 8-100 所示。

步骤 2 如果 FTP 服务成功安装，会在系统启动时自动启动该服务，用户可在服务列表中查看 FTP 服务及其运行状态。单击"开始"→"管理工具"→"服务"，打开如图 8-101 所示"服务"控制台，可以看到已经启动的 FTP 服务。

图 8-100 查看安装文件界面

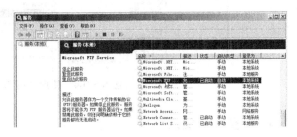

图 8-101 "服务"控制台

3. FTP 服务的启动和停止

【案例 8-20】启动或停止 FTP 服务，可以使用 net 命令、"Internet 信息服务（IIS）管理器"控制台或"服务"控制台。具体步骤如下所示。

步骤 1 使用 net 命令。

以域管理员账户登录到 FTP 服务器，在命令提示符界面中，输入命令"net start msftpsvc"

可启动 FTP 服务，输入命令"net stop msftpsvc"可停止 FTP 服务，如图 8-102 所示。

步骤 2 使用"Internet 信息服务（IIS）管理器"控制台。

打开"Internet 信息服务（IIS）管理器"控制台，在左侧控制台树中右击 FTP 服务器，在弹出菜单中选择"管理 FTP 站点"→"停止"命令，如图 8-103 所示。

图 8-102　使用 net 命令界面

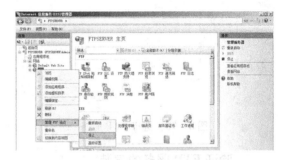

图 8-103　使用"Internet 信息服务（IIS）
管理器"控制台界面

步骤 3 使用"服务"控制台。

单击"开始"→"管理工具"→"服务"，打开"服务"控制台，右击"Microsoft FTP Service"服务并在弹出菜单中选择"启动"或"停止"命令即可启动或停止 FTP 服务，如图 8-104 所示。

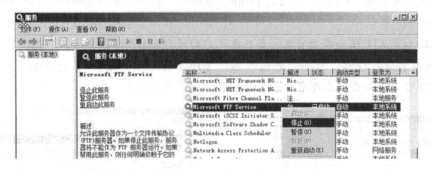

图 8-104　使用"服务"控制台界面

4. 配置 FTP 站点

【案例 8-21】 在 FTP 服务器上创建一个 FTP 站点，可在客户机上用 IP 地址访问该站点。具体步骤如下所示。

步骤 1 准备 FTP 主目录。

以域管理员账户登录到 FTP 服务器，在创建 FTP 站点之前，需要准备 FTP 主目录以便用户上传/下载使用。本实例是在 C 盘下创建了一个名为"ftp"的文件夹作为 FTP 主目录，并在该文件夹内放入了一些文件供用户在客户端下载，如图 8-105 所示。

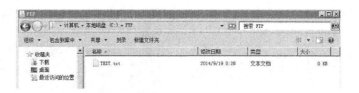

图 8 - 105　查看安装文件界面

步骤 2 依次单击"开始"→"管理工具"→"Internet 信息服务（IIS）管理器"，打开 IIS 管理器，默认状态下，只有一个没有配置 IP 地址和主目录的 Web 站点，而且为"停止状态"，如图 8 - 106 所示。

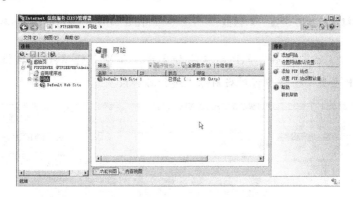

图 8 - 106　IIS 管理器

步骤 3 单击右侧"操作"面板中的"添加 FTP 站点"链接，启动添加 FTP 站点向导。首先弹出如图 8 - 107 所示的"站点信息"对话框。在"FTP 站点名称"文本框中键入一个名称，在"物理路径"文本框中指定 FTP 站点的路径。

步骤 4 单击"下一步"按钮，弹出如图 8 - 108所示的"绑定和 SSL 设置"对话框。在"IP 地址"下拉列表中为 FTP 站点指定一个 IP 地址；"端口"文本框中设置端口号，也可使用默认的 21；默认勾选"自动启动 FTP 站点"复选框，添加成功后将自动启动；在"SSL"选项组中，选择是否适用 SSL 方式，这里选中"无"单选按钮，不适用 SSL。

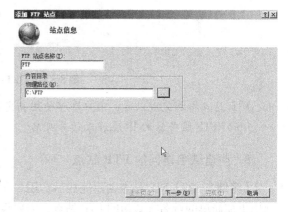

图 8 - 107　"站点信息"的对话框

步骤 5 单击"下一步"按钮，弹出如图 8 - 109 所示的"身份验证和授权信息"对话框，设置如下选项：

● 在"身份验证"选项组中，可以勾选"匿名"或者"基本"复选框，即匿名身份验证和基本身份验证，如果取消勾选默认不启用相应的验证方式。

● 在"授权"选项组中，选择允许访问的用户类型，可以是所有用户、匿名用户、指定用户或用户组等，然后为该用户选择读取或者写入权限。

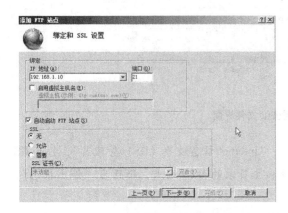

图 8-108 "绑定和 SSL 设置"对话框

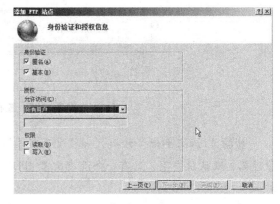

图 8-109 "身份验证和授权信息"对话框

步骤6 单击"完成"按钮，FTP 站点添加完成，和原有的 Web 站点排列在一起，如图 8-110所示。"FTP 主页"窗格中可对当前站点进行各种设置。

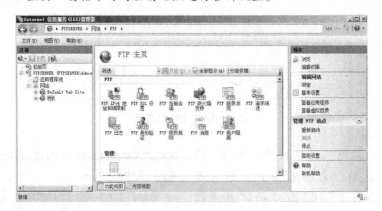

图 8-110 FTP 站点添加完成

FTP 站点添加完成以后，用户即可使用指定的 IP 地址访问 FTP 网站，格式：

ftp://FTP 服务器的 IP 地址或计算机名。

5. 创建域名访问的 FTP 站点

【案例 8-22】FTP 站点创建完成后，用户在客户端上只能通过 IP 地址访问，为了能使用户利用更加简单的域名方式访问 FTP 站点，需要设置 DNS。

设置 DNS 使得可以通过完全合格域名访问 FTP 站点，具体步骤如下。

步骤1 在 DNS 区域中创建别名。

以域管理员账户登录到 DNS 服务器，打开"DNS"控制台，右击区域"lndns.com"并在弹出菜单中选择"新建别名"命令，打开如图 8-111所示"新建资源记录"对话框。

步骤2 在 DNS 区域中创建主机。

以域管理员账户登录到 DNS 服务器上，打开"DNS"控制台，右击区域"lndns.com"并在弹出菜单中选择"新建主机"命令，打开如图 8－112 所示"新建主机"对话框。

图 8－111 "新建资源记录"对话框　　　　图 8－112 "新建主机"对话框

设置完毕后，打开命令行提示符界面，输入命令"nslookup ftp.lndns.com"，如果能返回该主机的 IP 地址 192.168.1.2，说明 DNS 设置正确，如图 8－113 所示。

步骤3 使用 IE 浏览器访问 FTP 站点，在"地址栏"文本框中输入"ftp://ftp.lndns.com"即可访问 FTP 服务器，如图 8－114 所示，说明 DNS 域名解析正确、FTP 站点创建正确，用户可以在 FTP 站点上下载资源。

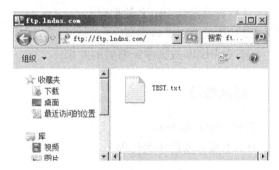

图 8－113 使用 nslookup 命令测试界面　　　图 8－114 在客户端访问 FTP 站点界面

学材小结

理论知识

1. 什么是 WWW?
2. 什么是 DNS?
3. 什么是 DHCP?

4. 什么是 FTP？

实训任务

实训　管理 DHCP 数据库（选做）

【实训目的】

掌握对 DHCP 数据库存储记录的备份、还原、协调作用域、数据库压缩的方法。

【实训内容】

假设某 DHCP 服务器工作正常，为防止数据丢失，需要备份 DHCP 数据库；如服务器出现故障，需要还原 DHCP 数据库；针对 DHCP 数据库值和注册表值不一致的现象需要协调作用域；为恢复可用空间，需要对 DHCP 数据库进行压缩。请结合前期掌握的 DHCP 知识完成以下任务步骤。

【实训步骤】

步骤1 备份还原 DHCP 数据库。

1）备份 DHCP 数据库。

2）删除 DHCP 作用域。

3）还原 DHCP 数据库。

步骤2 协调 DHCP 作用域。

1）协调所有 DHCP 作用域。

2）协调单个 DHCP 作用域。

步骤3 DHCP 数据库的压缩。

1）查看默认 DHCP 数据库。

2）压缩 DHCP 数据库。

参看 DHCP 数据库压缩后的效果。

拓展练习

1. 监视 DHCP 服务器。
2. DHCP 服务器的中继代理。

参考文献

[1] 教育部考试中心. 全国计算机等级考试三级教程：网络技术[M]. 2009 年版. 北京：高等教育出版社, 2008.

[2] 张国鸣, 严体华. 网络管理员教程 [M]. 2 版. 北京：清华大学出版社, 2006.

[3] 布仁, 包海山. 计算机操作员职业资格培训教程（高级）[M]. 北京：科学出版社, 2003.

[4] 曾明, 李建军. 网络工程与网络管理 [M]. 北京：电子工业出版社, 2003.

[5] 谢希仁. 计算机网络教程[M]. 5 版. 北京：电子工业出版社, 2011.

[6] 谭浩强. 计算机网络教程[M]. 4 版. 北京：电子工业出版社, 2007.

[7] Andrew STanenbaum. 计算机网络 [M]. 熊桂喜, 王小虎, 译. 3 版. 北京：清华大学出版社, 1998.

[8] 桂海进, 武俊生. 计算机网络技术基础 [M]. 北京：北京大学出版社, 2007.

[9] 张曾科. 计算机网络 [M]. 2 版. 北京：清华大学出版社, 2005.

[10] 冯博琴, 陈文革. 计算机网络 [M]. 2 版. 北京：高等教育出版社, 2004.

[11] 陈有祺. 计算机网络基础 [M]. 天津：南开大学出版社, 2000.

[12] 张立云, 马皓, 孙辨华. 计算机网络基础教程 [M]. 北京：清华大学出版社, 2006.

[13] 刘远生. 计算机网络教程 [M]. 2 版. 北京：清华大学出版社, 2007.

[14] 雷震甲. 网络工程师教程 [M]. 北京：清华大学出版社, 2004.

[15] Larry LPeterson, Bruce SDavie. 计算机网络系统方法 [M]. 叶新铭, 贾波, 等译. 3 版. 北京：机械工业出版社, 2005.

[16] 史创明, 王立新, 王磊, 等. 计算机网络原理与实践标准教程 [M]. 北京：清华大学出版社, 2006.

[17] 来宾, 张磊. 计算机网络原理与应用 [M]. 2 版. 北京：冶金工业出版社, 2007.

[18] 陈平平, 陈懿. 网络设备与组网技术 [M]. 2 版. 北京：冶金工业出版社, 2006.

[19] 王剑, 肖小兵. 局域网组建与维护 [M]. 2 版. 北京：中国计划出版社, 2008.

[20] 宁蒙. Windows Server 2008 服务器配置实训教程 [M]. 北京：机械工业出版社, 2011.